职业教育印刷类专业教材系列

单张纸胶印机结构调节与绿色操作技术

主　编　刘　渝

副主编　张永鹤　肖　林

主　审　余　勇

科 学 出 版 社

北　京

内 容 简 介

本书以单张纸胶印机结构、调节及与绿色操作有关的一般规律与内容为主线，涉及各种单张纸胶印机的一般原理与一些共性问题。全书共 10 个项目，分为两大学习情境。学习情境一包括 8 个项目，属于单张纸胶印机结构与调节部分，主要讲述单张纸胶印机各组成部分的结构、工作原理及其相应的调节要求与调节方法；学习情境二包括 2 个项目，属于单张纸胶印机绿色操作技术部分，主要讲述绿色包装印刷的概念、发展趋势、相关标准及单张纸胶印机绿色操作技术与方法。

本书在正文中穿插了大量与实训任务和实训操作相关的二维码，以达到使学生“学中做”和“做中学”的目的，并方便教师在授课时开展互动式教学。读者可通过扫描书中的二维码观看视频，以便学习拓展知识。

本书可作为高等职业院校印刷技术专业学生的学习用书，也可作为印刷从业人员的参考用书。

图书在版编目（CIP）数据

单张纸胶印机结构调节与绿色操作技术 / 刘渝主编 . —北京 ：科学出版社，2022.11

（职业教育印刷类专业教材系列）

ISBN 978-7-03-066132-6

Ⅰ. ①单… Ⅱ. ①刘… Ⅲ. ①平版印刷机-职业教育-教材 Ⅳ. ①TS825

中国版本图书馆CIP数据核字（2020）第176212号

责任编辑：辛 桐 / 责任校对：赵丽杰
责任印制：吕春珉 / 封面设计：耕者设计工作室

科学出版社 出版
北京东黄城根北街 16 号
邮政编码：100717
http://www.sciencep.com

北京中科印刷有限公司 印刷

科学出版社发行 各地新华书店经销

*

2022 年 11 月第 一 版 开本：787×1092 1/16
2022 年 11 月第一次印刷 印张：16 3/4
字数：392 000

定价：80.00元

（如有印装质量问题，我社负责调换〈中科〉）

销售部电话 010-62136230 编辑部电话 010-62135763-8020

前　言

随着我国印刷包装技术的快速发展，印刷企业对胶印机的操作人员的技术要求越来越高，为满足印刷行业、企业等用人单位对人才的需要，编者结合职业岗位实际工作任务所需的知识、技能、素质要求，与企业一线技术人员合作编写了本书。

编者在对一线企业调研的基础上，对单张纸胶印机结构与调节的内容进行选取和优化，构建新的理论、实践教学体系，对课程内容进行整合、优化、重组；根据技能型专业人才培养目标、岗位需求和前后续课程的衔接，以必需、够用为度，统筹考虑和选取每个教学环节的教学内容。本书以学生为中心，以工作过程为主线，按照课程内容由实践情境构成的过程逻辑，使学生学习课程的过程变成符合企业工作的过程，对课程内容体系进行项目化重构，形成按工作过程及单张纸胶印机的组成划分的 8 个项目；在国家有关绿色生产的规定及标准的要求下，梳理出与印刷生产及印刷机操作有关的绿色环保操作技术与实例，形成按印刷生产过程及绿色环保操作方法划分的 2 个绿色生产项目。本书通过典型的单张纸胶印机结构调节项目及印刷生产绿色环保项目，使学生在满足绿色环保操作的前提下掌握单张纸胶印机结构的原理和调节的要求，并熟练掌握调节各个典型机构的最佳方法，以培养学生从事单张纸胶印机操作的职业关键能力（专业能力、方法能力和社会能力），全面提升学生的综合职业素质。

本书的出版得到了四川工商职业技术学院创建优质院校建设项目的资助。本书由四川工商职业技术学院刘渝担任主编，由四川工商职业技术学院张永鹤、肖林担任副主编，由四川工商职业技术学院余勇担任主审。具体的编写分工如下：学习情境一中 8 个项目的知识链接部分由刘渝编写，8 个项目的实训任务部分由肖林编写；学习情境二由张永鹤编写。另外，四川工商职业技术学院黄文均、毛宏萍、唐勇等对本书的编写给予了大量的帮助。

编者在编写本书的过程中参考了一些文献资料及书籍，在此向相关作者一并表示衷心的感谢。

由于编者水平有限，书中难免会出现疏漏，恳请读者批评指正。

编　者

目　录

学习情境一　单张纸胶印机结构与调节

学习情境一　单张纸胶印机结构与调节

近年来，由于单张纸胶印机主要机构和部件的不断改进和完善、新的金属材料和加工工艺的使用，提高了传动齿轮、轴承、滚筒等关键零部件的精度，同时采用了更可靠、更灵敏的光电控制系统，单张纸胶印机的印刷性能和印刷速度得到了大幅提高。同时，单张纸单色胶印机逐渐向单张纸多色胶印机发展。

单张纸多色胶印机与单张纸单色胶印机相比的优点有：①使纸张变形小、受温湿度影响小；②可节省印刷过程中的重复辅助时间，如一次上纸、收纸即可完成多色印刷，同时提高了劳动生产率，大大缩短了生产周期；③只需一次喷粉，画面质量好；④纸张周转过程中的占地面积减少了。

随着新兴技术及自动控制理论（如光学技术、激光技术、电子技术、计算机技术）的迅速发展和推广应用，胶印机向着高度自动化方向发展。目前现代胶印机配备了自动控制系统，如德国海德堡公司的 CPC（computer printing control，计算机印刷控制）系统、CP-Tronic 自动检测与控制系统和 CP2000 系统，德国罗兰公司的 RCI（remote controlled inking，遥控调墨）系统、CCI（computer controlled inking，全自动油墨调节）系统和 PECOM（process electronic control organization management，电子作业流程自动管理）系统，德国高宝公司的 Colortronic 油墨和润版液控制系统、Scantronic 印版扫描系统和 Opera 自动化印刷控制系统，日本三菱公司的 IPC（intellect printing control，智能印刷控制）Ⅱ系统和 Maxnet 印刷机外围网络系统，日本小森公司的 PAI（print automatic integration，印刷自动化集成）系统、DoNet（digital open architecture network，数字化开放式网络）系统等，并继续朝着无人化方向发展。

项目一

认识单张纸胶印机

实训任务一　单张纸胶印机印刷按键的操作

1. 任务解读

1）了解单张纸胶印机的基本组成和基本结构。

2）了解单张纸胶印机操作常见工具的名称和使用方法。

3）初步掌握单张纸胶印机的相关结构、主要部件的作用。

4）了解操作面板或界面的位置，初步掌握主要按键的作用与操作。

空转印刷机操作程序

2. 设备、材料及工具准备

1）设备：按纸张尺寸调节好的国产或进口单张纸胶印机（多色或单色）1 台。

2）材料：过版纸 500 ～ 1000 张，裁切好的 80g 胶版纸 1000 张，并预先装上给纸台；油墨及润版液准备就绪；印版 1 套并安装就绪。

3）工具：胶印机常用操作工具 1 套。

学生 10 人为一组，实行组长负责制。每人领取 1 份空白实训报告，实训任务结束时，教师根据学生完成任务的过程及效果按评分标准在实训报告单上填上分数。

3. 操作步骤

各种品牌的单张纸胶印机操作按键或操作方法不一定相同，但一般都大同小异，以下以海德堡单张纸胶印机为例进行说明。

（1）开启和关闭操作

第一步：开启。将主电器柜的开关手柄转到“off”位置，然后马上将开关手柄转到“on”位置，此时智能控制台上的指示灯变亮，随后显示屏正常显示，即机器开启。

第二步：关闭。在显示屏菜单上单击“维护”菜单，按“关闭”触摸键，随后能听到“铛”的停机声，同时灯光熄灭，即机器关闭。

（2）开空车、走纸和停车操作

海德堡单张纸胶印机常见按键符号如图 1-1 所示。

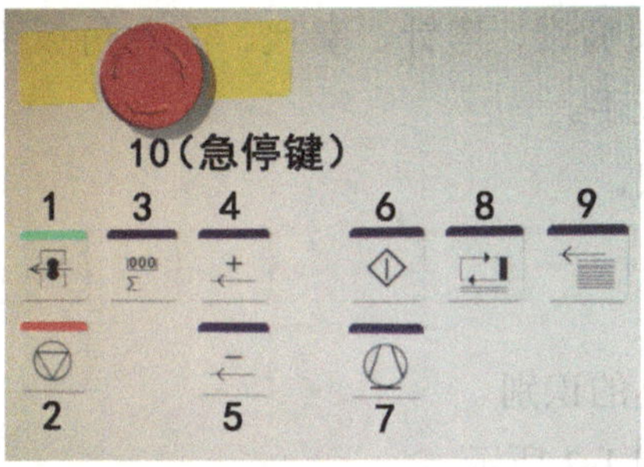

图 1-1　海德堡单张纸胶印机常见按键符号

1）在操作台上按“主机运转键 6”，同时响铃，再按一次运转按键，机器以 3000r/h 的速度运转。

2）按“输纸开键 8”，此时能听到离合器合上的声音，同时输纸装置与主机同步运转。

3）按“气泵控制键 7”，气泵开始启动。

4）按“走纸键 9”，同时飞达分离并输送纸张。

5）按“加速键 4”，使机器高速输纸。

6）再按一次“走纸键 9”，离合器分离，输纸装置停止运转，停止输纸，主机自动降速至 3000r/h。

7）按“停机键 2”，主机停止运转。

（3）印刷操作

1）当机器处于停止或运转状态时，按“自动印刷键 1”，机器自动输纸、着水、着墨及滚筒合压，机器以 3000r/h 进行印刷。

2）再按一次“自动印刷键 1”，机器自动按预先设定的速度印刷。此时若需计数，则按下“计数键 3”即可。

3）按“走纸键 9”，飞达停止输纸，各机组逐步离水、离墨及离压，主机运转速度自动降为 3000r/h。

4）按“停机键 2”，主机停止运转。

实训任务二　常用印刷操作工具的识别使用

1. 任务解读

了解常用印刷操作工具及其使用方法。

2. 工具准备

印刷操作常用工具：尖嘴钳、弯针、塞尺、内六角扳手、呆板手、撬棍、螺钉旋具、专用固定扳手、套筒扳手。

螺旋测微器和游标卡尺。

3. 操作步骤

（1）常用印刷操作工具的识别

印刷操作常用工具如图 1-2 所示。

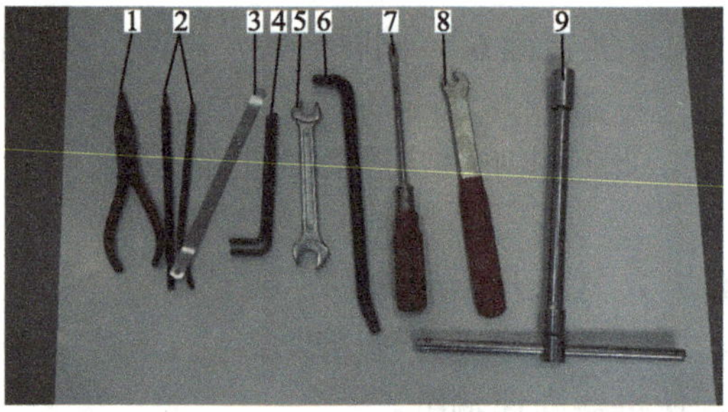

1—尖嘴钳；2—弯针；3—塞尺；4—内六角扳手；5—呆扳手；6—撬棍；7—螺钉旋具；8—专用固定扳手；9—套筒扳手。

图 1-2　印刷操作常用工具

（2）螺旋测微器和游标卡尺及其使用

螺旋测微器和游标卡尺是印刷操作过程中最常用的测量工具，用来测量印版、橡皮布和包衬等材料的厚度等。

1）螺旋测微器。螺旋测微器（千分尺）如图 1-3 所示，其量程为 0 ～ 25mm，精度为 0.01mm。

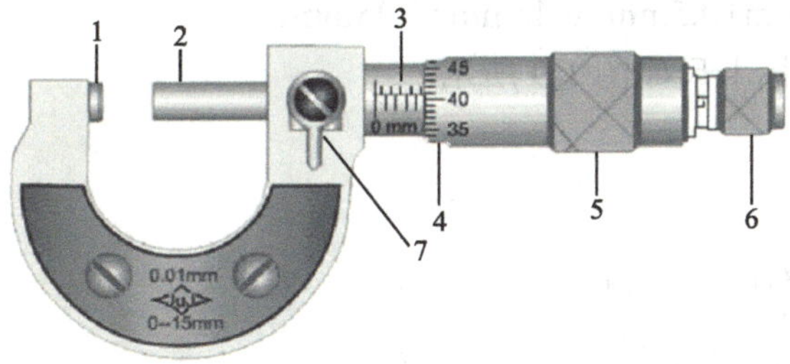

1—测砧；2—测微螺杆；3—固定套筒；4—微分套筒；5—旋钮；6—微调旋钮；7—锁紧装置。

图 1-3　螺旋测微器

螺旋测微器使用方法如下：

① 校零。利用螺旋测微器专用工具进行校零，如图 1-4 所示。

② 粗调。卡紧橡皮布，通过调节螺旋测微器旋钮进行粗调，如图 1-5 所示。

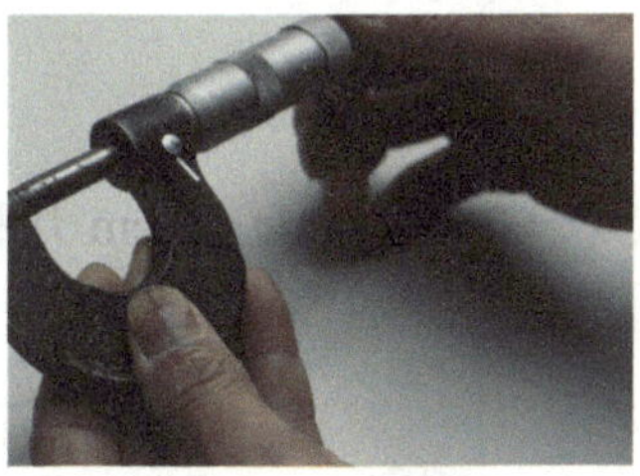

图 1-4　校零

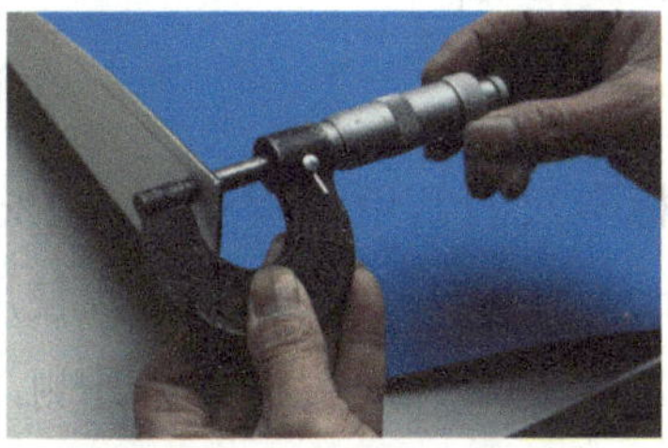

图 1-5　粗调

③ 微调。通过微调旋钮进行微调，如图 1-6 所示，听见 3 声咔嗒声即可。

④ 锁紧。通过锁紧装置锁紧螺旋测微器，取下螺旋测微器，如图 1-7 所示。

⑤ 读数，如图 1-8 所示。

图 1-6　微调

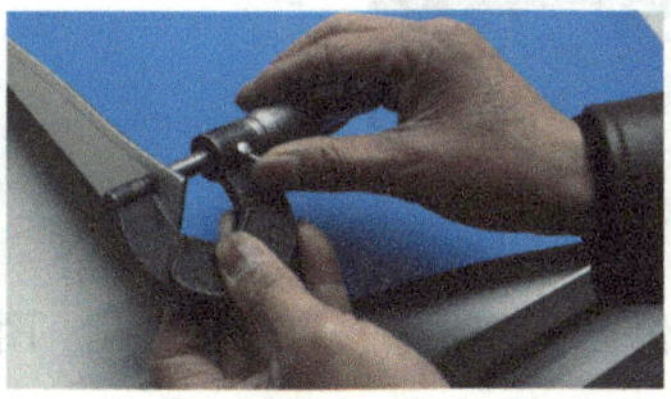

图 1-7　锁紧

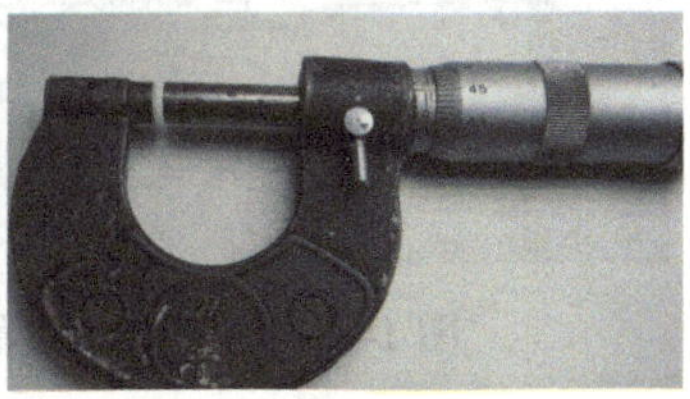

图 1-8　读数

读数方法：

总读数 = 主刻度读数 + 螺旋微刻度读数

主刻度上面的刻度线每格为 1mm，下面的刻度线每格为 0.5mm（注：下面的刻度线在螺旋处露出的即为要读数），微刻度每格读数为 0.01mm，如图 1-8 所示。此时螺旋测微器的读数为：1mm+0.5mm+0.45mm=1.95mm。

2）游标卡尺。游标卡尺如图 1-9 所示。

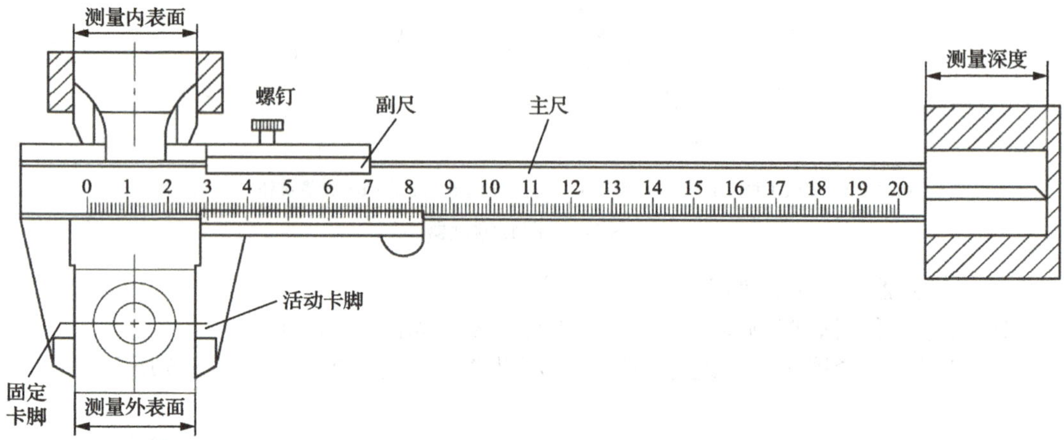

图 1-9　游标卡尺

游标卡尺的常用量程有 0 ～ 13cm、0 ～ 20cm、0 ～ 25cm、0 ～ 30cm 几种，精度是 0.01mm 或 0.02mm。游标卡尺使用方法如下：

① 将游标卡尺放置在物体外侧，如图 1-10 所示。

② 锁紧游标卡尺，如图 1-11 所示。

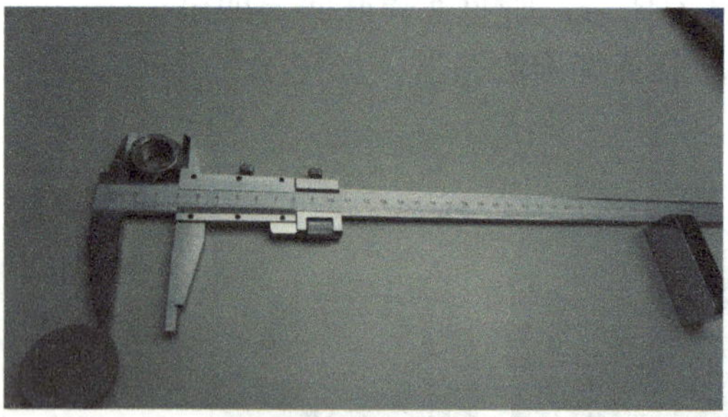

图 1-10　游标卡尺放置位置

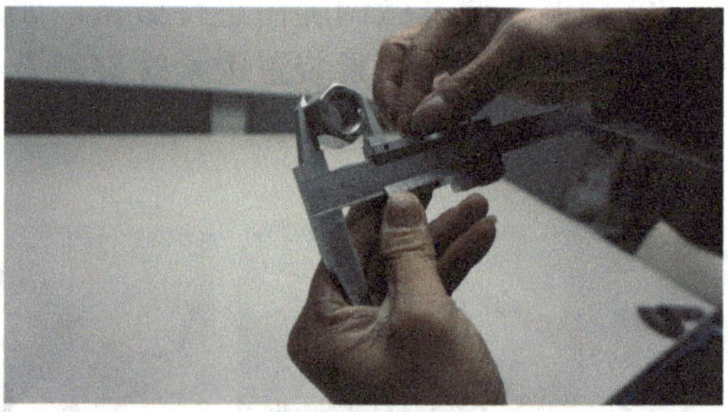

图 1-11　锁紧游标卡尺

③ 取出游标卡尺，读数，如图 1-12 所示。

读数方法：

总读数 = 主尺读数 + 游标读数（需计算）

主尺上面的刻度线每格为 1mm，游标上每格刻度比主尺上的刻度小 0.01mm 或 0.02mm。找到游标上与主尺相对齐的刻度，数出游标上的格数，再乘以 0.01 或

0.02，与主尺刻度相加即可，如图 1-12 所示。此时游标卡尺的读数为：18mm+36×0.02mm=18.72mm。

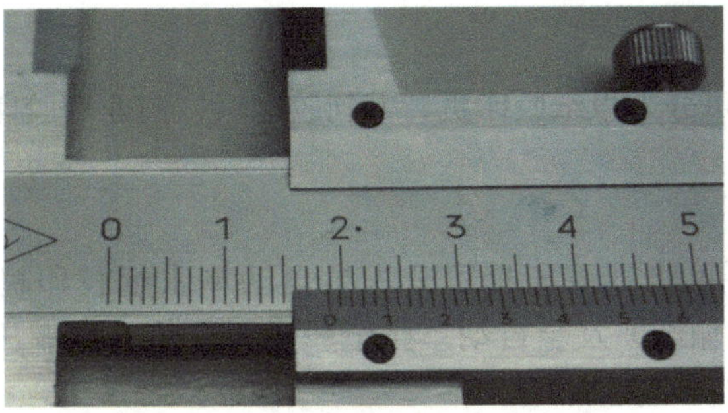

图 1-12　读数

知识链接

一、胶印机的分类

1. 按给纸方式（或纸张类型）分类

按给纸方式（或纸张类型），胶印机可分为单张纸胶印机、卷筒纸胶印机。

2. 按纸张幅面大小分类

按纸张幅面大小，单张纸胶印机可分为全张胶印机、对开胶印机、四开胶印机、八开胶印机等。

《图书和杂志开本及其幅面尺寸》(GB/T 788—1999) 规定，未裁切全张纸幅面 A 系列为 890mm×1240mm 和 900mm×1280mm，未裁切全张纸幅面 B 系列为 1000mm×1400mm，俗称大度纸。此外还有 787mm×1092mm 的正度纸。把全张纸的长边对折即为对开，把对开纸长边对折即为四开，把四开纸长边对折即为八开。由于全张纸有 A、B 两种系列，对开、四开、八开也有相应的尺寸系列。

3. 按印刷一面的色数分类

按印刷一面的色数，胶印机可分为单色胶印机、多色胶印机（是双色胶印机、四色胶印机、五色胶印机及更多颜色的胶印机的统称）。

4. 按印刷面数分类

按印刷面数，胶印机可分为单面胶印机和双面胶印机。

5. 按用途分类

按用途，胶印机可分为报纸胶印机、书刊胶印机、商业用胶印机。

6. 按自动化程度分类

按自动化程度，单张纸胶印机可分为半自动单张纸胶印机（手动输纸）、自动单张纸胶印机（自动输纸）及全自动单张纸胶印机（装版、调压、套准、水墨控制、输纸、收纸、清洗均自动完成）。

二、单张纸胶印机的组成

单张纸胶印机基本由下列几大部分组成。

1. 输纸装置

图 1-13 所示为单张纸胶印机输纸部分。单张纸胶印机的输纸部分是将裁切好的纸张堆放至输纸台上，经过分离机构有节拍地、平稳地、准确地将纸一张一张地向前输送至前规处定位。纸张分离机构（分离头）如图 1-14 所示。

图 1-13　输纸部分

图 1-14　纸张分离机构

纸张分离机构的各部分作用如下：

1）分纸吸嘴，如图 1-15 所示，其作用是将纸张从输纸台上逐张地分离出来。

2）压纸吹嘴，如图 1-16 所示，其作用是当上一张纸被分离时，能及时压住下面的纸堆；吹风便于纸的充分分离；探测纸堆高度。

3）递纸吸嘴，如图 1-17 所示，其作用是接过分纸吸嘴吸起的纸张，并将其递送给摆动压纸轮。

4）前挡纸舌，如图 1-18 所示，其作用是在纸张递送过程中，使纸堆前边缘保持整齐。

5）双张检测器，如图 1-19 所示，其作用是检测输纸过程中出现的双张、多张故障，并发出信号使飞达停止工作。

6）输纸线带，如图 1-20 所示，其作用是产生输纸摩擦力，使纸张在输纸板上平稳地传送到前规处。

图 1-15 分纸吸嘴

图 1-16 压纸吹嘴

图 1-17 递纸吸嘴

图 1-18 前挡纸舌

图 1-19 双张检测器

图 1-20 输纸线带

2. 定位装置

纸张由输纸装置输送到输纸板尽头后，还必须经过定位装置的定位。只有定位准确，所印图文的位置才能准确，才能保证张与张之间、色与色之间套印准确。定位装置也叫规矩部件，由前规和侧规组成。前规如图 1-21 所示，它是规矩中的主要机构，在印刷过程中起周向定位作用。侧规如图 1-22 所示，它在印刷过程中对纸张进行轴向定位，以弥补纸张裁切误差。

图 1-21　前规

图 1-22　侧规

3. 递纸装置

递纸装置如图 1-23 所示，纸张在输纸板上经前规与侧规定位后，接着进行传纸运动，即把静止的纸张送入旋转的压印滚筒，由压印滚筒上的咬纸牙排将纸咬紧进行印刷。传纸有 3 种基本的方式：直接递纸、间接递纸和超越续纸。

4. 润湿装置

润湿装置如图 1-24 所示，要定时、定量、均匀地将润湿液涂敷在印版表面空白部分。它由水斗、水斗辊、传水辊、串水辊、着水辊、水辊压力调节机构、水量调节机构、水辊离合机构等组成。润湿装置的作用是向印版上均匀地涂布一层薄薄的润湿液膜。

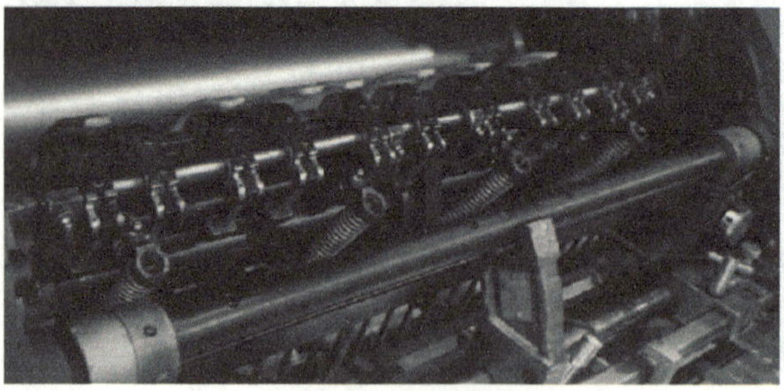

图 1-23　递纸装置

图 1-24　润湿装置

5. 输墨装置

输墨装置如图 1-25 所示，从供墨量部分中得到的比较集中的油墨能够较快地传出、打匀、扩展并均匀不断地供给印版滚筒上的印版。它由墨斗、墨斗辊、传墨辊、串墨辊、着墨辊、墨辊压力调节机构、墨量调节机构、墨辊离合机构等组成。输墨装置的作用是传递油墨并将油墨均匀地涂布到印版图文部分。

6. 印刷装置

印刷装置如图 1-26 所示，是印刷机的核心部件。单张纸胶印机一般有 3 个滚筒（印版滚筒、橡皮滚筒、压印滚筒）。印版滚筒上的图文借印刷压力转印到橡皮滚筒表面的橡皮布上，然后通过印刷压力将橡皮布上的图文转印到压印滚筒表面的承印物上。双面胶印机多采用 B-B 型，故去掉压印滚筒，由两个印版滚筒和两个橡皮滚筒组成。

图 1-25　输墨装置

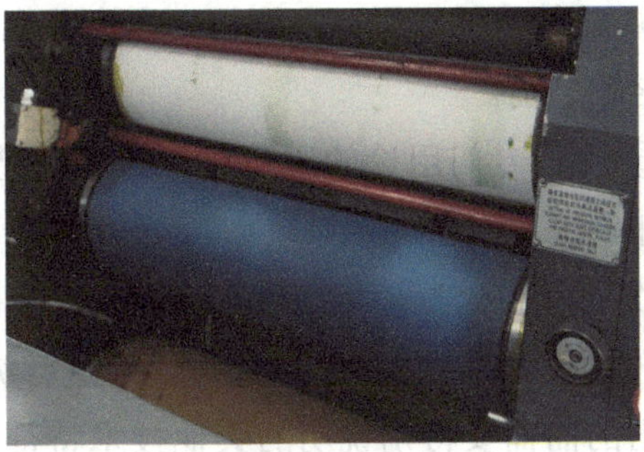

图 1-26　印刷装置

7. 收纸装置

在单张纸胶印机中要收集、堆放、闯齐、码平印刷好的纸张（印刷品），以便运送。收纸装置如图 1-27 所示，由收纸滚筒、收纸牙排、收纸链条、吸气减速轮、收纸台及升降机构组成。

图 1-27　收纸装置

三、印刷机的命名

我国制造的印刷机和进口印刷机的命名方法有很大的不同。

1. 国产印刷机命名介绍

我国国产印刷机的命名依据《印刷机产品命名与型号编制方法》(JB/T 6530—2018)。

（1）基本原则

① 产品命名应规范地表示出印刷机类别。

② 产品命名应使用规范中文表示。

③ 型号中未表示出的而需要特别说明的其他技术特征或承印材料类型，在产品类别名称前可作为产品全称的一部分表示出来。

④ 对单张料（纸）印刷机，在产品名称中应增加承印材料的名称，且位于印刷机类别名称之前。

⑤ 对于专门用途的印刷机，可将其特点表示出来，如标签印刷机、票据印刷机、表格印刷机。

（2）表述方法

产品名称的表述应按照下列顺序进行编排：自动化程度→承印材料类型→型号中未表示出的而需要特别说明的其他技术特征或专门用途→印刷机类型。具体内容包括以下三点。

① 自动化程度：手动、半自动机型应注明，全自动机型不用表示。

② 承印材料类型：单张料（纸）、卷筒料（纸）；对于不需要注明承印材料类型的机型可以省略。

③ 其他技术特征或专门用途：电子轴传动、紫外线固化等，以及不干胶标签、表格、书刊、陶瓷砖、玻璃等。

2. 进口印刷机命名介绍

进口印刷机的命名目前没有统一规定，由各生产厂家自行制定。

1）德国海德堡公司的部分产品型号，如表 1-1 所示。

表 1-1　德国海德堡公司的部分产品型号（单张纸）

纸张尺寸系列	常见型号	代码含义
A1（对开）	SM102-4、CD102-4	SM 表示 speedmaster（速霸）； CD 表示 carton diameter（箱板纸倍径滚筒）； PM 表示 print master（印霸）； QM 表示 quick master（快霸）； DI 表示 direct image（直接制版）； 102、74、52、46 均为纸张的最大尺寸； -4 中的 4 为印刷色数
A2（四开）	PM74-4、SM74-4、CD74-4	
A3（八开）	SM52-4、QM46-1	
数码印刷机	QM46-DI、SM74-DI	

2）德国罗兰公司的产品系列（单张纸）型号，如表 1-2 ～表 1-5 所示。

表 1-2　罗兰 200（Roland 200）系列

型号	R201	R202	R204	R205	R206
纸张最大尺寸①	520×740	520×740	520×740	520×740	520×740
印刷色数	1	2	4	5	6

① 本行中的数字的单位均为 mm。

表 1-3　罗兰 300（Roland 300）系列

型号	R302	R304	R305	R306	R308
纸张最大尺寸①	530×740	530×740	530×740	530×740	530×740
印刷色数	2	4	5	6	8

① 本行中的数字的单位均为 mm。

表 1-4　罗兰 700（Roland 700）系列

型号	R702	R704	R705	R706	R708
纸张最大尺寸①	740×1040	740×1040	740×1040	740×1040	740×1040
印刷色数	2	4	5	6	8

① 本行中的数字的单位均为 mm。

表 1-5　罗兰 900 系列（Roland 900）

型号	R902-4	R904-4	R905-4	R906-4	R908-4
纸张最大尺寸①	820×1130	740×1040	740×1040	740×1040	740×1040
印刷色数	2	4	5	6	8

① 本行中的数字的单位均为 mm。

3）德国科尼希 & 鲍尔（高宝）股份有限公司的产品型号，如表 1-6 所示。

表 1-6 德国科尼希 & 鲍尔（高宝）股份有限公司的产品型号

型号	纸张最大尺寸	印刷色数
KBA104-4	720mm×1040mm	4
KBA RAPIDA 105-4	720mm×1050mm	4

4）日本小森公司的产品型号，如表 1-7 所示。

表 1-7 日本小森公司的产品型号

型号	纸张最大尺寸	代码含义
Lithrone S40-4、Lithrone S40-4P、Lithrone S40-4SP 等	720mm×1030mm	“4”为色数，“S”为系列名，“P”为带翻转机构，“SP”为双面
Lithrone 44-4、Lithrone 44RP、Lithrone 44SP、Lithrone 44RP 等	820mm×1130mm	“RP”为正面多色而反面单色、“SP”为双面

5）日本三菱公司的产品型号，如 DIAMOND（钻石）3000-4，其纸张最大尺寸为 720mm×1020mm，“-4”表示四色。

此外，还有以前日本秋山公司的产品，如秋山 J Print40、HA-444 等型号。

练习与测试

一、说出下列型号中各部分的含义

1．YP1A2B、YT880、YA6880、YKP4A3。
2．SM52-4、KBA104-4、R702、QM46-1。
3．CD102Z（CD102-2）、CD102V（CD102-4）。
4．Lithrone S40-4、Lithrone 44RP。

二、填空题

1．单张纸胶印机主要由________、________、________、________、________、________、________等部分组成。
2．输纸装置的作用是________________。
3．定位装置的作用是________________。
4．递纸装置的作用是________________。
5．印刷装置的作用是________________。

6．润湿装置的作用是＿＿＿＿＿＿＿＿＿＿＿＿＿＿＿＿＿＿＿＿＿＿＿＿＿＿＿＿＿＿＿。
7．输墨装置的作用是＿＿＿＿＿＿＿＿＿＿＿＿＿＿＿＿＿＿＿＿＿＿＿＿＿＿＿＿＿＿＿。
8．收纸装置的作用是＿＿＿＿＿＿＿＿＿＿＿＿＿＿＿＿＿＿＿＿＿＿＿＿＿＿＿＿＿＿＿。
9．某印刷机的型号为 YP4A1A，其中，YP 是＿＿＿＿＿型号，含义是＿＿＿＿＿；4A1A 是＿＿＿＿＿型号，含义是＿＿＿＿＿。
10．我国目前进口印刷机的主要生产厂家有＿＿＿＿＿＿＿＿＿＿＿＿＿＿＿＿＿＿＿＿。
11．按给纸方式（或纸张类型），胶印机分为＿＿＿＿＿＿＿＿和＿＿＿＿＿＿＿＿。

三、判断题（正确的打“√”，错误的打“×”，并将错误的部分改成正确的）

（　　）1．YP2880A 表示 A 系列纸张的宽度为 880mm 双色平面印刷机。
（　　）2．单张纸胶印机是专门印刷双胶纸的印刷机。

四、选择题

1．下列印刷机为胶印机的是（　　）。
A．卷筒纸书刊轮转机　　B．平张纸平版印刷机
C．平张纸双面印刷机　　D．卷筒纸平版印刷机

2．目前，我国进口的印刷机主要是（　　）。
A．德国的海德堡、罗兰、高宝　　B．日本的小森
C．美国的高斯　　D．美国的三菱
E．日本的罗兰

五、简答题

试说明 JB 3090—1982 与 JB/T 6530—1992 的区别。

项目二

单张纸胶印机传动系统调节

低台收纸的单张纸胶印机在出厂时分成主机和输纸装置 2 个部分分别装箱，高台收纸的单张纸胶印机分成主机、输纸装置和收纸装置 3 个部分装箱，每部分内各机构的运动衔接关系已调试好。但各部分之间的传动衔接关系在安装时须重新调节，其中，输纸装置与主机同步位置调节（也称纸张早到与晚到调节）是传动系统中较典型关键的调节技术，也是机长和技术人员的必备技能。因此，传动系统项目化教学以它为中心展开。

实训任务　纸张早到与晚到调节

1. 任务解读

纸张早到与晚到调节一般以纸张到达前规的时间来判断，也就是采用低速输纸，当前规定位块刚摆到定位位置时，纸张咬口边与前规定位块有 5 ～ 8mm 的间距，即为输纸装置与主机同步。如果纸张咬口边与前规定位块的间距小于 5mm，称为纸张早到；如果纸张咬口边与前规定位块的间距大于 8mm，称为纸张晚到。

纸张早到与晚到调节操作步骤

2. 设备、材料及工具准备

1）设备：国产或进口单色或多色单张纸胶印机 1 台。

2）材料：已裁切好的纸张 500 张。

3）工具：内六角扳手、外六角扳手各 5 套，胶印机其他常用操作工具 1 套。

学生 10 人为一组，实行组长负责制。每人领取 1 份空白实训报告，实训任务结束时，教师根据学生完成任务的过程及效果按评分标准在实训报告单上填上分数。

3. 操作步骤

1）调节参数值。前规定位块刚摆到工作位置时，纸张咬口边距前规定位块的距离应为 5 ～ 8mm。

2）开启单张纸胶印机，让机器以极慢的速度输纸，便于操作人员观察。

3）当第一张纸被送至输纸板上时，手工剔除，因为自动吸起的第一张纸时间是不确定的。

4）在输纸过程中，当第二纸张接近前规定位块时，仔细观察前规定位块，当前规定位块刚摆回输纸板时，按紧急停机按钮。

5）观察并判定纸张咬口边距前规定位块的距离。

6）进行纸张早到或纸张晚到的判断。按任务解读中的描述进行判断。

7）用扳手松开图 2-1 所示链轮上的六角螺钉 1，用手盘动输纸装置上的手轮，仔细观察纸张咬口边与前规定位块之间距离的变化。如果纸张早到，应把距离调大至 5 ～ 8mm；如果晚到，应调小至 5 ～ 8mm。调好后再锁紧六角螺钉 1。

8）重新开机输纸，再一次观察当前规定位块刚摆到工作位置时纸张咬口边距前规定位块的距离应为 5 ～ 8mm。否则，重新调整。

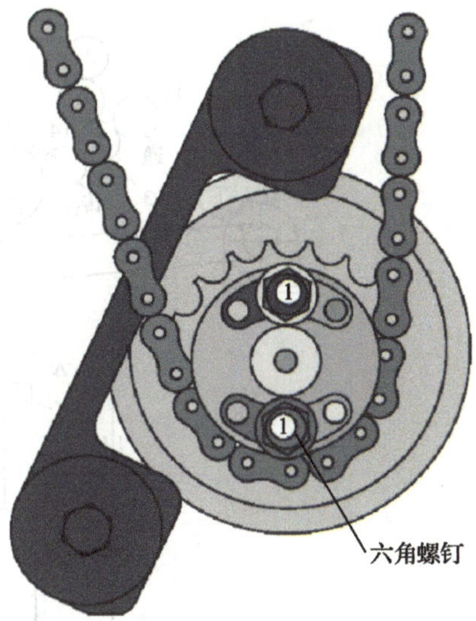

图 2-1　离合器轴上的链轮

知识链接

一、主传动系统

从本质上说，单张纸胶印机由原动部分、传动部分、工作部分 3 个部分组成。传动部分连接原动部分和工作部分，是将电动机（原动部分）输出的功率及转动传递到印刷机的工作部分，由工作部分实现减速（或增速）及运动形式的转变，使各执行机构（完成印刷的各种机构）能实现预期的运动。

从功能上说，单张纸胶印机由输纸装置、印刷装置和收纸装置组成。收纸的一端也称前面，输纸的一端也称后面。在输纸端面对收纸端站立，机器的左侧称操作面（俗称靠身），设有控制机器运转的控制台或操作手柄；机器的右侧称传动面（俗称朝外），大部分的齿轮、链条、皮带等传动机构设在这一侧。

以北京人民机器厂生产的 PZ4880-01 型单张纸四色胶印机为例进行介绍，如图 2-2 所示。该机的动力来自主电机 1，经其轴上的皮带轮 2、同步齿形皮带 3 传动皮带轮 4，皮带轮 4 与皮带轮 5 同轴，再经同步齿形皮带 6 传动皮带轮 7。皮带轮 7 与齿轮 8 同轴，且与第二色组与第三色组之间的第一传纸滚筒（传$_{2.1}$）轴头上的齿轮 9 啮合，将电机的转动输入印刷机的工作部分。齿轮 9 接受动力后，经齿轮传动，分前后两路传递动力，使各色组的滚筒获得转动。这里选择印刷机当中的第二色组与第三色组之间的第一传纸滚筒（传$_{2.1}$）轴头上的齿轮 9 作为印刷机的动力输入，然后向两边传递，动力分配比较均衡合理，每一机组齿轮的负载接近，滚筒齿轮磨损和寿命近似一致。

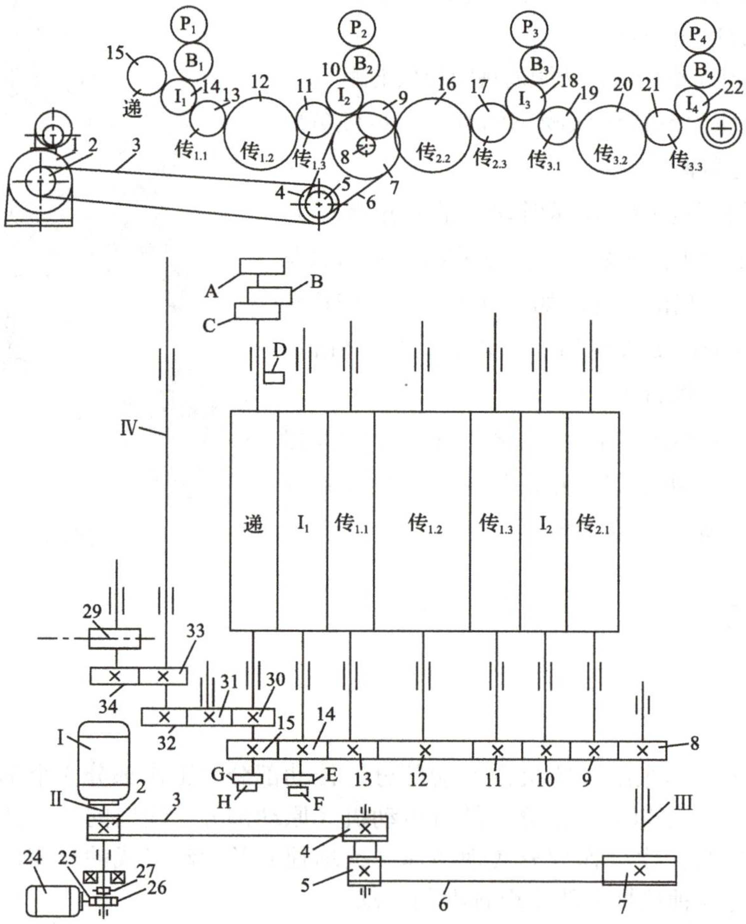

1—主电机；2、4、5、7—皮带轮；3、6—同步齿形皮带；8～23，30～34—齿轮；24—辅助电机；25—蜗杆；26—蜗轮；27—电磁离合器；28—收纸链轮；29—输纸链轮；传$_{1.1}$～传$_{1.3}$，传$_{2.1}$～传$_{2.3}$，传$_{3.1}$～传$_{3.3}$—机组之间的传纸滚筒；P_1～P_4—印版滚筒；B_1～B_4—橡皮滚筒；I_1～I_4—压印滚筒；Ⅰ、Ⅱ、Ⅲ—轴；Ⅳ—侧规轴；A～H—凸轮。

图 2-2　PZ4880-01 型单张纸四色胶印机主传动系统图

1. 动力传递给第一、第二色组与递纸装置的传动关系

齿轮 9 传动第二色组压印滚筒轴头上的齿轮 10，使第二色组的压印滚筒 I_2 转动。齿轮 10 一方面依次传动第二色组的橡皮滚筒 B_2、印版滚筒 P_2 轴头上的齿轮，使该色组三滚筒获得转动；另一方面依次传动第一色组与第二色组之间的第三传纸滚筒（$传_{1.3}$）轴头上的齿轮 11、第一色组与第二色组之间的第二传纸滚筒（$传_{1.2}$）轴头上的齿轮 12、第一色组与第二色组之间的第一传纸滚筒（$传_{1.1}$）轴头上的齿轮 13、第一色组压印滚筒轴头上的齿轮 14，使第一色组的压印滚筒 I_1 转动，并经齿轮传动使该色组的橡皮滚筒 B_1、印版滚筒 P_1 及递纸滚筒轴头上的齿轮 15 转动。

如图 2-2 所示，齿轮 15 旁还有齿轮 30，经齿轮 31、齿轮 32 使侧规轴Ⅳ转动。经齿轮 33、齿轮 34，到达输纸链轮轴，然后由该轴上的输纸链轮 29 通过套筒滚子链把动力传递给输纸装置。输墨装置、润湿装置的传动是由每一色组印版滚筒轴头上的专用齿轮带动的。

2. 动力传递给第三、第四色组与收纸装置的传动关系

齿轮 9 依次传动第二色组与第三色组之间的第二传纸滚筒（$传_{2.2}$）轴头上的齿轮 16、第二色组与第三色组之间的第三传纸滚筒（$传_{2.3}$）轴头上的齿轮 17、第三色组压印滚筒 I_3 轴头上的齿轮 18（依次传给第三色组橡皮滚筒 B_3、印版滚筒 P_3）、第三色组与第四色组之间的第一传纸滚筒（$传_{3.1}$）轴头上的齿轮 19、第三色组与第四色组之间的第二传纸滚筒（$传_{3.2}$）轴头上的齿轮 20、第三色组与第四色组之间的第三传纸滚筒（$传_{3.3}$）轴头上的齿轮 21、第四色组压印滚筒 I_4 轴头上的齿轮 22（依次传给第四色组橡皮滚筒 B_4、印版滚筒 P_4），同时把动力传递给收纸装置的收纸滚筒轴头上的齿轮 23，齿轮 23 同轴上装有收纸链轮 28，从而带动收纸装置。

3. 低速点动的传动

图 2-3 所示为 PZ4880-01 型单张纸四色胶印机低速点动传动俯视图。辅助电机 1 的输出轴上有蜗杆 4、传动蜗轮 3，减速后经电磁离合器线圈 5 带动花键传动轴 6，再由内齿轮联轴节 8 经皮带轮 9 带动同步齿形皮带 10 运动，后面的传动与主传动一样。

现在海德堡等进口胶印机及我国生产的大部分胶印机，主传动电机采用三相交流变频制动电机，能满足低速点动的要求，因而不需要辅助电机。

4. 手动盘车

如图 2-3 所示，如果需要手动盘车，则可将齿轴 17 插入孔内。当手把插入时，齿轴头部斜面控制一个微动开关，将全机电源切断，从而实现安全盘车。转动齿轴 17，

通过齿轮 16 使手盘大齿轮 14 转动，因手盘大齿轮 14 与齿轮 15 用键装在同一根轴上，所以齿轮 15 也转动，后面传动链与主传动相同。

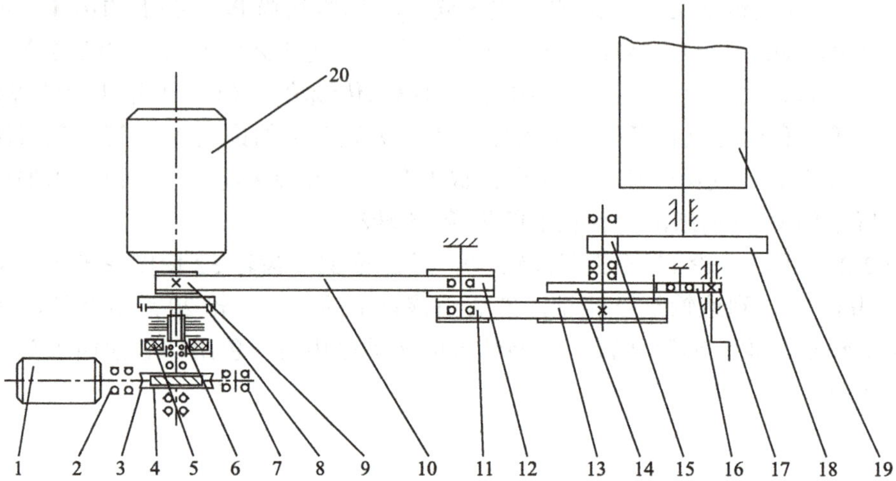

1—辅助电机；2—轴承；3—传动蜗轮；4—蜗杆；5—电磁离合器线圈；6—花键传动轴；7—蜗杆止推轴承；8—内齿轮联轴节；9、11、12、13—皮带轮；10—同步齿形皮带；14—手盘大齿轮；15、16、18—齿轮；17—齿轴；19—传纸滚筒；20—主电机。

图 2-3　PZ4880-01 型单张纸四色胶印机低速点动传动俯视图

二、输纸装置传动系统

以 PZ4880-01 型单张纸四色胶印机为例，此机采用 SZ206 型给纸机，其输纸装置传动系统如图 2-4 所示。

1. 传动关系

1）离合器轴Ⅲ的旋转。如图 2-2 所示，PZ4880-01 型机输纸装置的动力来自主机上的输纸链轮 29 通过链条传动到图 2-4 中的离合器轴Ⅲ上的链轮 1，而使离合器固定牙盘 3 旋转。

2）线带主动辊轴Ⅵ的旋转。如果牙嵌式电磁离合器固定牙盘 3 和滑动牙盘 2 合上，离合器轴Ⅲ就会旋转。轴端的齿轮 4 经过齿轮 5、齿轮 6 传动线带主动辊轴Ⅵ上的齿轮 7，使线带主动辊轴Ⅵ旋转。

3）输纸轴（或凸轮轴）Ⅳ的旋转。齿轮 7 通过齿轮 8 传动齿轮 9，使输纸轴Ⅳ旋转。

4）分纸轴（或分纸头凸轮轴）Ⅴ的旋转。输纸轴Ⅳ上的链轮 10 通过链条 12 传动链轮 11，再用双万向联轴节 13 传动分纸轴Ⅴ转动。

5）输纸头手动盘车。电磁离合器的滑动牙盘 2 脱开时，可先向靠身拉动手轮 14，再使之转动，经过齿轮 16 和 15，使线带主动辊轴Ⅵ转动，通过它带动整个输纸装置。离合器轴端的齿轮 17 传动油泵。输纸轴Ⅳ上的凸轮 18 传动前挡纸板摆动，凸轮 19 传动送纸压轮摆动。分纸轴上装有控制吸气和吹风时间的气路开关 20、分纸吸嘴升降凸轮 21、压纸吹嘴升降凸轮 23、送纸吸嘴移动偏心轮 22。

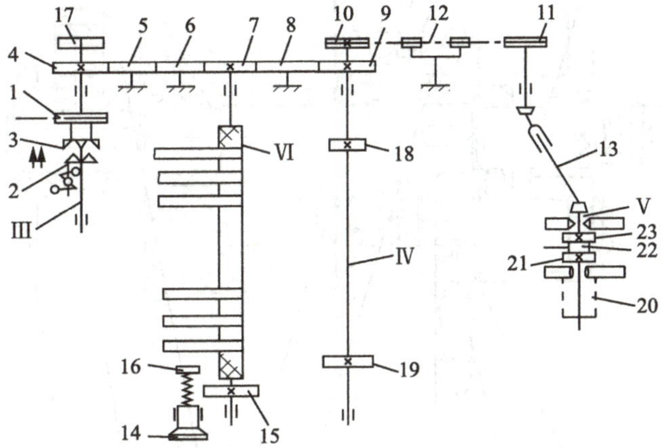

1、10、11—链轮；2—滑动牙盘；3—固定牙盘；4～9，15～17—齿轮；12—链条；13—双万向联轴节；14—手轮；18、19、21、23—凸轮；20—气路开关；22—偏心轮；Ⅲ—离合器轴；Ⅳ—输纸轴；Ⅴ—分纸轴；Ⅵ—线带主动辊轴。

图 2-4 PZ4880-01 型平版胶印机输纸装置传动图

2. 牙嵌式电磁离合器

（1）基本结构

如图 2-5 所示，线圈 12 装于磁轭 2 的环槽中，线圈的一端焊在滑环 14 上，另一端焊在磁轭 2 上。线圈和滑环用环氧树脂浇铸在磁轭 2 上，衔铁 3 装有 3 个沉头螺钉 5 和 3 个弹簧 4，弹簧 4 是依靠沉头螺钉 5 限制在衔铁 3 的 3 个孔内。磁轭 2 和衔铁 3 端面上都带有很多均等的呈辐射分布的小齿。链轮 6 及衔铁 3 空套在离合器轴 1 上，磁轭 2 用键与离合器轴 1 相连。

（2）工作原理

当线圈不通电时，离合器的两部分呈分离状态。当线圈通电后，衔铁 3 受有吸向磁轭的电磁吸力，克服弹簧 4 的压力而被吸向磁轭 2，此时，磁轭 2 和衔铁 3 端面上的小齿紧密啮合在一起，动力传给磁轭 2 并通过键传给离合器轴 1 而使离合器轴 1 旋转，再由右端的齿轮 8 带动输纸装置运动。当线圈断电时，衔铁 3 在压簧及钢球 11 的压力下离开磁轭 2，这时，尽管链轮等在旋转，但磁轭不转动，从而输纸装置停止输纸。磁轭 2 与衔铁 3 脱开时，齿顶之间的空隙应为 0.3mm，可通过沉头螺钉 5 调节。

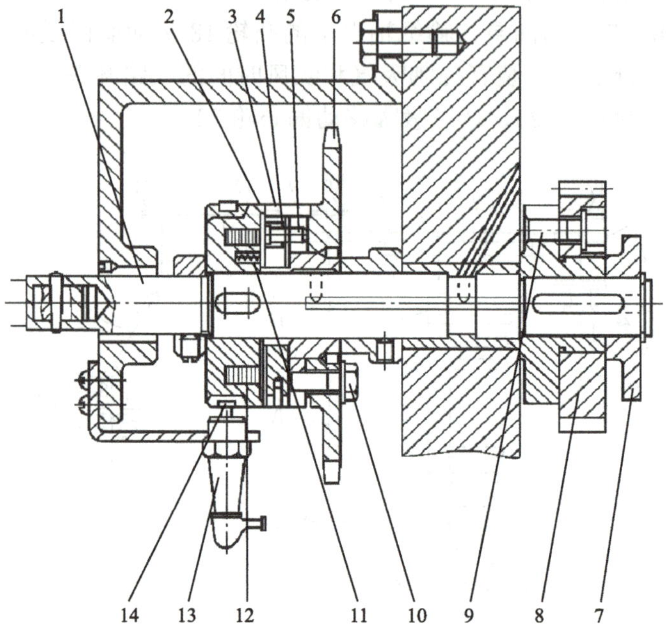

1—离合器轴；2—磁轭；3—衔铁；4—弹簧；5—沉头螺钉；6—链轮；7—凸轮；8—齿轮；9、10—螺钉；11—压簧及钢球；12—线圈；13—电刷；14—滑环。

图 2-5　牙嵌式电磁离合器结构图

3. 输纸装置与主机同步位置关系

1）输纸装置与主机同步位置要求。一般是以纸张到达前规的时间来判断，即采用低速输纸，当前规刚摆到定位位置时，纸张咬口边与前规定位块以 5 ～ 8mm 的间距为适宜。

2）同步位置的调节。如图 2-5 所示，离合器轴 1 右端装有齿轮 8，它是传到输纸装置各部分运动的总枢纽。齿轮 8 带有 3 个长孔，用螺钉 9 紧固。松开螺钉 9 就可以调节主机与输纸装置之间的相对运动关系，也就是调整纸张到达前规的时间。

也可通过调节传动链上其他部位的齿轮周向位置来进行同步位置的调节。凸轮 7 是压缩油泵活塞注油用的。

4. 给纸台升降装置

现在许多胶印机上采用 SZ206 型给纸系统，该给纸系统具有主给纸台和副给纸台两套传动机构，主、副给纸台分别由锥形转子电机带动。以 SZ206 型给纸系统为例，如图 2-6 所示。

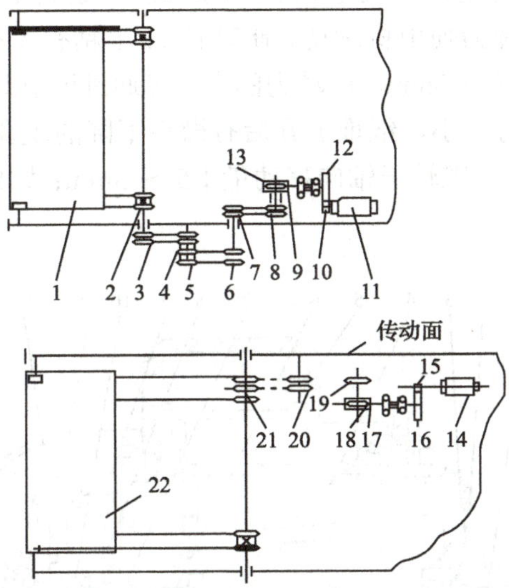

1—主给纸台；2 ～ 8—双排链轮；9、18—蜗杆；
10、12、15、16—齿轮；11、14—锥形转子电机；13、17—蜗轮；19、20、21—链轮；22—副给纸台。

图 2-6　给纸台升降装置传动图

（1）主给纸台自动上升

传动路线是：锥形转子电机 11 顺时针转动→齿轮 10 →齿轮 12 →蜗杆 9 →蜗轮 13 →双排链轮 8、7、6、5、4、3、2 →主给纸台 1 上升。

（2）副给纸台自动上升

为了缩短上纸的辅助时间，该机设有副给纸台升降机构，用以替换纸垛。传动路线是：锥形转子电机 14 顺时针转动→齿轮 15 →齿轮 16 →蜗轮 17 →蜗杆 18 →链轮 19、20、21 →副给纸台 22 自动上升。

用按钮操作可实现主、副给纸台的快速升降。

（3）锥形转子电机

给纸台自动升降和间歇自动上升都使用同一个锥形转子电机完成。锥形转子电机不仅能带动给纸台升降，而且具有自锁功能。

1）工作原理：图 2-7 所示为锥形转子电机结构（转子与定子之间始终是有间隙的，但图中未表示）。当电机通电时，电机定子绕组产生的磁通量将转子磁化，对转子产生一垂直于转子表面的吸力。由于电机转子表面是锥形的，此吸力产生两个分力：一个力是沿转子周向的周向力，这个力使转子旋转；另一个力是轴向方向的轴向力，电机转子在此轴向力作用下，克服压簧 6 的压力带动固定在转子轴上的制动轮 11 向右移动，而使风扇制动轮 11 脱离后端盖 9，电机转动；当电机断电时，转子轴向磁力消失，在压簧 6 的作用下，电机转子轴向左移动，转子轴上的制动轮 11 紧紧压在后端盖 9 上，依靠制动轮 11 和后端盖 9 上的摩擦力使电机制动。制动轮 11 上粘有摩擦系数较大的制动环。该电机转子轴向移动量为 1.5 ～ 3mm，制动力的大小可通过调节此距离得以实现。

2）常见问题：制动力太小，纸堆上升后有微小下降的现象；不能及时启动和停转。这要通过调整锁紧螺母来实现转子轴向移动量 1.5 ～ 3mm；如果是制动轮上的制动环损坏，则要更换制动环。

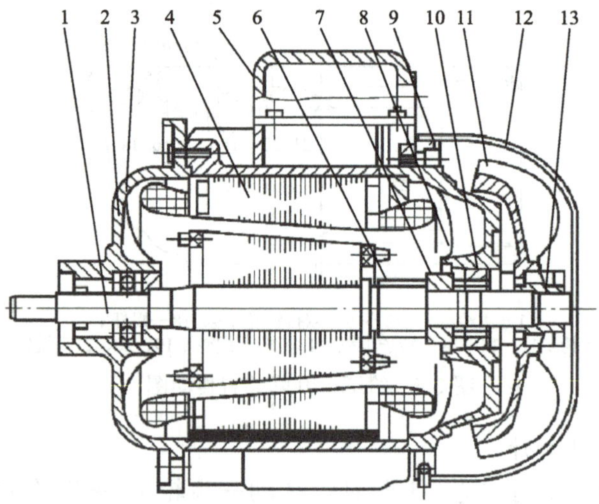

1—转子；2—轴承；3—前端盖；4—定子；5—限位器；6—压簧；7—轴套；
8—止推轴承；9—后端盖；10—轴承；11—制动轮；12—风罩；13—螺母。

图 2-7　锥形转子电机结构图

练习与测试

一、判断题（正确的打“√”，错误的打“×”，并将错误的部分改成正确的）

（　　）1．主机与输纸装置必须同步运转。

（　　）2．大部分单张纸胶印机的低速点动运动有正点动、反点动两种运动状态。

（　　）3．锥形转子电机通电时，因制动轮与后端盖接触而具有制动作用。

（　　）4．输纸装置与主机的同步调节或纸张早到与晚到调节是指以纸张到达前规的时间来判断，即当前规刚摆到定位位置时，纸张咬口边与前规定位块约以 50mm

的间距为适宜。

（　　）5．由电机出来的第一级传动应该为皮带传动。

二、选择题

1．印刷机的印刷能力是指（　　）。

A．每秒的印数　　B．每分钟的印数

C．每小时的印数　　D．每天 8h 的印数

2．机器低速点动速度一般为（　　）r/min。

A．3 ～ 5　　B．30 ～ 50

C．3000　　D．150 ～ 200

3．关于输纸装置与主机的同步，下列说法正确的是（　　）。

A．输纸装置与主机的同步调节就是调节纸张到达前规的时间

B．输纸装置与主机的同步调节就是调节纸张到达侧规的时间

C．输纸装置与主机的同步调节就是调节纸张到达输纸板的时间

D．输纸装置与主机的同步调节就是调节纸张到达双张检测装置的时间

E．输纸装置与主机的同步调节就是调节纸张到达压纸轮机构的时间

4．输纸装置上锥形转子电机的作用是（　　）。

A．快速输纸　　B．给纸台自动上升

C．给纸台快速升降　　D．快速递纸

三、简答题

试简要说明带动给纸台快速升降的锥形转子电机的工作原理。

项目三

输纸装置调节

输纸装置的作用是将纸堆上的纸自动、准确、平稳并与主机同步、有节奏地逐张分离出来，并输送至定位装置进行定位。

试印刷操作程序

1. 输纸装置的分类

自动输纸装置有不同的形式，根据分离纸张的方法可分为摩擦式输纸装置和气动式输纸装置。摩擦式输纸装置依靠摩擦力的作用把纸张从纸堆中分离出来，完成纸张的分离工作，同时通过相应的传送机构把纸输送到规矩部件；气动式输纸装置依靠吹风和吸气把纸张从纸堆中分离出来，工作平稳、可靠，目前在单张纸平版印刷机上得到了广泛应用。

2. 气动式输纸装置的分类

气动式输纸装置根据输纸方式分为间歇式输纸（单张式）装置和连续式输纸（重叠式输纸）装置两种类型。

1）间歇式输纸装置，如图 3-1 所示。在纸张的输送过程中相邻两张纸之间保持一定的距离。在输纸台纸堆前沿上方装有一排压纸轮 2，工作时先由纸堆前面的松纸吹嘴（又称固定吹嘴）将纸堆表面的纸张吹松，然后吸嘴 5 下降，吸取纸堆上第一张纸 1。吸嘴吸住纸张上升并向前递送给送纸辊 3，此时送纸压轮 4 下降压纸，依靠摩擦力把纸送到输纸板，并通过输送带 6 和压纸轮 2 的配合，将纸传送到前规进行定位。这种输纸方式吸嘴可在纸张的咬口部位吸纸，一般适用于小幅面（八开）印刷机。

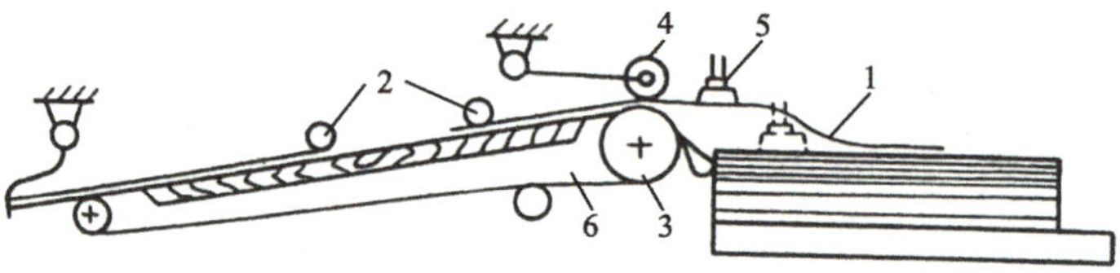

1—纸张；2—压纸轮；3—送纸辊；4—送纸压轮；5—吸嘴；6—输送带。

图 3-1　间歇式输纸装置

2）连续式输纸装置，如图 3-2 所示。在纸张的输送过程中，后一张纸的前面部分重叠在前一张纸的后面部分下一段距离，一起在输纸板上向前移动。由于重叠，后一张纸的咬口被前一张纸的拖梢盖住，所以这种输纸装置的吸嘴不能在纸张的咬口部位吸纸，而只能在纸张的拖梢部位吸纸。工作时，先由松纸吹嘴 2 将纸堆表面的纸张吹松，然后由分纸吸嘴 1 下降吸起纸堆最上面的一张纸，并在挡纸毛刷 3 的协助下，使纸张与下面纸堆上的纸分离；与此同时，压纸吹嘴 4 插入被吸纸张与纸堆之间，压住纸堆并进行吹风，使纸张与纸堆完全分离。此时前齐纸板 6 下摆让纸，接着递纸吸嘴 5 接过纸张并送出纸堆，在送纸辊 7 和送纸压轮 8 的摩擦力作用下，纸张进入输纸板。经输送带 9 和压纸轮 12 的输送，移向前规 10，并由侧规 11 定位。

目前，连续式输纸装置在单张纸胶印机中得到广泛应用。

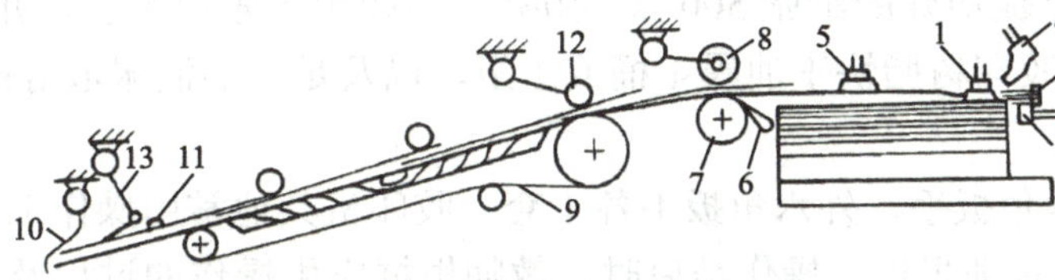

1—分纸吸嘴；2—松纸吹嘴；3—挡纸毛刷；4—压纸吹嘴；5—递纸吸嘴；6—前齐纸板；7—送纸辊；8—送纸压轮；9—输送带；10—前规；11—侧规；12—压纸轮；13—探针。

图 3-2　连续式输纸装置

3）间歇式输纸装置和连续式输纸装置的比较。

印刷机每印完一张纸的时间称一个工作周期，一般以压印滚筒转一圈计算。对输纸板上的每张纸来说，一个工作周期分为两个阶段：一个阶段为纸张走过距离的时间，另一个阶段为纸张在前规定位、侧规定位的时间。

若工作周期及定位时间相等，则间歇式输纸装置的输纸速度比连续式输纸装置的输纸速度快，当纸张触及前规定位块时冲击大，易使定位不准，影响印刷品的套印质量。

若工作周期及输纸速度相等，则间歇式输纸装置的定位时间比连续式输纸装置的定位时间短。定位时间短，会造成定位不稳定，影响印刷品的套印质量。

若输纸速度及定位时间相等，则间歇式输纸装置的工作周期比连续式输纸装置的工作周期长，这意味着生产率低。

实训任务一　输纸装置的操作与调节

1. 任务解读

本实训是在初步掌握了胶印机的基本操作后，正式印刷前的一个环节，是进行印刷实训的基础，也是保证印刷能够顺利进行的前提。此环节的实训目的是使学生能够熟练地操作与调节印刷机输纸装置，并能对输纸装置的故障进行分析、排除。

2. 设备、材料及工具准备

1）设备：国产或进口单色或多色单张纸胶印机 1 台。

2）材料：①已裁切好的纸张 500 张；②晒好的印版 1 张或 1 套，并由实训指导教师预先安装好；③胶印树脂快干油墨 1 桶或 1 组，以及足够的润湿液等；④油墨清洗剂 5L/ 组。

3）工具：内六角扳手、外六角扳手各 1 套，胶印机其他常用操作工具 1 套。

每人领取 1 份实训报告，操作结束时，教师根据学生操作的过程及效果进行点评；按评分标准进行评分。

3. 操作步骤

（1）输纸装置的操作流程

取样纸居中放置，调节侧齐纸，上纸→输纸台上升至最高位置，依据纸张幅面调整分纸头前后位置→依据挡纸舌高度微调分纸头高度→分别调节分纸头上松纸吹嘴高度及风量、压纸钢片、压块，并调节分纸吸嘴、递纸吸嘴→调节双张控制器→开机，输送一张纸，在纸张即将到达前规定位块时停机，转为点动并使纸到达前规定位块，定位好后停止点动→根据纸张位置调节压纸轮、压纸毛刷、压纸毛刷轮的位置与压力→印刷机其他部分全部调好后，经检查确认无误后开机走纸。

（2）纸张分离头机构的调节步骤

1）整体的调节。

① 纸张分离头前后位置的调节。根据纸张的幅面，松开纸张分离头的紧固手柄后推动分离头，调整其前后位置，使压脚压住纸张 8 ～ 12mm，然后锁紧手柄，如图 3-3（a）所示。

② 纸张分离头高度的调节。首先通过高度微调手轮使分离头处于最低位置，如图 3-3（b）所示。启动机器，打开飞达控制按钮，使飞达运转，此时纸堆会上升到最高位置，依据挡纸舌位置微调飞达高度，使纸堆低于挡纸舌上缘 4 ～ 6mm。

（a）纸张分离头前后位置的调节

（b）纸张分离头高度的调节

图 3-3　纸张分离头前后位置和高度的调节

2）分纸吸嘴的调节。分纸吸嘴处于最低位置时开始吸纸（靠凸轮控制），分纸吸嘴离纸堆的距离一般应根据纸张厚度而定：厚纸 2 ～ 3mm，薄纸 6 ～ 8mm，如图 3-4（a）所示。

分纸吸嘴的倾斜角度会影响到纸张两个侧边的走动速度。如果两个侧边走动速度不一致，就会导致歪张，还会影响吸嘴对纸张的吸力。调节时应根据纸张的厚薄和平整状况来调整。一般来说，纸张较薄时吸嘴可以调整倾斜一点，纸张较厚时则要调整得平一点；纸张上翘时吸嘴角度应调节倾斜一点，当纸张比较平整甚至下趴时吸嘴应调整平一些，以避免出现双张或空张的情况。调节时，通过分离头右侧的分纸吸嘴角度调节旋钮来调整，如图 3-4（b）所示。

（a）分纸吸嘴高度的调节

（b）分纸吸嘴倾斜角度的调节

图 3-4　分纸吸嘴高度和倾斜角度的调节

3）压纸吹嘴的调节。

① 压纸吹嘴位置的设定。在不装纸时，盘车使压纸吹嘴处在最低位置，当用手提起约 2mm 时刚能触动微动开关即可，再固定调节螺钉。

② 纸张分离头前后位置的调节。使压脚压住纸张 8 ～ 12mm，如图 3-5（a）所示。

③ 压纸吹嘴吹气量的调节。压纸吹嘴吹气量的大小由气阀控制，如图 3-5（b）所示。

（a）压纸吹嘴前后位置的调节

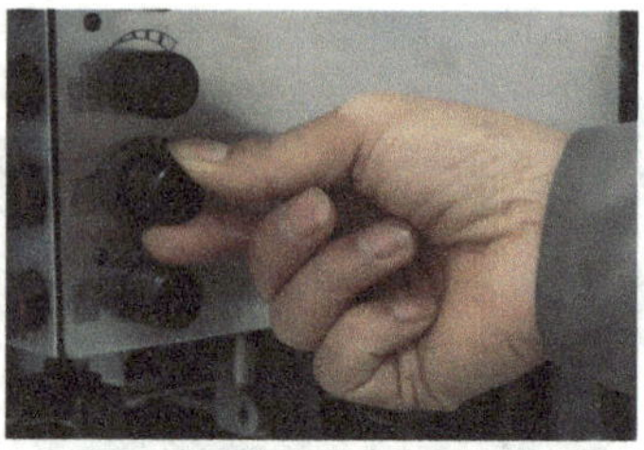

（b）压纸吹嘴吹气量的调节

图 3-5　压纸吹嘴前后位置和吹气量的调节

4）递纸吸嘴的调节。递纸吸嘴一般距离纸堆 3 ～ 5mm，距离过大易引起空张故障，过小则易“擦”坏橡皮圈，造成走纸不畅，影响输纸效果。

递纸吸嘴的位置及倾斜角度可根据纸张的不同来调节，一般应以机器的中心线相互对称。高低位置可以通过两侧的调整装置来调整，如图 3-6（a）所示，且应使左右两个递纸吸嘴高度一致，否则易导致歪张；外侧递纸吸嘴的倾斜角度可用分纸头上右侧的手柄来调节，使左右两个吸嘴的倾斜角度一致，否则易出现歪张故障，如图 3-6（b）所示。

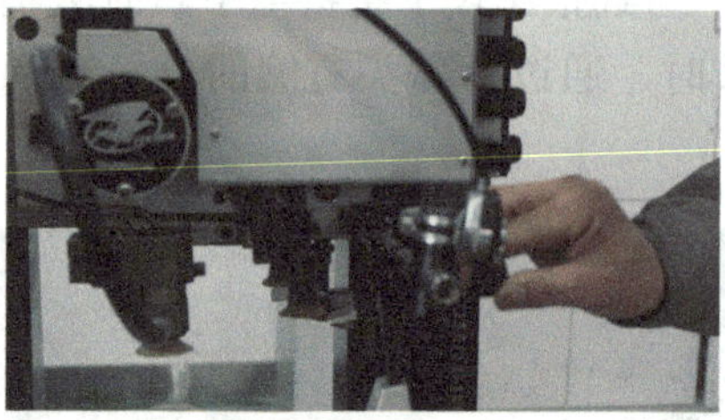

（a）递纸吸嘴高度的调节

（b）递纸吸嘴倾斜角度的调节

图 3-6　递纸吸嘴高度和倾斜角度的调节

5）松纸吹嘴的调节。如图 3-7（a）所示，调整松纸吹嘴的高度，使其只能吹松纸堆上面 6 ～ 10 张纸。吹气量由气阀控制，如图 3-7（b）所示。

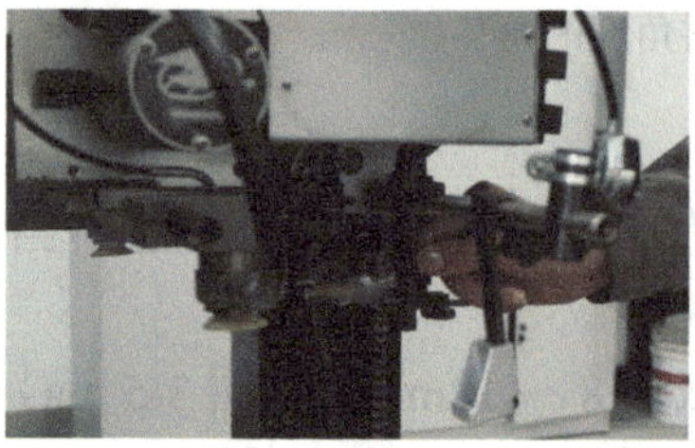

（a）松纸吹嘴高度的调节

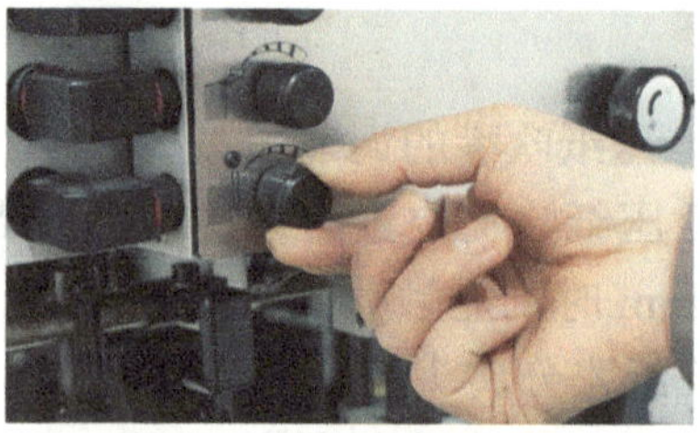

（b）松纸吹嘴吹气量的调节

图 3-7　松纸吹嘴高度和吹气量的调节

6）前挡纸板的调节。调节前挡纸板时，首先要使每只前挡纸板保持在同一水平面上，它的竖直方向与纸堆表面呈 90° 夹角，如图 3-8 所示。

通过分离头的升降来调整纸堆高度（压脚探测纸堆高度），进而调整前挡纸板相对于纸堆的高度，如图 3-9（a）所示。前挡纸板高出纸面 4 ～ 6mm，如图 3-9（b）所示。

图 3-8　前挡纸板的调节

（a）纸张分离头高度的调节

（b）前挡纸板与纸面距离的调节

图 3-9　微调纸张分离头高度以改变前挡纸板与纸面的距离

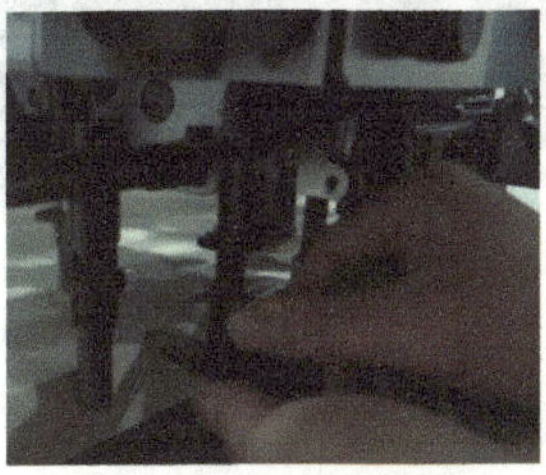

图 3-10　压纸钢片的调节

7）压纸钢片的调节。在气泵未开、松纸吹嘴没有通气的情况下，调节压纸钢片使其高于纸堆 3 ～ 5mm，伸入纸堆 3 ～ 5mm，如图 3-10 所示。

8）压块的调节。

① 压块左右位置的调节。应保证左右两个压块位置对称，每个压块应调整在距离纸张侧边 1/8 ～ 1/4 处，如图 3-11（a）所示。

② 压块前后位置的调节。应调整在距离纸张拖梢 1mm 左右，如图 3-11（b）所示。

（a）压块左右位置的调节

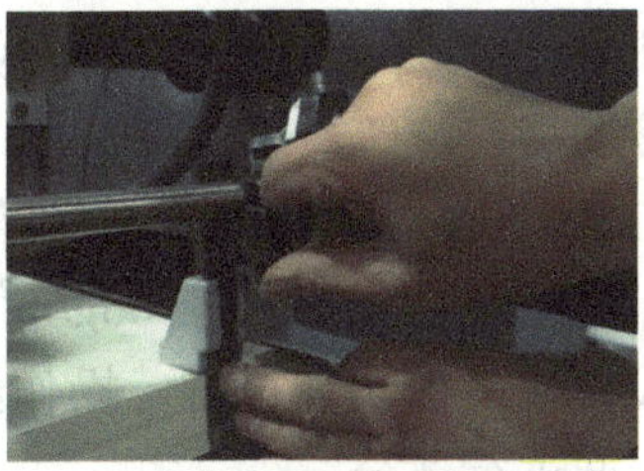

（b）压块前后位置的调节

图 3-11　压块位置的调节

实训任务二　送纸压轮机构的调节

1. 任务解读

接纸辊（送纸辊或线带辊）与压纸轮的结构如图 3-12 所示。接纸辊是一个网纹辊，利用自身的网纹来增加其与布带、压纸轮间的摩擦力，从而使纸张顺利通过。压纸轮是靠接纸辊的摩擦而运动的，当纸张到达导纸轮和接纸辊之间时，通过摩擦力将递纸吸嘴传过来的纸张压住，并将纸张向前传递。

压纸轮的左右位置要对称、高低要一致，各个压纸轮与接纸辊间的压力要足够和一致。

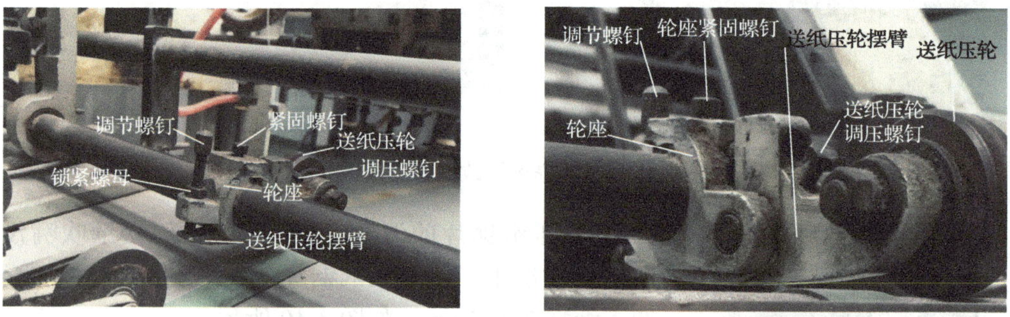

（a）接纸辊的结构　　（a）压纸轮的结构

图 3-12　接纸辊与压纸轮的结构

2. 设备、材料及工具准备

1）设备：国产或进口单色或多色胶印机 1 台。

2）材料：①已裁切好的纸张 500 张；②晒好的印版 1 张或 1 套，并由实训指导教师预先安装好；③胶印树脂快干油墨 1 桶或 1 组，以及足够的润湿液等。

送纸压轮机构调节

3）工具：内六角扳手、外六角扳手各 5 套，胶印机其他常用操作工具 1 套；宽 1cm、长 15cm 左右、80 ～ 100g/m^2 的牛皮纸条每组 10 条。

每人领取 1 份实训报告，操作结束时，教师根据学生操作的过程及效果进行点评；按评分标准进行评分。

3. 操作步骤

1）松开轮座紧固螺钉，根据所印纸张的大小，将压纸轮调到距离纸张侧边 1/4 宽度的位置，重新拧紧轮座紧固螺钉。

2）按“点动”及“输纸”按键，使送纸压轮下落至送纸辊完全接触。

3）松开锁紧螺母，将调节螺钉向下调节至接近送纸压轮摆臂。

4）在调节螺钉与送纸压轮摆臂之间放置一张 0.3mm 厚的纸条或垫片，一边转动调节螺钉，一边拉动纸条或垫片，当感觉拉动有阻力时，将锁紧螺母锁紧。

5）将牛皮纸条放入压纸轮与接纸辊之间，通过拉动牛皮纸条来测试压纸轮与接纸辊之间的压力，如果压力不足或不一致，则可转动调压螺钉进行调节，直到符合要求为止。

实训任务三　纸张输送机构的调节

1. 任务解读

传统的纸张输送机构由输纸板、输纸线带和压纸框（其上有压纸轮、压纸毛刷轮、压纸毛刷、压纸球、压纸钢片等）组成，这些部分的相互位置关系及压力等将影响纸张输送的稳定性与准确性。

2. 设备、材料及工具准备

1）设备：国产或进口单色或多色胶印机 1 台。

2）材料：①已裁切好的纸张 500 张；②晒好的印版 1 张或 1 套，并由实训指导教师预先安装好；③输纸线带 20m；④针线 5 套。

3）工具：内六角扳手、外六角扳手各 5 套，胶印机其他常用操作工具 1 套；宽 1cm、长 15cm 左右、80 ～ 100g/m^2 的牛皮纸条每组 10 条。

每人领取 1 份实训报告，实训结束时，教师根据学生操作的过程及效果进行点评；按评分标准进行评分。

3. 操作步骤

1）输纸线带的安装。将输纸线带剪断成要求的长度，同时将一端的双层线带的上层剪去 3cm 左右，另一端则将双层线带的下层剪去 3cm 左右，然后将其穿到输纸板上，并将接头用针线缝合起来，缝合时要保证接头平整和结实，最后用输纸板背面的张紧轮将输纸线带张紧。

2）压纸框上压纸轮、压纸毛刷、压纸毛刷轮的调节。压纸轮、压纸毛刷轮的调节要注意两个原则，即位置对称和力量对称（仍然用牛皮纸条测试压力是否对称）。压纸轮离开纸边大约 1mm。压纸毛刷轮压住纸边大约 1mm，与纸张后边缘相切，若压纸过多或压力过大，则易引起走纸不畅。压纸轮、压纸毛刷位置和压力的调节如图 3-13 所示。

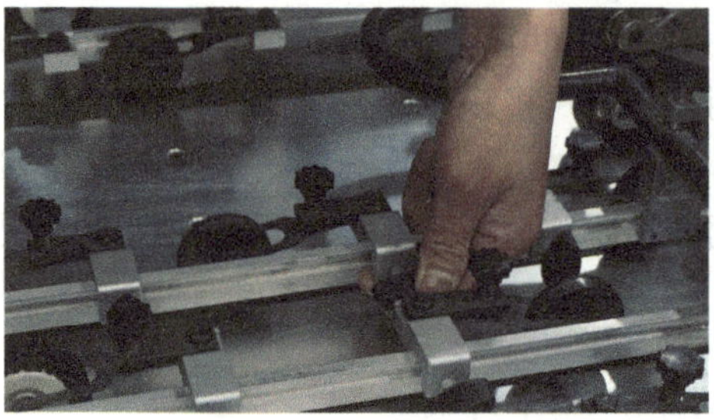

（a）压纸轮、压纸毛刷位置的调节

（b）压纸轮、压纸毛刷压力的调节

图 3-13　压纸轮、压纸毛刷位置和压力的调节

实训任务四　机械式双张检测器的调节

1. 任务解读

机械式双张检测器主要由一个控制滚轮、一个微动开关及一个调节螺母组成。当出现双张或多张时，位于输纸板上的压轮抬起转动并碰到上面的控制滚轮，两轮因摩擦转动而拨动微动开关，使之发出信号，飞达停止输纸，实现双张或多张的自动检测，如图 3-14 所示。

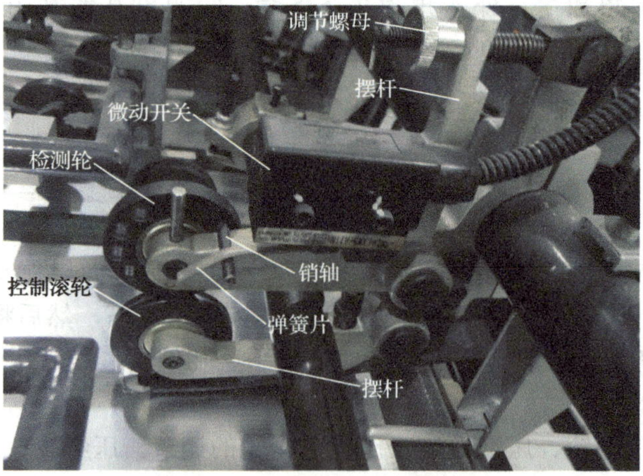

图 3-14　机械式双张检测器的结构

机械式双张检测器调节

2. 设备、材料及工具准备

1）设备：国产或进口单色或多色胶印机1台。

2）材料：已裁切好的纸张500张。

3）工具：内六角扳手、外六角扳手各5套，胶印机其他常用操作工具1套。

每人领取1份实训报告，操作结束时，教师根据学生操作的过程及效果进行点评；按评分标准进行评分。

3. 操作步骤

1）旋转调节螺母，使检测轮与控制轮之间有空隙。

2）如图3-15（a）所示，将一张纸折成3折，然后按图3-15（b）所示，将折成3折的纸放在控制轮与输纸板之间，一边拉动纸张一边旋转调节螺母，使检测轮与控制轮接触，直到控制轮能带动检测轮转动。

3）将3折纸变成2折纸，拉动纸张，控制轮不能带动检测轮，然后锁紧调节螺母。

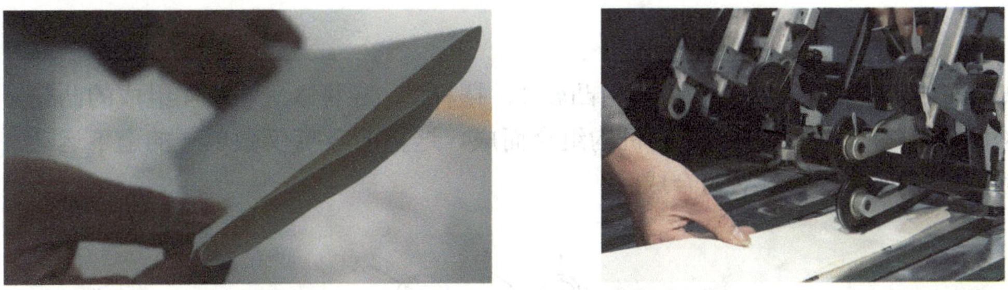

（a）折成3折的纸张　　（b）将折成3折的纸放在控制轮与输纸板之间

图3-15　双张检测器的调节

知识链接

一、连续式输纸装置的分纸机构

根据生产实践，一般要求连续式输纸装置按以下工艺过程进行工作：松纸吹嘴吹松纸堆上部的十几张纸→分纸吸嘴从吹松的纸张中分离出最上面的一张纸→压纸吹嘴压住未被分离的纸张→送纸辊和送纸压轮向前输送已分离出来的单张纸→齐纸机构齐平纸堆上的纸张→输送带及压纸轮等继续输送单张纸到前规进行定位。为了完成输纸的工艺过程，连续式输纸装置均由以下机构组成。

1）纸张分离机构：主要完成输纸工艺过程中的松纸、分纸、压纸和递纸4个动作，主要由松纸吹嘴机构、分纸吸嘴机构、压纸吹嘴机构和递纸吸嘴机构等组成。

2）纸张输送装置：接过分离机构分离出来的纸张继续输送到前规处进行定位，主要由齐纸机构、送纸压轮机构（包括送纸辊）、输送带和输纸板等部分组成。齐纸机构完成纸堆上纸张齐平工序；送纸压轮机构和送纸辊共同完成从递纸吸嘴接过纸张并输送到输纸板部分，由输纸板上的线带压纸轮等继续把纸张送给前规定位。

3）给纸台升降装置：使纸堆在工作时自动上升，以便保证纸堆与输纸头的相对高度位置，主要由锥形转子电机、传动系统和给纸台等组成。它有快速升降和间歇自动上升两种运动。

4）纸张检测装置：检测纸张输送过程中的双张、空张、歪张和折角等故障，主要由双张检测装置、空张与歪张检测装置组成。

5）气泵和气路循环系统：供给输纸装置用气。

二、纸张分离机构

1. 分纸吸嘴机构的工作原理

如图3-16所示，分纸吸嘴主要由凸轮1、摆杆2、导杆3、导轨4组成的凸轮－连杆机构和由气缸5、活塞6的气动机构组合而成。这里的吸嘴仅做单一的上下运动，其运动的行程是两组机构运动的合成。

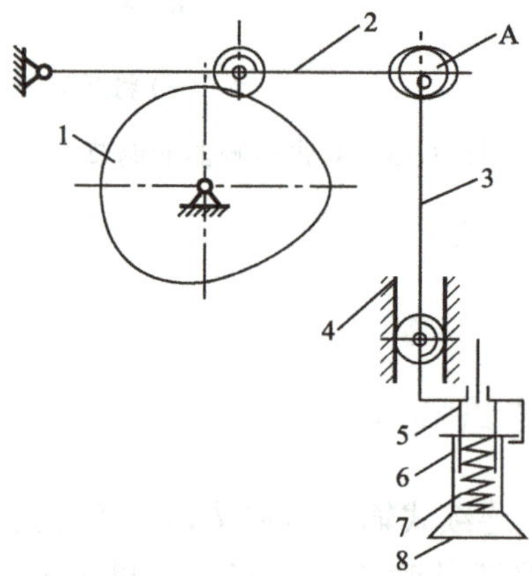

1—凸轮；2—摆杆；3—导杆；4—导轨；5—气缸；6—活塞；7—弹簧；8—吸嘴；A—偏心销轴。

图3-16　分纸吸嘴运动简图

当凸轮 1 旋转到小面与摆杆 2 上的滚子接触时，分纸吸嘴在最低位置，此时吸嘴与气路接通，吸嘴吸住已吹松的上面一张纸，这时吸嘴内形成负压（真空），在大气压的作用下，活塞 6 连同吸嘴克服弹簧 7 的作用力迅速上升，随着凸轮 1 与摆杆 2 上的滚子接触由小面转到大面，导杆 3 带动整个气动机构上升约 24mm。当递纸吸嘴接过纸张后，分纸吸嘴停止吸气，气缸 5 内真空消失，在弹簧 7 的作用下，活塞 6 连同吸嘴 8 一起被弹下，恢复原位。当凸轮 1 与摆杆 2 上的滚子接触由大面转向小面，使导杆 3 带动气动机构下降，直到吸嘴降到吸纸位置准备下一次吸纸工作。图 3-16 中的偏心销轴 A，用来调节分纸吸嘴与纸堆面的相对距离。

2. 压纸吹嘴机构的工作原理

（1）压纸吹嘴升降运动的工作原理

如图 3-17 所示，压纸吹嘴机构主要由凸轮 1、摆杆 2、压纸吹嘴 8 及微动开关 10 等组成。当凸轮 1 升程弧与滚子接触时，摆杆 2 逆时针摆动，通过连杆 3 使摆杆 4 逆时针摆动，通过连杆 5 及螺钉 7 使压纸吹嘴 8 上升；反之，当凸轮 1 的回程弧与滚子接触时，在拉簧的作用下，摆杆 2 顺时针摆动，通过连杆 3 使摆杆 4 顺时针摆动，通过连杆 5 及螺钉 7 使压纸吹嘴 8 下降。

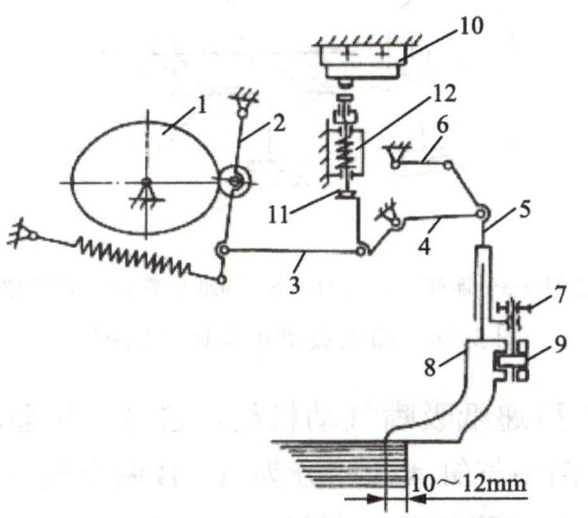

1—凸轮；2、4、6—摆杆；3—连杆；5—连杆；7—螺钉；8—压纸吹嘴；9—调节螺母；10—微动开关；11—导杆；12—压簧。

图 3-17　压纸吹嘴机构工作原理图

（2）压纸吹嘴探测纸堆高度使纸堆自动上升的原理

如图 3-17 所示，当压纸吹嘴压住纸堆，纸堆高度低于规定要求时，摆杆 4 上的凸块顶动导杆 11，导杆克服压簧 12 的力，向上顶动微动开关 10，微动开关 10 就发出纸堆上升的电器信号。当纸堆高度符合规定高度时，由于压纸吹嘴下降的距离较小，摆杆 4 摆动的角度就小，这样摆杆 4 上的凸块抬升的高度低，导杆 11 上升的距离小，顶不到微动开关，输纸台停止上升。若要调节纸堆高度，可以通过调节螺母 9 来解决。逆时针转动调节螺母 9 使压纸吹嘴 8 下降，可使纸堆面下降一些；而顺时针转动调节螺母 9 使压纸吹嘴 8 上升，可使纸堆面升高一些。但无论怎么调整都应该以纸堆面低于前挡纸板顶端 4 ～ 6mm 为适宜。以上调节也可以通过调节输纸头的高低来解决。

3. 递纸吸嘴机构的工作原理

递纸吸嘴是将分纸吸嘴分离出来的纸张吸住，并将纸传送给送纸辊。如图 3-18 所示，递纸吸嘴机构主要由偏心轮 1、摆杆 2、连杆 3、递纸吸嘴 5 等组成，其运动是由分纸轴上的偏心轮 1 转动使摆杆 2 摆动，通过铰链的作用带动连杆 3 上的递纸吸嘴 5 做近似直线运动（其实是一条较平滑的弧线）。

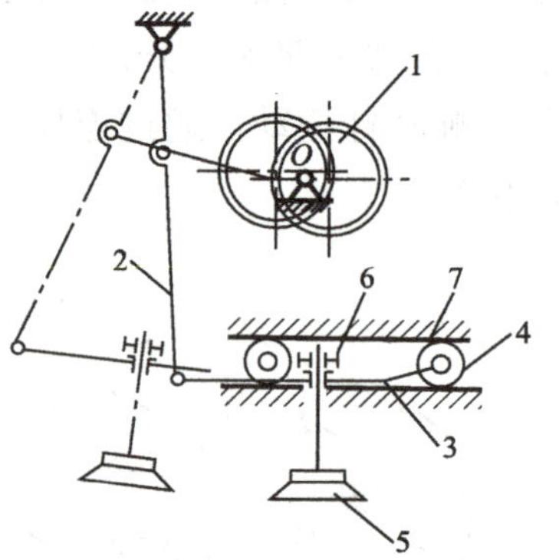

1—偏心轮；2—摆杆；3—连杆；4—滚子；5—递纸吸嘴；6—调节螺母；7—导轨。

图 3-18　递纸吸嘴机构运动简图

图 3-19 所示为 SZ206 型递纸吸嘴气动机构，它是一种差动式气动机构，主要用于实现吸嘴的上下运动。图中气缸 4 内腔分为 A、B 两个气室，气室 B 直通吸嘴 1 底部，气室 A 通过通气孔 b 与气路相通，而阻尼孔 a 将 A、B 两气室连通。吸嘴不吸纸时，活塞 3 被弹簧 2 压向气缸 4 顶部。当吸气气路接通后，由于阻尼孔 a 的截面积很小，气室 A 气压迅速下降，形成真空，从而使活塞 3 克服弹簧 2 的压力下降吸纸。当吸嘴的橡皮圈吸住纸张后，气室 A 和气室 B 的压力趋于平衡，这时在弹簧 2 和大气压的作用下，活塞连同吸嘴 1 突然向上提升（提升距离为 15mm）。

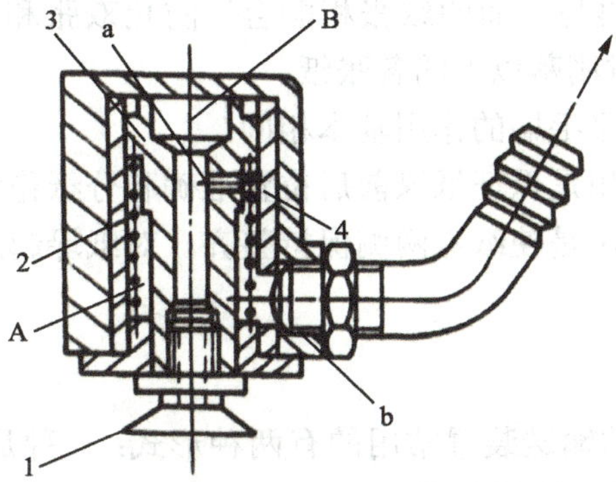

1—吸嘴；2—弹簧；3—活塞；4—气缸；
A、B—气室；a—阻尼孔；b—通气孔。

图 3-19　SZ206 型递纸吸嘴气动机构工作原理图

4. 松纸吹嘴机构的工作原理

松纸吹嘴设置在纸堆的后面，左右各一个。它的作用是将纸堆上面的几张到十几张纸吹松，使它们与挡纸毛刷相接触，便于纸张分离。

如图 3-20 所示，吹嘴上有 3 排小孔，吹嘴吹出的气流以喇叭状进入纸张之间，这种喇叭状的气流能使中间风力较大，而两旁风力较小。风力集中的区域对着纸堆，既可保证纸张被吹松，又能使最上面的纸不因过大的风力而飘起，造成双张。一般要求能将纸堆表层 5 ～ 10 张纸吹松为宜。

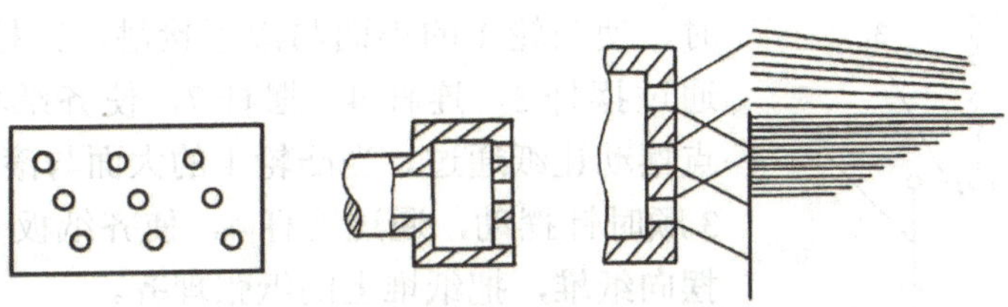

图 3-20　松纸吹嘴机构示意图

为适应不同纸张的要求（厚纸和薄纸），松纸吹嘴的高低和前后位置可根据不同的要求来进行调节，松纸吹嘴距纸堆后边缘一般为 6 ～ 10mm。松纸吹嘴的风量调节是通过风量调节阀来进行的，风量大小一般控制在纸堆最上面的 2 ～ 3 张纸刚好能和毛刷相接触为宜。

5. 其他辅助装置

1）挡纸毛刷，包括斜毛刷和平毛刷。斜毛刷的作用是协助松纸吹嘴，使吹松的纸张保持在一定高度而不再与下面的纸张相贴合，防止双张和多张。平毛刷能使分纸吸嘴吸住最上面纸张上升时刷落以下的各张纸。

2）压纸钢片，其与平毛刷的作用基本相同。

3）后挡纸板，其作用是保证纸垛前后位置准确和分纸稳定。

4）侧挡纸杆，其作用是使纸垛两侧保持整齐，对纸垛起限位作用。

三、纸张输送装置

单张纸胶印机纸张的输送装置常用的有两种形式：一种是传送带式纸张输纸装置；另一种是真空吸气带式纸张输纸装置。

1. 齐纸机构

（1）作用

齐纸机构（又称前齐纸板机构）位于纸堆前边缘，它的作用是理齐纸堆上的纸，保持纸堆前边缘整齐。在松纸吹嘴吹松纸堆上面十几张纸时，齐纸机构中的齐纸板立起挡住被吹松的纸张，以免纸向前错动；而当递纸吸嘴吸住纸向前递送纸时，齐纸板则向后摆动，以便让纸通过。

（2）工作原理

如图 3-21 所示为齐纸机构运动简图。齐纸机构主要由凸轮 1、拉簧 2、摆杆 3、连杆 4、摆杆 7 和齐纸板 6 等构件组成。凸轮 1 是连续旋转的，当递纸吸嘴递纸时，使凸轮 1 的小面与滚子接触，在拉簧 2 的作用下，通过摆杆 3、连杆 4、摆杆 7，使齐纸板 6 逆时针绕 O 点摆动让纸通过。当凸轮 1 的大面与滚子接触时，摆杆 3 顺时针摆动，通过连杆 4，使齐纸板 6 顺时针绕 O 点摆向纸堆，把纸堆上的纸张理齐。

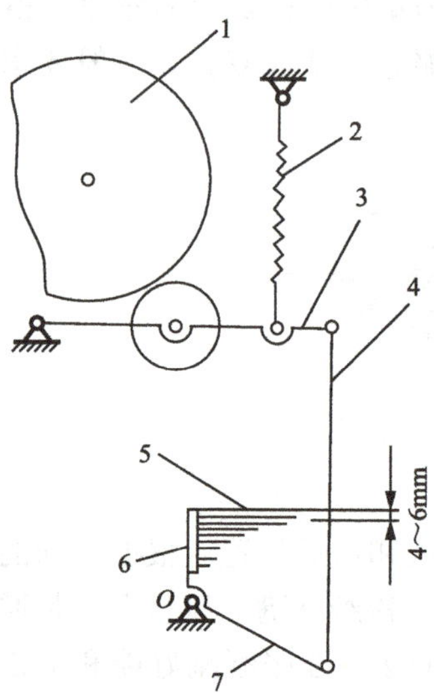

1—凸轮；2—拉簧；3、7—摆杆；4—连杆；5—纸堆；6—齐纸板。

图 3-21　齐纸机构运动简图

2. 送纸压轮机构

（1）工作原理

如图 3-22 所示为摆动式送纸压轮机构工作原理图。图中凸轮 1 安装在输纸装置的凸轮轴上，随轴不断地旋转运动，当凸轮 1 的升程弧与滚子 2 接触时，推动摆杆 3 逆时针摆动，使 O 点及其上的支撑座 8 逆时针摆动，螺钉 5 逆时针摆动，从而顶动摆杆 7 使压纸轮 11 绕 O_1

点上摆让纸。这时递纸吸嘴把纸张向前送到送纸辊 12 上。当凸轮 1 的回程弧与滚子 2 接触时，在拉簧 4 的作用下，摆杆 3、支撑座 8 及螺钉 5 顺时针绕 O 点摆动，通过弹簧 9，使压纸轮 11 绕 O_1 点顺时针下落压纸，此时递纸吸嘴放纸，纸张在压纸轮 11 和旋转的送纸辊 12 之间靠摩擦力的作用向前传送到传送带上。

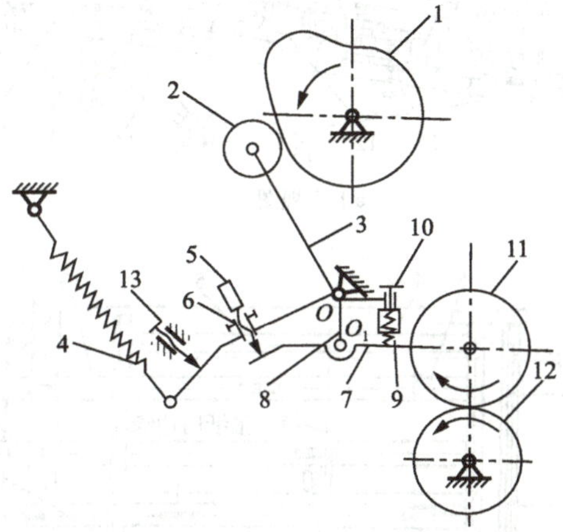

1—凸轮；2—滚子；3、7—摆杆；4—拉簧；5、10、13—螺钉；6—螺母；8—支撑座；9—弹簧；11—压纸轮；12—送纸辊。

图 3-22 摆动式送纸压轮机构工作原理图

（2）调节

调节螺钉 10，通过弹簧 9 的作用来调节压纸轮 11 和送纸辊 12 之间的压力。螺钉 5 是用来微调单个压纸轮下落与送纸辊的接触时间的。螺钉 13 是限位螺钉，用来确定 O 点顺时针转动时的极限位置，实现整排（两个）送纸压轮的压纸时间的调节，并能使压纸轮压纸时脱离凸轮 1 的控制，保证传纸的稳定性。

3. 输纸台装置

（1）SZ206 型输纸机输纸台装置

如图 3-23 所示为 SZ206 型输纸机输纸台装置。

1）纸张传送带机构，由图中所示的送纸辊 1（线带驱动辊）、输纸板 5、传送带 13 及支撑张紧轮的张紧轮臂 14 构成。由送纸辊带动传送带运动，在输纸板面上设有 6 条钢板，相对应配置 6 条传送带 13，以保证传送带在输纸板面上运动灵活，减少传送带和输纸板之间的摩擦。

2）故障排除吸嘴，由图中的吸嘴 11、压纸框架 4、阀体 15 等组成。输纸板前端设置有 4 个吸嘴 11，当输纸装置输纸出现故障（双张或其他故障），需取出乱张时，可掀起压纸框架 4（先要打开压纸框架锁住卡板 16），此时接通吸气回路，由吸嘴 11 吸住纸张，使前端纸保持原位置，防止移位。在故障排除后，将压纸框架放下，扳回卡板锁，此时气路断开，可正常输纸印刷。阀体 15 起到给 4 个吸嘴 11 供气的作用。

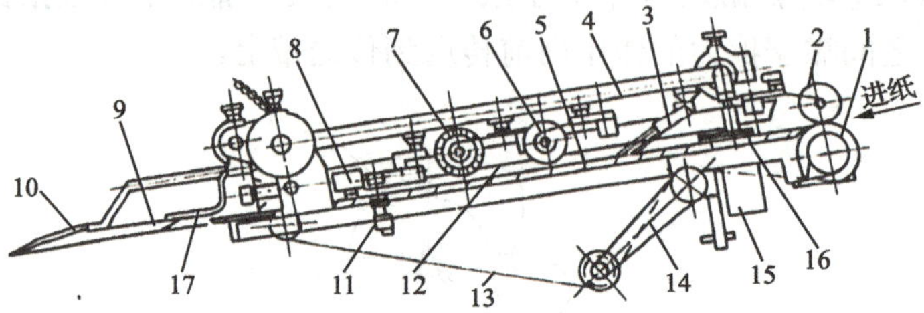

（a）主视图

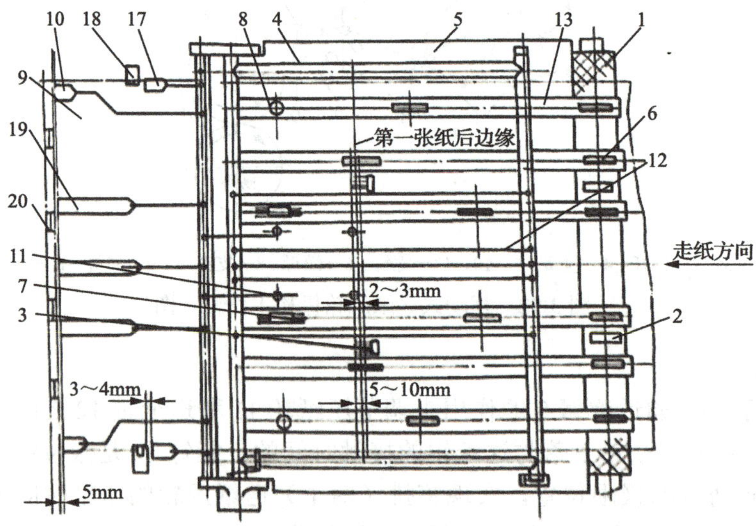

（b）俯视图

1—送纸辊；2—压纸轮；3—压纸毛刷；4—压纸框架；5—输纸板；6—压纸滚轮；7—压纸毛刷滚轮；8—压纸球；9—递纸咬牙台；10—压纸片；11—吸嘴；12—支架杆；13—传送带；14—张紧轮臂；15—阀体；16—卡板；17—侧规压纸片；18—侧规；19—前压纸片；20—前规。

图 3-23　SZ206 型输纸机输纸台装置结构图

3）压纸框架机构，由图中的压纸框架 4、支架杆 12、压纸滚轮 6、压纸毛刷滚轮 7、压纸毛刷 3、压纸球 8、压纸片 10、侧规压纸片 17、前压纸片 19 等组成，位置均要与传送带相对应。第三排压纸滚轮 6 的作用是向前输送纸张。压纸毛刷 3、压纸毛刷滚轮 7 是用来防止纸张到达前规时反弹和飘动的。应该注意压纸滚轮与线带输纸台之间的压力，以及压纸滚轮的导纸方向，这对输纸的准确性有很大影响，因此要求所有压纸滚轮的压力一致、轻重适宜。有时为了展平纸张也可把两边的压纸滚轮略向外侧斜一些，但不宜过大。压纸球一般只在印刷比较厚的纸张时使用，不用时可把压纸球抬起。侧规压纸片 17 用来压平纸角，保证纸张顺利进入侧规。压纸片 10 和前压纸片 19 的作用是防止纸边翘起，以免影响前规定位和造成递纸咬牙咬纸。

（2）真空吸气带式输纸台装置

为适应印刷机高速发展的要求，目前许多单张纸胶印机采用了真空吸气带式输纸台装置，这种装置在国外许多生产厂商的印刷机上已配置。

如图 3-24 所示为德国罗兰 700 型四色单张纸胶印机吸气带式输纸台装置，它主要由传送带驱动辊 3、输纸板 10、吸气带 6、从动传送带辊 9、吸气室 4 和 7、吹气口 15 及辅助吸气轮 13 等组成。在输纸板上安装有两条吸气带 6，当从纸堆上分离出来的纸张由送纸辊 2 输送到输纸板上时，由吸气带 6 吸住（由于吸气带紧贴在吸气室上），并传送到前规定位，接着由侧规拉纸完成纸张的横向定位。利用吹气口 15 的吹气作用使纸张前边缘（咬口）部分平稳地进入前规定位。辅助吸气轮 13（有些公司的机器没有此吸气轮）则能使纸张以更平稳的方式进入前规定位。吸气室 4 的吸气量为恒定值，而吸气室 7 的吸气量大小是可调的，主要是为了适应印刷不同厚薄纸张的要求。

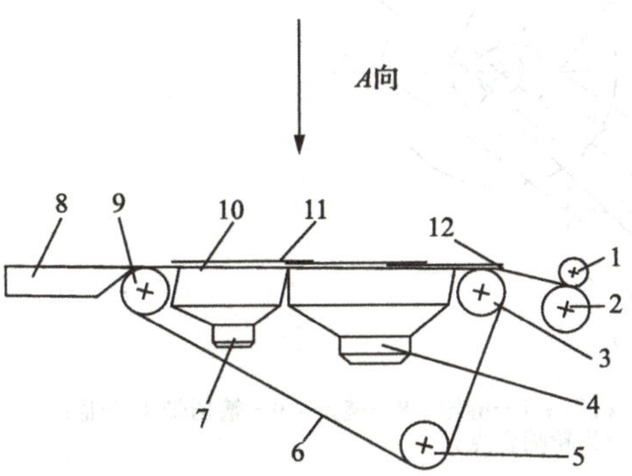

（a）真空吸气带输纸台正视图

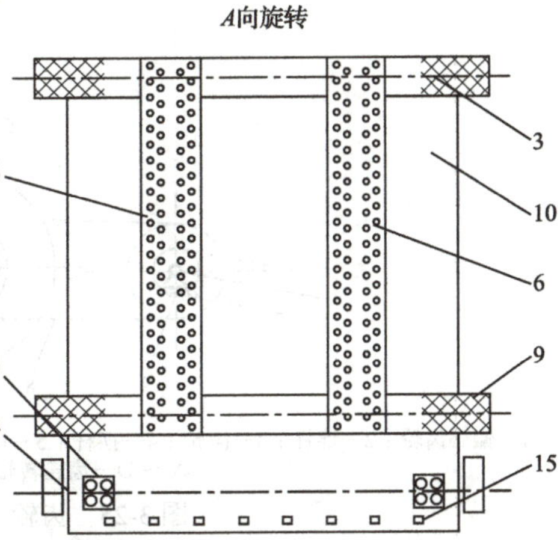

（b）真空吸气带输纸台顺时针旋转90° 俯视图

1—压纸轮；2—送纸辊；3—传送带驱动辊；4、7—吸气室；5—张紧轮；6—吸气带；8—递纸咬牙台；9—从动传送带辊；10—输纸板；11—纸张；12—过桥板；13—辅助吸气轮；14—侧规；15—吹气口。

图 3-24 德国罗兰 700 型四色单张纸胶印机吸气带式输纸台装置结构图

这种真空吸气带式输纸台装置去掉了传统输纸台上面的压纸框架，使操作与调节更为简单、方便，同时由于输纸台被做成鱼鳞式，故能防止纸张产生静电。这种输纸方式当然也使纸张的输送更加平稳、准确，而且能将裁切不整齐的纸张送到输纸台前由规矩部件定位。

4. 输纸变速机构

在这种真空吸气带式输纸装置中，为了避免纸张因高速的运送而使纸张前边缘（咬口）到达前规时产生冲击和反弹卷曲等现象，影响前规的定位准确性，吸气带的运行采用了变速的方式，即当纸张远离前规时高速输送，在靠近前规的一段距离内则做慢速输送，这样纸张就以较缓慢的速度靠近并与前规接触，增加了定位的稳定性。实现纸张变速输送的方法很多，这里介绍一种齿轮-连杆变速机构。

如图 3-25 所示为齿轮-连杆变速机构简图。图中偏心齿轮 1 用键安装在轴 A 上，偏心距为 e，齿轮 3 与偏心齿轮 1 啮合，它们的内孔分别与连杆 2 以两个转动副 C、B 连接。齿轮 3 又与齿轮 5 啮合，摆杆 4 分别与齿轮 3 和齿轮 5 以转动副 C、D 连接。齿轮 5 的轴上装有链轮 7，经过链条 8 带动输送带驱动辊 9 转动。

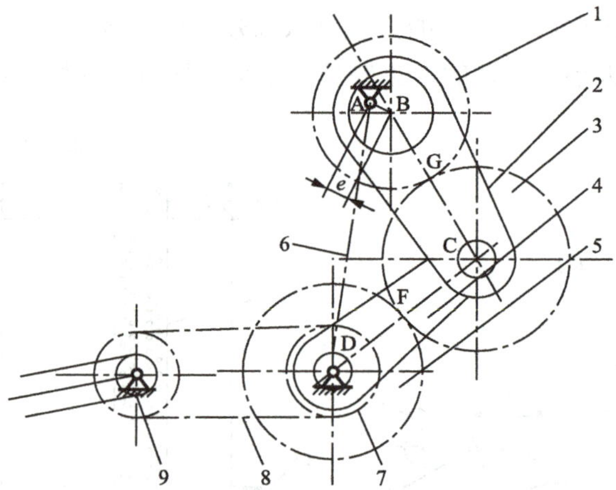

1—偏心齿轮；2—连杆；3—齿轮；4—摆杆；5—齿轮；6—机架；7—链轮；8—链条；9—输送带驱动辊；
A ～ D—齿轮转轴；F、G—齿轮啮合点。

图 3-25　齿轮-连杆变速机构简图

在这个机构中动力由轴 A 输入，它以等角速度转动，因而齿轮 1 也以等角速度绕轴 A 做整周转动，通过齿轮 3、连杆 2、摆杆 4 的平面复合运动，齿轮 5 绕轴 D 做变速回转，从而通过链轮 7、链条 8 使输送带驱动辊 9 实现变速运动。

四、纸张检测装置

1. 双张检测装置

（1）机械式双张检测器

1）工作原理。如图 3-26 所示为机械式双滚轮双张检测器工作原理图。图中控制轮

8在送纸辊9上部，检测轮6固定在摆杆3上，距控制轮有2.5张纸厚的间隙，检测轮6上装有销轴5。在正常输纸时，检测轮不动，控制轮压在纸张上，随纸张的运行而连续转动。当有双张（或多张）纸通过控制轮8和送纸辊9之间时，控制轮8被纸张顶起一定高度，使它与检测轮6的间隙消失（因为预先调节使检测轮6与控制轮8之间有2.5张纸厚的间隙），检测轮在控制轮的带动下逆时针转动，通过销轴5推动微动开关弹簧片4，使微动开关导通而发出电信号，控制输纸装置离合器脱开，停止输纸。与此同时，双张指示灯亮。

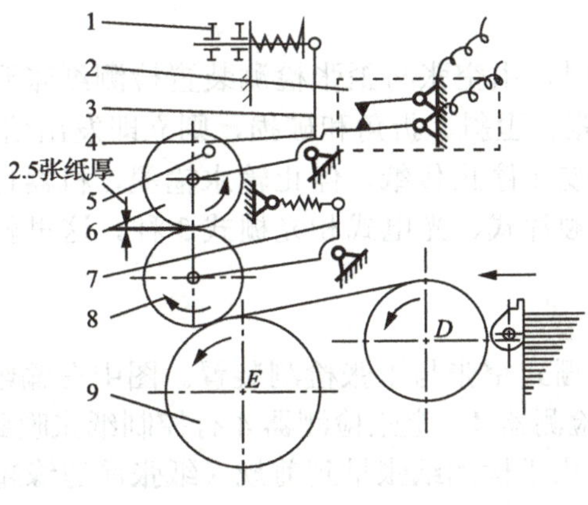

1—调节螺母；2—微动开关；3—摆杆；4—弹簧片；5—销轴；6—检测轮；7—摆杆；8—控制轮；9—送纸辊。

图3-26　机械式双滚轮双张检测器工作原理图

2）优缺点。机械式双张检测器工作可靠，制造成本低，但由于直接与纸面接触，故容易污损纸面。

（2）光电式双张检测器

1）工作原理。如图3-27所示为光电式双张检测器工作原理图。它通过纸张厚度变化使光电元件接受的光强度不同，从而通过控制电路工作来检测双张。在输纸装置工作前，根据输送纸张2的透光率确定电子线路中有关参数。在正常输纸时，先让纸张置于发光二极管1和吸收三极管3之间，使它处在测纸状态，旋转电位器让双张指示灯刚好熄灭（此时表示无双张），继续旋转旋钮约10个刻线。这时电子线路4的输出端无电流通过，电流继电器5不工作。当有双张通过时，吸收三极管3接收的光强度减弱，电子线路4的工作情况也随之变化，

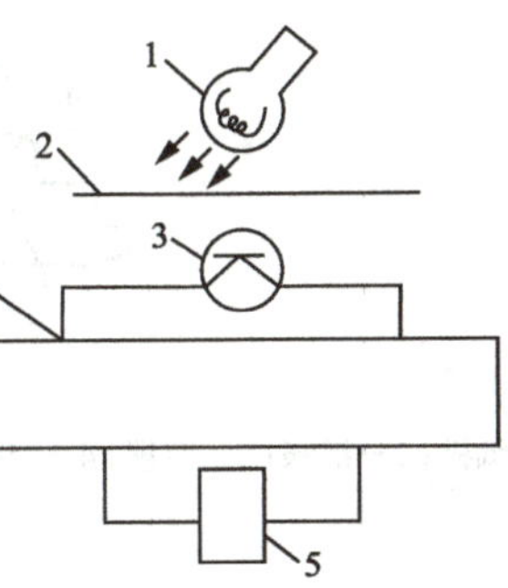

1—发光二极管；2—纸张；3—吸收三极管；4—电子线路；5—电流继电器。

图3-27　光电式双张检测器工作原理图

输出端有电流产生，于是电流继电器 5 工作，发出双张信号，使输纸装置停止工作。

2）优缺点。光电式双张检测器具有体积小、质量轻、使用方便、不污损纸面等特点。但它对颜色的敏感性强，在彩色印刷中有时不易调节。另外，一旦环境亮度发生变化，此类检测器的吸收三极管上沉积有灰尘、纸毛和墨点后，检测灵敏度便降低。

（3）超声波双张检测器

超声波双张检测器位于递纸机构咬牙的前方，必须和机械式双张检测器同时使用。否则，极有可能损坏纸张电眼检测系统和印刷单元，适用于 $20g/m^2$ 以上的纸张。

2. 空张与歪张检测装置

当纸张输送到前规时，由空张与歪张检测装置检测纸张到达位置的准确性。若发现纸张早到、晚到、空张、歪斜、折角和破损，则立即发出信号，输纸装置停止输纸、滚筒离压、前规和递纸咬牙停止传纸、停止输水输墨，机器低速运转。目前，空张与歪张检测装置主要有电触片式、光电式和光栅式 3 种。这里就只介绍光栅式空张与歪张检测装置。

（1）工作原理

如图 3-28 所示为光栅式空张与歪张检测装置。图中在输纸板 1 的前端，即上摆式前规 3 的下面安装空张检测器 4。空张检测器 4 有控制纸张晚到和早到前规的反射光栅 5 和 6，其中反射光栅 5 用于检测纸张早到前规（纸张前边缘超过前规线），反射光栅 6 用于检测纸张晚到（纸张前缘未到前规线）。当输纸出现晚到或空张时，若反射光栅 6 未发现纸张，则机器认定为晚到或空张。当输纸出现早到前规时，若反射光栅 5 发现纸张，则机器认定为纸张早到。当输纸出现歪斜、折角和破损时，在机器操作侧和传动侧的两个反射光栅中，若只有一个发现纸张而另一个没发现纸张，则机器认定为纸张歪斜、折角和破损。

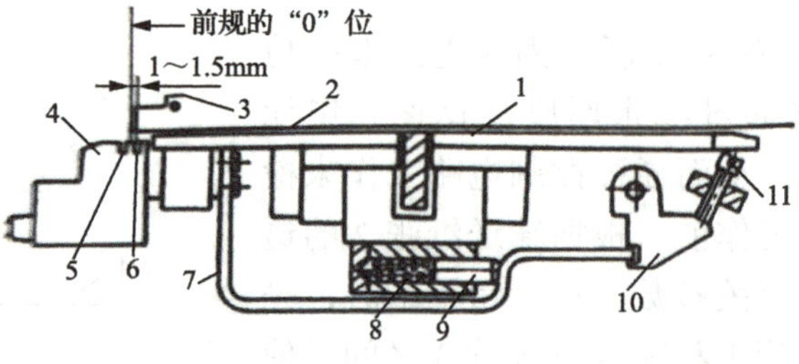

1—输纸板；2—纸张；3—前规；4—空张检测器；5、6—反射光栅；7—推杆；8—压簧；9—销轴；10—摆杆；11—调节螺钉。

图 3-28　光栅式空张与歪张检测装置

（2）位置调节

空张检测器 4 的前后位置可根据前规的位置调整，当使调节螺钉 11 向下伸长时，通过摆杆 10，使销轴 9 压缩弹簧 8，从而使推杆 7 带动空张检测器 4 做向前移动。

五、气泵和气路循环系统

1. 气泵

气泵是产生气源的装置，在印刷机中使用的气泵可分为两大类，即活塞式气泵和旋转式叶片泵，现代轮转印刷机以旋转式叶片泵为主。这里只对旋转式叶片泵加以介绍。

如图 3-29 所示为旋转式叶片泵工作原理图。图中泵体上配置有进气口 4、排气口 5 和补气口 6。进气口 4 与吸嘴相通，排气口 5 与吹气嘴接通，补气口 6 与大气相通(或与收纸减速装置接通)，它在进气口进气量不足时从大气中进气，保证气泵有足够的吹气量。当转子转动后，某一气室的容积开始逐渐增大，真空度随之逐渐升高，气室转到与进气口 4 相通时，经过滤清的气流由进气口 4 被带入气室，使吸气气路产生吸气。随着转子的旋转，该气室的容积继续增大，气室内的真空度继续升高，气室转过与补气口 6 相通时，经过滤清的气流由补气口 6 补充到气室中，使收纸减速装置产生吸气，此时气室内的气压上升到与外界气压相平衡。当气室转过补气口 6 以后，气室内容积开始逐渐减少，气室中的气体被逐渐压缩；当气室转到与排气口 5 相通时，压缩空气由排气口 5 排出，使吹气气路产生吹气。

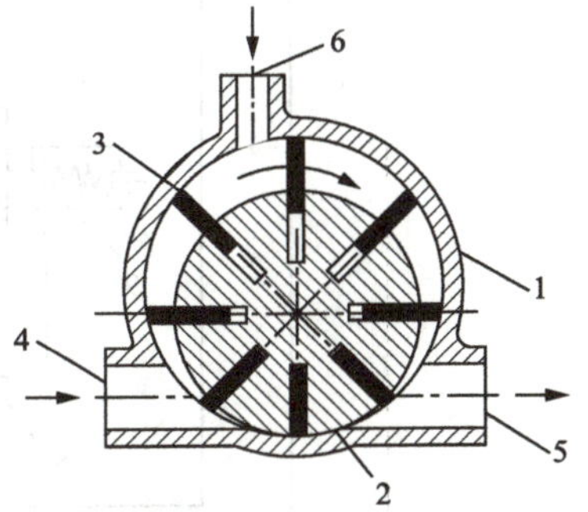

1—泵体；2—转子；3—叶片；4—进气口；5—排气口；6—补气口。

图 3-29　旋转式叶片泵工作原理图

2. 气路循环系统

（1）工作原理

如图 3-30 所示为叶片式气泵气路循环系统工作原理图。图中进气室 5 通过空气滤清器 3 与吸气管 4 相通。排气室 6 通过滤油器 7 与吹气管 8 相通。吸气管 4、吸气管 8 分别与气体分配阀 11 和 10 相接（10 为吹气分配阀，11 为吸气分配阀）。吸气分配阀 11 又与分纸吸嘴 14 和递纸吸嘴 15 相连接。吹气分配阀 10 与松纸吹嘴 13 和压纸吹嘴 12 相连接。在吸嘴和吹嘴进行吸气和吹气时，它们各自的循环周期与时间长短由吸气分配阀 11 和吹气分配阀 10 控制。补气室 24 通过空气滤清器与补气管相连接，补气管又与收纸减速装置 16 相接通。

（2）各气量大小调节

17 ～ 20 分别为 4 个气嘴和收纸装置的气量调节阀，21 为补气室的气量调节阀，它们都是用来调节各吹嘴、吸嘴的气量大小的。吹气气压调节阀 9 用来调节整体吹气大小，吸气气压调节阀 2 用来调节整体吸气大小。

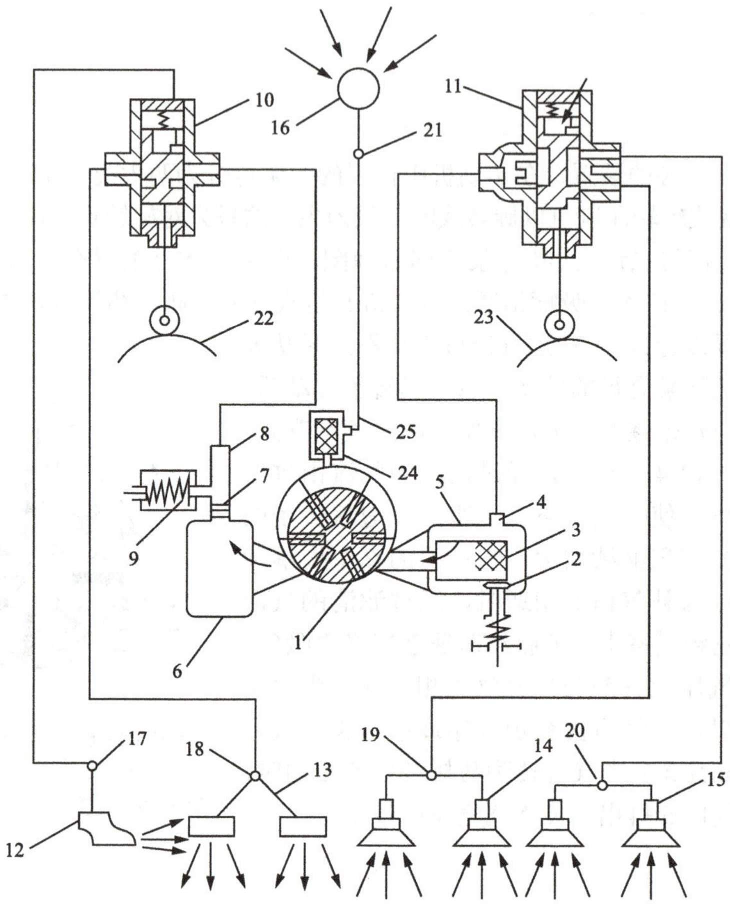

1—气泵；2—吸气气压调节阀；3—空气滤清器；4—吸气管；5—进气室；6—排气室；7—滤油器；8—吹气管；9—吹气气压调节阀；10、11—气体分配阀；12—压纸吹嘴；13—松纸吹嘴；14—分纸吸嘴；15—递纸吸嘴；16—收纸减速装置；17～21—气量调节阀；22、23—凸轮；24—补气室；25—气管。

图 3-30　叶片式气泵气路循环系统工作原理图

（3）输纸头常见故障

当吸气、吹气量不足时，可清理气体分配阀 10、11，清除气槽里的纸粉、纸毛等脏物。

六、不停机给纸装置

为了减少机器因给纸和卸纸而需要的停机时间，在现代高速印刷机中，均配备有不停机给纸装置和不停机卸纸装置，两种装置基本相同。现以不停机给纸装置为例，如图 3-31 所示。

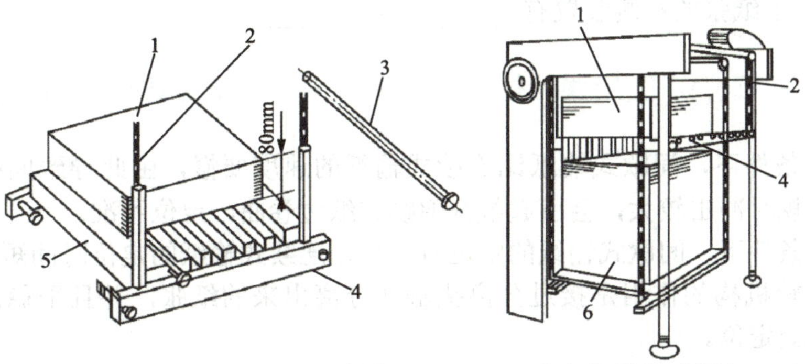

（a）带凹槽的主纸堆纸板及插辊示意图　　（b）主副纸堆示意图

1—纸堆；2—副链条；3—插辊；4—插辊架；5—主纸堆台；6—主纸堆。

图 3-31　不停机给纸装置

输纸堆不停机给纸操作步骤

不停机给纸装置是用独立的两个电机及两套传动装置分别控制主给纸台和副给纸台的运动，其工作过程如下：当主纸堆工作时，给纸部件正常输纸，这时副链条 2 带动插辊架 4 降到最低位置［图 3-31（b）中 4 的位置］。当主给纸台 5 不断上升，升至副纸堆插辊架 4 上的一排孔与主纸堆台上的槽相对时，将插辊 3 穿过插辊架 4 的孔插入主纸堆台 5 的槽中。在 SZ206 型给纸部件上，插辊架上一排共有 14 个孔，对应于主给纸台上的 14 个槽，插入了 14 根插辊。插辊 3 的末端均被插辊架 4 的孔支撑着。此时启动副纸堆电机，依靠传动装置慢慢提升起插辊架 4，14 根插辊也一起升起。用插辊托起纸堆 1，由副纸堆自动向上输送纸张。此时主纸堆台 5 上的纸张已被插辊带走，主纸堆台上没有纸张。按动主纸堆下降开关，使空的主纸堆台下降至最低点（接近地面）装纸。装纸后，新纸堆台带纸上升，升至插辊下，轻轻顶住插辊，停止上升。此时拔出 14 根插辊，使副纸堆台上的剩余纸张与主纸堆台上的纸张放在一起，至此完成不停机给纸工作。

练习与测试

一、填空题

1．单张纸胶印机输纸装置一般包括 ________、________、________、________、________、________ 等部分。

2．气动式输纸装置按输纸方式可分为 ________、________。

3．在一个工作循环时间内，纸张的运动状态可分为 ________ 和 ________ 两个阶段。

4．在单张纸胶印机上纸张的检测装置有 ________ 和 ________。

二、判断题（正确的打“√”，错误的打“×”，并将错误的部分改成正确的）

（　　）1．在相同条件下，间歇式输纸比连续式输纸的速度要慢，由此导致间歇式输纸时，纸张到达前规时冲击较大，会引起纸张弹跳或纸边卷曲，定位不准。

（　　）2．在相同条件下，间歇式输纸的定位时间长，连续式输纸的定位时间短。

（　　）3．送纸压轮机构的作用是接过分离头输送分离出来的纸张，并且平稳而准确地将其输送到前规处定位。

（　　）4．单张纸胶印机的机械式双张检测器是通过检测印张厚度变化来防止双张或多张的。

（　　）5．单张纸胶印机的双张检测装置也可用来检测空张、双张和多张等输纸故障。

（　　）6．输纸变速机构的作用是当纸张离前规较远时加快速度，在靠近前规的一段距离内则做慢速输送，这样纸张就以较缓慢的速度靠近并与前规接触，增加定位的稳定性，保证印刷质量。

（　　）7．光电式双张检测器是通过纸张厚度变化使光电元件接受的光强度不同，从而通过控制电路工作来检测双张的。

（　　）8．如图 3-28 所示，在空张检测器 4 的上面有控制纸张晚到和早到前规的反射光栅 5 和 6，其中反射光栅 5 用于检测纸张早到前规（纸张前边缘超过前规线），反射光栅 6 用于检测纸张晚到、歪斜、破损和空张。

三、选择题

1．下列说法正确的是（　　）。

A．间歇式输纸也是序列式输纸

B．连续式输纸也称重叠式输纸

C．在纸张输送过程中，相邻两张纸咬口之间的距离常称为输纸步距。对输纸步距的考虑是：输纸步距的大小首先应该保证前后两张纸必须重叠 5 ～ 10mm；输纸步距的大小还应该保证前一张纸在前规结束前，后一张纸的前口不碰侧规后缘

D．以上说法均不正确

2．连续式输纸装置的特点是（　　）。

A．输纸步距小于纸长　　B．输纸速度较快

C．分纸吸嘴位于纸堆前边　　D．可延长纸张定位时间

E．机器不能高速运转

3．纸张分离机构的组成主要包括（　　）。

A．分纸吸嘴机构　　B．压纸吹嘴机构　　C．递纸吸嘴机构

D．松纸吹嘴机构　　E．松纸吸嘴机构

4．压纸吹嘴机构的作用是（　　）。

A．压住纸堆，以免递纸吸嘴将下面的纸张带走

B．进行吹风，进一步分离纸张

C．吹松纸张，以使分纸吸嘴吸住最上面的纸张

D．探测纸堆高度，以便输纸台自动上升

E．搓动纸张，使纸张分离

5．关于松纸吹嘴，下列说法正确的是（　　）。

A．松纸吹嘴是吹气量固定，但本身是运动的

B．松纸吹嘴的作用是将纸堆上部 5 ～ 10 张纸吹松

C．分别装于压纸吹嘴的两侧，距纸堆后缘 6 ～ 10mm

D．松纸吹嘴完全可以不要

E、松纸吹嘴的风量大小可以调节

6．关于挡纸毛刷，下列说法正确的是（　　）。

A．一般分为平毛刷和斜毛刷

B．平毛刷用于控制向上松纸的程度，并可刷去分纸吸嘴吸起双张或多张

C．斜毛刷用于使吹松的纸张保持一定的高度，不再与下面的纸张贴合

D．均装于压纸嘴两侧，离纸堆高度 3 ～ 5mm，伸入纸垛 3 ～ 5mm

E．完全可以不要

7．输纸板上的压纸轮调节时应保证（　　）。

A．在线带中间　　B．在线带两旁　　C．对称布置

D．轮子方向稍稍向内　　E．轮子方向稍稍向外

8．关于胶印机所使用的气泵，下列说法正确的是（　　）。

A．是离心式真空压力复合泵

B．能同时产生吸气和真空

C．有曲面叶片和直叶片两种形式

D．吸气口通往各种吸气装置

E．出气口通往各种吹气装置

9．关于齐纸机构，下列说法正确的是（　　）。

A．齐纸机构又称前齐纸板机构或挡纸块

B．齐纸机构的作用是保持纸堆前缘整齐

C．齐纸机构有直立和倾倒两种状态，直立时挡住被吹松的纸张，倾倒时让纸通过

D．齐纸机构主要由凸轮、拉簧、摆杆、连杆、齐纸块组成

E．齐纸块顶部距纸堆上面一般调至 4 ～ 6mm 为宜

10．双张检测装置的类型有（　　）。

A．液压式　B．机械式　C．光电式　D．气动式　E．电容式

11．纸张双张检测装置可检测（　　）。

A．空张　B．晚到　C．双张　D．乱张　E．多张

四、简答题

1．根据压纸吹嘴机构工作原理图（图 3-17）回答以下问题。

（1）简要说明压纸吹嘴机构的工作原理。

（2）简要说明输纸堆自动上升的工作原理。

2．根据摆动式送纸压轮机构工作原理图（图 3-22）回答以下问题。

（1）简要说明送纸压轮机构的工作原理。

（2）如何调节压纸轮 11 与送纸辊 12 之间的压力？螺钉 5、13 的作用是什么？

3．试结合旋转式叶片泵工作原理图（图 3-29）说明吸气、补气、吹风的工作原理。

4．根据机械式双滚轮双张检测器工作原理图（图 3-26）回答以下问题。

（1）简要说明机械式双滚轮双张检测器的工作原理。

（2）为什么将上下滚轮之间的空隙调至 2.5 张纸厚？

项目四

纸张定位及递纸装置调节

为使纸张能准确、稳定地进入印刷部分，并使图文在纸张上有固定的相对位置，胶印机上都设有纸张定位装置（也称规矩部件）。

1. 定位装置的分类

如图 4-1 所示，在纸张前进方向与垂直于纸张前进方向两个方向进行定位。垂直于纸张前进方向也称左右方向或来去方向。

在纸张前进（前后）方向定位的装置称前规矩（简称前规）。前规至少有两个，有的机器使用 4 个或更多。

在垂直于纸张前进方向定位的装置称侧规矩（简称侧规）。侧规有两个，一般印刷正面时用操作面（机器操作台的那一面）侧规，印刷反面时用传动面（主要传动齿轮所在的那一面）侧规。

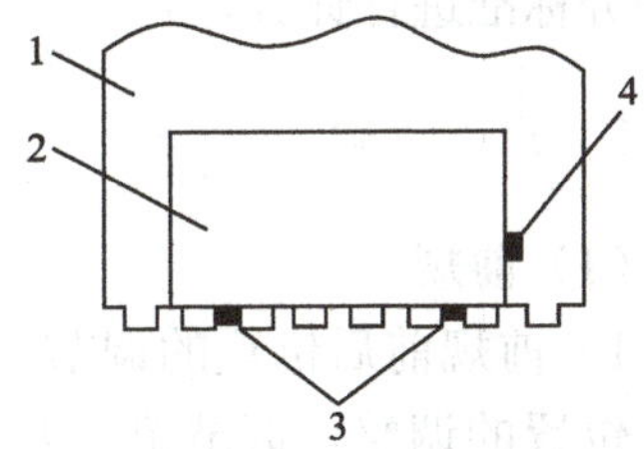

1—输纸板；2—纸张；3—前规；4—侧规。

图 4-1　纸张定位示意图

2. 纸张的定位方法

1）停顿式定位。纸张到达前规处停顿，先进行前规定位，再侧规拉纸定位。现代印刷机上普遍采用停顿式定位。

2）超越续纸（也称超越递纸）。前规安装在传纸滚筒或压印滚筒上，运动中的纸张速度高于滚筒表面线速度，依靠两者的运动速度差，靠到传纸滚筒或压印滚筒上的前规处，实现定位。但必须在输纸中增加前挡规，给纸张进行预定位，消除纸张快速输送的冲击和反弹，为实现侧规定位的任务提供条件。超越续纸的工作过程是前挡规预定位→侧规定位→前规定位。

实训任务　前规及侧规的调节

1. 任务解读

在印刷过程中，如果纸张定位不准确，将影响图文印在纸张上的位置，从而造成图文歪斜或轴向及周向偏离正确的位置。为了避免这些情况的发生，正确调节前规和侧规就显得尤为重要。

2. 设备、材料及工具准备

1）设备：国产或进口单色或多色胶印机 1 台。

2）材料：①已裁切好的 80g 双胶纸 500 张；②晒好的印版 1 张或 1 套，并由实训指导教师预先安装好；③胶印树脂快干油墨 1 桶或 1 组，以及足够的润湿液等。

3）工具：内六角扳手、外六角扳手各 5 套，胶印机其他常用操作工具 1 套。

每人领取 1 份实训报告，操作结束时，教师根据学生操作的过程及效果进行点评；按评分标准进行评分。

3. 操作步骤

（1）前规

1）前规前后位置的调节。前规可通过左右两边带刻度的手轮进行前后（多咬、少咬）位置的调整。调节范围是 ±1mm，调节时应使左右一致，否则会因左右定位不准而导致歪斜，如图 4-2 所示。

图 4-2　前规前后位置的调节

前规前后位置调节

2）前规压纸舌高度的调节。可通过操作面带有刻度的手柄对前规压纸舌的高度进行调节（0.3mm 左右），一般调整 3 张纸的高度，如图 4-3 所示。

图 4-3　前规压纸舌高度的调节

（2）侧规

1）侧规的选用。印刷机一般有两个侧规以满足纸张正反面印刷的需要。选用侧规时，首先应根据印刷品的需要决定选用哪一个侧规，然后对其进行调节并锁紧不使用的侧规，如图 4-4 所示。

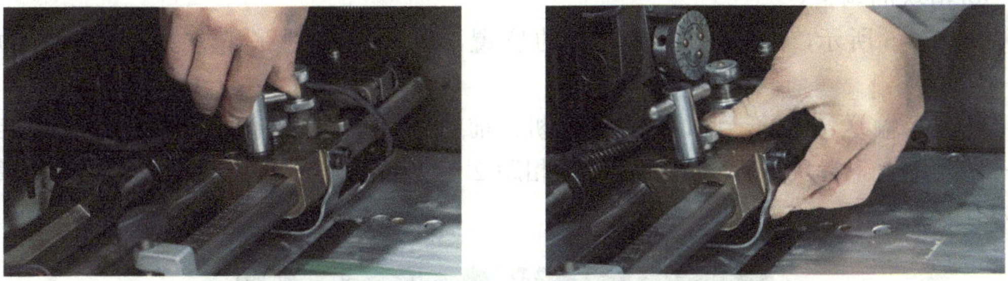

（a）侧规的选用　　（b）侧规的锁紧

图 4-4　侧规的选用和锁紧

2）侧规的调节。根据纸张幅面进行位置调整。松开锁紧螺钉推（拉）侧规使侧规距离纸边 3 ～ 5mm。

侧规的微调是利用操作边侧规轴端滚齿挡圈进行的，每调节 1 齿约 0.03mm，总量为 ±2.5mm，侧规拉纸距离为 3 ～ 5mm，如图 4-5 所示。

图 4-5 侧规微调滚齿挡圈及微调操作

侧规调节方法

侧规的具体操作步骤如下。

① 侧规工作位置的调节：松开锁紧螺钉就可推（拉）侧规，如图 4-4（b）所示。

② 压纸板高度的调节：上限板到输纸板的距离以 2 ～ 3 张纸厚为准。

③ 拉纸力的调节：侧规滚球压力可通过标有“+”和“−”号的滚花螺钉来进行调节。压力以刚好能把纸拉到侧规定位板，又不至于使纸张拱起为限。

④ 锁住不使用的侧规。

⑤ 侧规的微调。

⑥ 滑块的调整。

如图 4-6 所示，用工具调整滑块的位置，使其位于纸张下方并距侧规定位板 2 ～ 3mm。

开机，输送一张纸到前规处，停机。前规调好后，调侧规，侧规与纸边相距 3 ～ 5mm，上下滑块平齐与侧规定位板相距 2 ～ 3mm，再根据纸张的厚薄调节压簧的拉力。

图 4-6 滑块的调节

侧规的结构及位置的调节如图 4-7 所示。

（a）侧规的结构

（b）侧规位置的调节

图 4-7　侧规的结构及位置的调节

侧规滑块实物图如图 4-8 所示。

图 4-8　侧规滑块实物图

知识链接

一、前规

1. 前规的组成

如图 4-9 所示为组合上摆式前规机构简图，其关键部位组成如下：

1）前规定位块（板）。如图 4-9 中 22 所示，其作用是给纸张前边缘定位。为了保证纸张的咬口尺寸，前规定位块 22 的前后位置要可调。

2）前规挡纸舌。如图 4-9 中 17 所示，纸张在高速运行到前规定位块 22 定位时，纸张前边缘被挡住，而使纸张前部向上翘或飘动，造成定位不准。因此，为了印薄纸或厚纸时都不发生纸张前部向上飘动或向上翘，前规挡纸舌 17 的上下位置要可调。

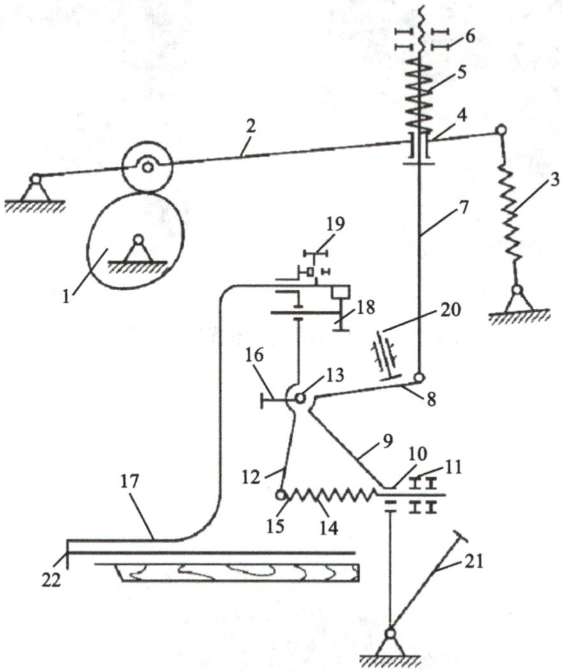

1—前规凸轮；2、8、9、12、21—摆杆；3—拉簧；4、10—滑套；5、14—压簧；6、11—螺母；7、15—拉杆；13—前规轴；16—连接螺钉；17—前规挡纸舌；18—调节螺钉；19—紧固螺钉；20—靠栓螺钉；22—前规定位块。

图 4-9 组合上摆式前规机构简图

2. 前规的分类

按前规的结构形式可分为：组合式前规，其前规定位板与前规挡纸舌为一体；分离（双联）式前规，其前规定位板与前规挡纸舌是分开的。

按挡纸舌的回转中心相对于输纸板的位置可分为：上摆式前规，其前规挡纸舌的回转中心位于输纸板上方；下摆式前规，其前规挡纸舌的回转中心位于输纸板下方。

综上所述，前规常分为组合上摆式前规、组合下摆式前规、分离（双联）上摆式前规、分离（双联）下摆式前规。这里主要介绍前两种。

（1）组合上摆式前规

1）工作原理。

① 定位和让纸。如图 4-9 所示，在输纸板的上方，安装有前规轴 13，前规轴上安装了 2 个或 4 个前规。前规的上下摆动是依靠前规凸轮 1 来驱动的，当前规凸轮 1 处

于升程时，推动滚子使摆杆 2 上摆，通过摆杆 2 上的滑套 4 及压簧 5 并顶动螺母 6 使拉杆 7 上移，拉杆 7 和摆杆 8 以转动副连接，所以摆杆 8 围绕前规轴 13 逆时针摆动。摆杆 9 与摆杆 8 固联在一起，与前规轴以转动副连接，通过滑套 10、螺母 11、拉杆 15、压簧 14 而带动摆杆 12 摆动，通过连接螺钉 16，前规轴 13 逆转，从而使前规挡纸舌 17 及前规定位块 22 摆动下落对纸张定位。

当前规凸轮 1 继续转动进入回程时，摆杆 2 依靠拉簧 3 向下摆，滑套 4 推动拉杆 7，使摆杆 8 和摆杆 9（因 8 和 9 固连）下摆，通过滑套 10、压簧 14、拉杆 15、摆杆 12、连接螺钉 16 及前规轴 13 使前规上摆抬起，让纸通过。

② 输纸故障时的前规停止摆动。如图 4-9 所示，当输纸出现故障时，摆杆 21 向左摆，并顶靠滑套 10，使摆杆 9 不能下摆，使前规定位块 22 静止在定位位置而不抬起，挡住纸张不使其进入印刷机。当故障排除后，摆杆 21 向右摆，前规不受约束而正常工作。

③ 前规稳定性保证。如图 4-9 所示，当凸轮远休止弧（最高面）与摆杆 2 上的滚子接触时，就是纸张在前规的定位时间。此时摆杆 8 上摆与靠栓螺钉 20 相接触，而摆杆 2 与滑套 4 上移压缩压簧 5，这样，前规挡纸舌 17 和前规定位块 22 位置不动，也就保证了前规的稳定性。因此，即使前规凸轮 1 的远休止弧部分有少量加工误差（或磨损），也能保证前规在定位时稳定不抖动，从而保证纸张定位的精确性。

2）主要调节。

① 前规挡纸舌高低位置的调节。原则上，应使要印刷的 3 ～ 4 张纸能顺利进入前规挡纸舌 17 和输纸板之间为合适。调节螺母 11，使前规轴 13 相对于摆杆 9 产生相对角位移，可以调整整排前规的高低位置。

松开前规与前规轴之间的连接螺钉 16，转动前规挡纸舌 17 使其相对于前规轴 13 转动一个角度，可以单独调节单个前规的高低位置，调整完成后再将连接螺钉 16 拧紧。

② 前规定位块前后位置的调节。原则上，保证递纸机构咬牙或压印滚筒咬牙咬纸 6 ～ 7mm 为合适。松开紧固螺钉 19，旋转调节螺钉 18，可以单独调节单个前规的前后位置。

这种组合上摆式前规常安装于 J2108、J2203、J2205、JS2102 等型号的印刷机上。

（2）组合下摆式前规

1）工作原理。

① 定位和让纸。如图 4-10 所示，前规定位块 22 和前规挡纸舌 24 由调节螺钉 23 固联在一起，并在输纸板的下面绕前规轴 O 摆动。凸轮轴 O_2 旋转，带动轴上的两个凸轮 1、2 不停地旋转。凸轮 1 由小面过渡到大面推动滚子 3 时，摆杆 4 向右摆动，从而通过连杆 8、带动摆杆 17 和前规挡纸舌 24 及前规定位块 22 绕前规轴 O 逆时针摆动，实现让纸通过。

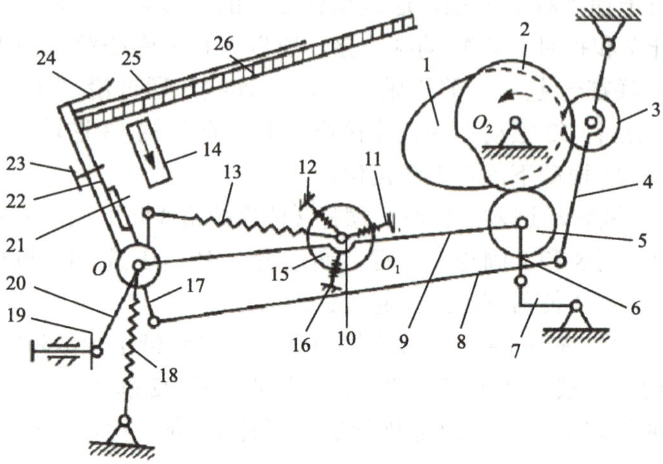

1、2—凸轮；3、5—滚子；4、9、17—摆杆；6、7、20—杆；8—连杆；10—轴；11、12、16—调节螺钉；13、18—拉簧；14—吸气装置；15—套；19—靠栓螺钉；21、23—调节螺钉；22—前规定位块；24—前规挡纸舌；25—纸张；26—输纸板。

图 4-10　组合下摆式前规机构简图

同理，当凸轮 1 由大面过渡到小面时，在拉簧 13 的作用下带动摆杆 17 和前规挡纸舌 24 及前规定位块 22 绕前规轴 O 顺时针摆动，返回输纸板而对纸张定位。同时，通过连杆 8，使摆杆 4 向左摆动。

② 前规定位块返回时的轨迹要求。为了有利于纸张定位时，前规定位块顺利进入前规挡纸舌 24 和输纸板之间，凸轮轴 O_2 上的凸轮 2 推动滚子 5，使摆杆 9 绕轴 O_1 摆动，这样可以使前规轴 O 绕轴 O_1 摆动，从而带动前规挡纸舌返回定位纸张时，实现先升高再落下的运动轨迹。拉簧 18 为凸轮 2 的封闭弹簧。

此外，靠栓螺钉 19 可以保证前规定位块在定位时稳定不抖动，从而保证纸张定位的稳定性。吸气装置 14 的作用是当在输纸板出现输纸故障时，前规定位块不上抬，吸气装置吸住纸张防止乱纸进入印刷单元。

2）主要调节。

① 前规挡纸舌高低位置的调节。原则上，应使 3 ～ 4 张纸能顺利进入前规挡纸舌 24 和输纸板 26 之间为合适。图 4-10 中调节螺钉 11、12、16 用来调节轴 O_1 的空间位置，从而改变前规挡纸舌 24 与输纸板 26 之间的空隙，以适应不同厚度的纸张。由于调节螺钉 11、12、16 均安装在轴 O_1 的端部，在机器的两侧调节，故操作方便。

② 前规定位块前后位置的调节。原则上，保证递纸机构咬牙或压印滚筒咬牙咬纸 7 ～ 10mm 为适宜。调节螺钉 23 用来调节前规定位块 22 的前后位置。调节靠栓螺钉 19 也能调节前后位置，并保证前规定位块每次定位位置的准确性。

这种组合下摆式前规常安装于海德堡 SM102、国产 J2109 等机器上。

二、侧规

1. 侧规的组成

如图 4-11 所示为滚轮旋转式侧拉规机构简图，其关键部位组成如下：

1）侧规定位块。如图 4-11 中 30 所示，其作用是定纸张侧边缘位。

2）侧规挡纸舌。如图 4-11 中 25 所示，其作用是防止纸张上下飘动。为了适应印薄纸或厚纸，侧规挡纸舌 25 的上下位置要可调。

3）侧规驱动轮。如图 4-11 中 8 所示，它是拉动纸张的动力源。

4）侧规压纸轮。如图 4-11 中 7 所示，它与侧规驱动轮一起对纸张产生拉力。

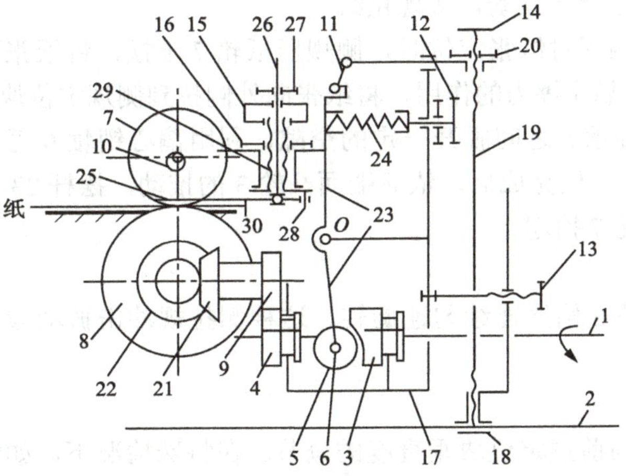

1—侧规传动轴；2—侧规安装轴；3—端面凸轮；4—圆柱齿轮；5—轴承；6、10、11—偏心销轴；7—侧规压纸轮；8—侧规驱动轮；9—齿轮；12—调节螺母；13—微调螺钉；14—侧规固定螺钉；15—调节螺母；16、20、27—锁紧螺母；17—侧规体；18—滑套；19—顶杆；21、22—锥齿轮；23—摆杆；24—压簧；25—侧规挡纸舌；26—螺杆；28—定位销；29—螺纹套筒；30—侧规定位块。

图 4-11 滚轮旋转式侧拉规机构简图

2. 侧规的分类

根据纸张定位时所受力的方向不同，侧规可分为以下两类。

推规：推动纸张到达侧规定位块，对纸张进行侧向定位。由于推动纸张时容易导致纸张卷曲或弹离定位块，故只能在低速印刷机上使用。推规适用于印刷幅面较小或挺度较大的纸张。

拉规：在纸张定位边一侧用拉力，把纸拉到侧规定位块，对纸张进行侧向定位。目前，高速印刷机上普遍采用拉规。

拉规的种类很多，其中较为常见的有滚轮旋转式侧拉规、拉板移动式侧拉规和气动式侧拉规等。这里主要介绍前两种。

（1）滚轮旋转式侧拉规

1）工作原理。

① 侧规驱动轮的转动。如图 4-11 所示，在侧规传动轴 1 上用滑键连接装有一个端面凸轮 3 和一个圆柱齿轮 4，它们在侧规传动轴上的位置由侧规体 17 控制，可以随着侧规体整体移动。圆柱齿轮 4 通过齿轮 9、锥齿轮 21、锥齿轮 22 使侧规驱动轮 8（也称拉纸滚轮）做连续匀速旋转运动。

② 侧规压纸轮上下摆动。在端面凸轮 3 及压簧 24 的作用下，轴承 5 及其摆杆 23 相对于支轴 O 做往复摆动，从而带动装在摆杆 23 上部的侧规压纸轮 7、侧规挡纸舌 25 和侧规定位块 30 一起上下摆动，实现拉纸。

③ 纸张定位。侧规对纸张定位时，侧规压纸轮 7 下摆，将纸张紧压在连续旋转的侧规驱动轮 8 上，依靠摩擦力的作用，将纸张向外侧拉到侧规定位块 30 位置进行定位。这时端面凸轮 3 与轴承 5 之间脱开一定的空隙，利用偏心销轴 6 可调整轴承 5 与端面凸轮 3 之间的空隙。定位完成后，依靠端面凸轮 3 的推动，摆杆 23 顺时针摆动压缩压簧 24，将侧规压纸轮 7 抬起。

2）主要特点。

由于侧规驱动轮 8 始终连续匀速旋转，这种侧拉规冲击振动较小，工作平稳，拉纸精度较高。

3）主要调节。

① 侧规定位块与前规定位块垂直度的调节。在特殊情况下，如纸张裁切不正则需要调节。侧规挡纸舌和定位块装在螺杆 26 的下部，螺杆 26 穿在螺纹套筒 29 中，螺纹套筒 29 装在摆杆 23 的外套筒内，用锁紧螺母 16 将螺纹套筒 29 锁住，螺纹套筒 29 下部有一个定位销 28，插在侧规挡纸舌的定位销孔中，使侧规挡纸舌保持固定的位置。当需要调节侧规定位块 30 与前规定位块的垂直度时，只要将锁紧螺母 16 松开，把侧规定位块调节到合适的位置，然后拧紧锁紧螺母 16，固定住螺纹套筒 29 即可。

② 侧规挡纸舌高低位置的调节。一般要求侧规挡纸舌与输纸板的间隙为纸张厚度的 3 ～ 4 倍。调节螺母 15 上有两段螺纹，这两段螺纹的螺距不同，上部为细牙螺纹，拧在螺杆 26 上，下部为粗牙螺纹，拧在螺纹套筒 29 上。当需要调节侧规挡纸舌 25 的高低位置时，首先松开调节螺母上部的锁紧螺母 27，拧动挡纸舌高低调节螺母 15，利用调节螺母 15 上下两部分螺纹的螺距差使螺杆 26 上升或下降，即带动侧规挡纸舌实现高低位置的调节。

③ 侧规工作位置的调节。若纸张大小发生变化，就需要调节侧规位置。调节时，侧规体 17 通过侧规固定螺钉 14 固定在侧规安装轴 2 上，松开锁紧螺母 20，旋松紧定侧规固定螺钉 14，即可移动整个侧规体到适当的位置，然后用侧规固定螺钉 14 和锁紧螺母 20。当需要微量调节侧规的定位位置时，可调节微调螺钉 13，这时侧规体相对于侧规安装轴 2 做左右微量移动，实现微调。

④ 侧规拉纸与不拉纸的转换。印刷机上一般要安装两个侧规，印刷时只使用其中一个，另一个不工作。转动偏心销轴 11 即可把侧规压纸轮 7 抬起，使其不能下摆，从而使该侧规停止工作。反之，则工作。

⑤ 侧规拉纸时间长短的调节。图 4-11 中轴承 5 和侧规压纸轮 7 上分别安装了偏心销轴 6 和 10，调节这两个偏心销轴，就能改变压纸轮压到纸面时轴承 5 与端面凸轮 3 脱开的间隙。脱开的间隙越大，则侧规压纸轮 7 压纸的时间就越长，拉纸时间就越长，拉纸距离就越大；反之，压纸时间和拉纸时间就越短，拉纸距离就越小。

⑥ 侧规拉纸早晚的调节。在侧规传动轴的传动面轴头，装有传动齿轮（图 4-11 中未画出），在齿轮上有长孔，松开长孔中的紧固螺钉，旋转齿轮改变其相位，也就相应地改变了控制侧规压纸轮 7 摆动时间早晚的端面凸轮 3 的相位，使侧规开始拉纸的时刻发生改变。有些机器依靠改变端面凸轮 3 与侧规传动轴 1 的相位来调节。

⑦ 拉纸力的调节。当纸张幅面、厚度有较大改变时，需要调节拉纸力大小。拧动调节螺母 12，改变压簧 24 的压缩量，可以改变压纸滚轮对纸张的压力，即改变了侧规滚轮的拉纸力大小。

（2）拉板移动式侧拉规

1）工作原理。

① 拉板移动实现拉纸。如图 4-12 所示，在前规凸轮轴上安装有左右两个圆柱槽型凸轮 1（图 4-12 中只画出右边的一个）。两个凸轮随着凸轮轴连续旋转，推动滚子使摆杆 2 绕轴 O_5 摆动。摆杆 2 上的拨块 3 装于托板 4 的槽中，拨动托板 4 使其左右移动。拉板 6 与托板 4 用螺钉 5 固联在一起，因此带动拉板 6 完成拉纸动作。

② 侧规压纸轮的上下摆动（拉纸和让纸动作）。如图 4-12 中 *A* 向视图所示，凸轮 19 装于前传纸滚筒的轴 O_4 上，当凸轮 19 的高面与滚子 18 接触时，摆杆 17 绕轴 O_3 逆时针摆动，带动连杆 16 压缩压簧 15 使摆杆 12 绕轴 O_1 顺时针摆动，鼓形滚子 11 下摆压在摆杆 10 的尾端，迫使摆杆 10 带动侧规压纸轮 8 绕轴 O 逆时针摆动，即上摆让纸。此时拉板 6 应向左移动(回程)。当凸轮 19 低面与滚子 18 接触时，在压簧 15 的作用下，通过摆杆 17、连杆 16、摆杆 12 使鼓形滚子 11 上摆，摆杆 10 在压簧 25 的作用下绕轴 O 顺时针摆动，带动侧规压纸轮 8 下摆拉纸，此时，拉板右移，拉纸至侧规定位块 7，完成侧规的定位。

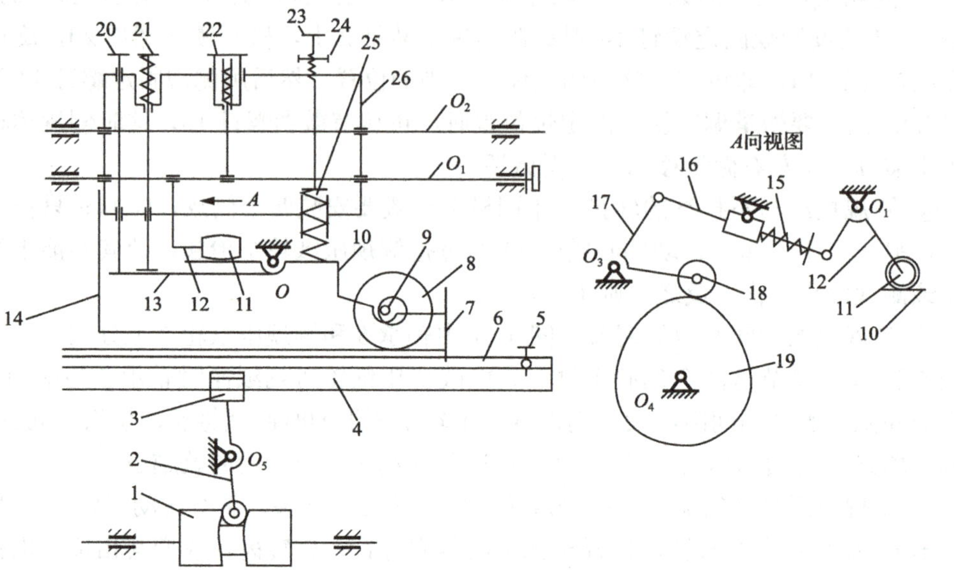

1—凸轮；2、10、12、13、17—摆杆；3—拨块；4—托板；5、20、21、23—螺钉；6—拉板；7—侧规定位块；8—侧规压纸轮；9—偏心轴；11—鼓形滚子；14—侧规挡纸舌；15、25—压簧；16—连杆；18—滚子；19—凸轮；22—锁紧螺母；24—螺母；26—侧规体。

图 4-12　拉板移动式侧拉规机构简图

2）主要调节。

① 侧规压纸轮 8 高低的调节。侧规压纸轮 8 安装于偏心轴 9 上，因此，转动偏心轴 9 可以改变侧规压纸轮 8 和拉板 6 之间的空隙，以适应不同厚度的纸张。

② 侧规压纸轮 8 压纸力大小的调节。侧规压纸轮 8 压纸力的大小可以通过螺钉 23 来调节，调整时，松开螺母 24，旋转螺钉 23，改变压簧 25 的压缩量（压力），这样即可调节侧规压纸轮 8 压纸力的大小，调节完成后紧固螺母 24。

③ 拉纸时间长短的调节。旋动螺钉 20，可以微调侧规压纸轮 8 下落压纸时摆杆 13 的角度，由于摆杆 13 与摆杆 10 固联在一起，这样即可控制侧规压纸轮 8 的定位（下落）位置（开始拉纸时间）。

④ 侧拉规工作状态的转换。向下转动螺钉 21，压缩弹簧并转动 90°，使其卡在侧规体 26 上不再上抬，此时螺钉 21 即顶住摆杆 13，当压纸轮下摆时不再压纸，侧规即停止工作。当需要侧规工作时，只需把螺钉 21 转回 90°，在弹簧作用下上升并与摆杆 13 脱开，侧规压纸轮即可下压拉纸，恢复侧规工作状态。

⑤ 侧拉规位置的调整。整个侧规用锁紧螺母 22 固定在轴 O_1 上。当需要大范围移动侧规时，只要松开锁紧螺母 22，用手移动侧规到所需要的位置即可。精细的调节则需要通过转动轴 O_1 上右边的圆轮来实现。用拨辊插入圆轮上的孔中转动圆轮，可使轴

O_1 进行左右方向的移动。侧规体 26 装于轴 O_2 上且可在轴上滑动。由于侧规体与轴 O_1 通过锁紧螺母 22 紧固在一起，当轴 O_1 移动时，侧规体也可在轴 O_2 上左右移动，这样侧规体上的侧规压纸轮和与之相固联的侧规定位块 7 的位置即可实现微调。侧规挡纸舌 14 也是固定在侧规体上随着侧规体的移动而调节的。

这种拉板移动式侧拉规在德国海德堡机、国产 J2109 等机器上使用。

三、纸张递送装置

1. 纸张递送的方式

纸张到达输纸板前端经过前规、侧规定位后，怎样才能交给压印滚筒咬牙呢？现在大多是把静止的纸张加速至与压印滚筒表面线速度一致时，再交给压印滚筒咬牙，这种传递的方式即递纸方式。递纸方式有以下 3 种类型。

1）直接递纸。纸张在输纸板上直接由压印滚筒上的咬纸牙排叼走的方式称为直接递纸。在直接递纸方式中，压印滚筒一般安置在输纸板下方，故前规一般用上摆式。由于前规的定位时间只有在对应滚筒的空当部分内，否则，前规会碰压印滚筒表面，这样纸张的定位时间受到限制。同时由于运动着的压印滚筒咬牙突然叼取输纸板上静止的纸张，机构冲击较大，且容易破坏已定位的纸张。这种传纸方式用于印刷速度较慢的印刷机上。

2）间接递纸。由递纸装置咬牙在静止的短暂时间内叼住静止的纸张，然后逐渐使纸张加速，当达到压印滚筒表面线速度时，再交给压印滚筒咬牙。这种纸张经过递纸装置传给压印滚筒的过程称为间接递纸。递纸装置在输纸板上取纸时是在绝对静止条件下进行的，与压印滚筒交接纸张时是在相对静止的条件下进行的。因此，此种递纸方式平稳可靠，容易保证套印精度。这是在现代高速平版印刷机中被广泛采用的一种递纸方式。

3）超越续纸。在前面纸张的定位方法中已叙述。

间接递纸虽有传纸比较平稳的特点，能满足高速印刷的要求，但是这种递纸方式仍然是将定位好的纸张经过两次交接到压印滚筒咬纸牙排。由于制造、装配误差及振动等因素，难免会产生误差，影响套印的准确性。因此，目前在某些高速印刷机上，将纸张的最终定位放在压印滚筒上，即最终套准规矩设置在压印滚筒上而不在输纸板上。

以间接递纸装置为例，常见的间接递纸装置有偏心旋转上摆式递纸装置、下摆式递纸装置。偏心旋转上摆式递纸装置是直接交给压印滚筒的叼纸牙；下摆式递纸装置是先交给传纸滚筒（辅助滚筒）的咬纸牙，再由传纸滚筒交给压印滚筒。

2. 偏心旋转上摆式递纸装置

（1）工作原理

如图 4-13 所示，固定在压印滚筒轴颈两端有两个齿轮 1，分别传动两个齿轮 2，每个齿轮 2 与递纸咬牙的偏心轴承相衔接，并使偏心轴承 O_1 转动。两个偏心轴承严格地保持同步和对称，使递纸咬牙轴与滚筒轴线平行运动。递纸咬牙摆动轴中心为 O_1，随着齿轮 2 转动而绕点 O 旋转，通过压印滚筒传动面轴端凸轮 3 经滚子 4 带动摆杆 5、连杆 6、摆杆 7 和递纸咬牙摆臂 9 运动，使递纸咬牙往复摆动，从而使递纸咬牙按水滴状曲线运动，如图 4-14 所示。这样，递纸时按与压印滚筒相切的圆弧运动，满足正确输纸的需要，而向前规定位处返回时从水滴状高点运行，使在返回过程与压印滚筒表面保持一定间隙，而且不致碰坏已定位的纸张。

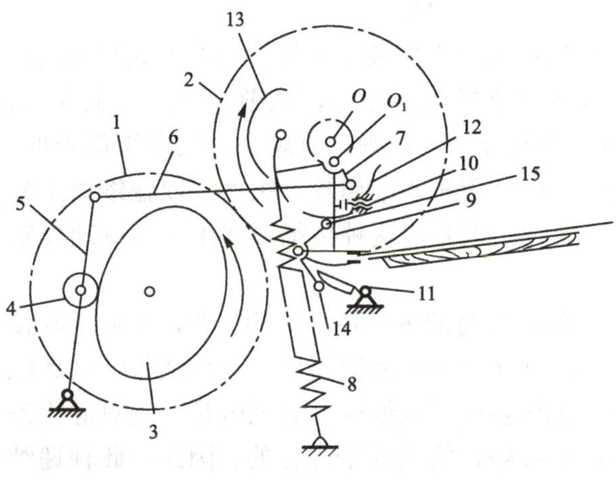

1、2—齿轮；3—凸轮；4—滚子；5、7—摆杆；6—连杆；9—递纸咬牙摆臂；8—拉簧；10—定位螺钉；11—自动控制凸轮；12—前规定位处咬牙张闭凸轮；13—与压印滚筒交接放纸凸轮；14、15—咬牙片摆臂滚子。

图 4-13　偏心旋转上摆式递纸装置

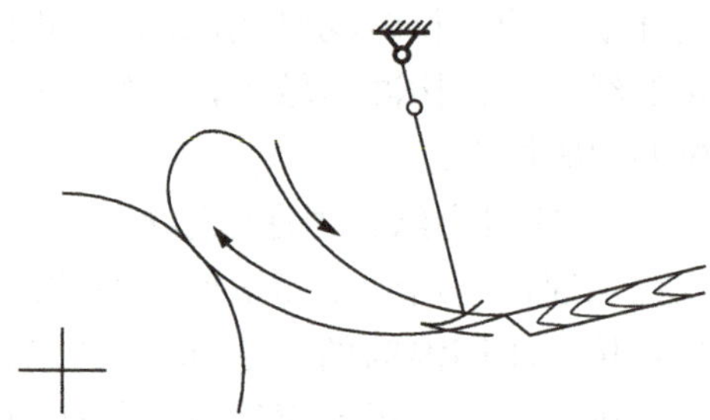

图 4-14　递纸咬牙运动轨迹图

拉簧 8 使滚子 4 靠向凸轮 3，为了保证递纸咬牙轴两端受力均匀，拉簧 8 共有两根，对称地装在轴的两端，但也要使凸轮 3 所承受的摩擦力尽量小。凸轮 12 控制递纸咬牙在前规处取纸的张闭。凸轮 13 控制递纸咬牙在与压印滚筒交接纸张时的张闭。凸轮 11 由滚筒离合压机构所控制，当滚筒离压，前规定位块停止摆动时，凸轮 11 处于下落位置，使递纸咬牙张开，不再在前规定位处取纸；当前规恢复摆动时，凸轮 11 即自动上抬，不再阻止递纸咬牙咬纸。

（2）主要特点

由于采用了旋转偏心，递纸咬牙在回程时摆动中心提高，运动轨迹为水滴状封闭曲线，返回时碰不到滚筒工作表面，这样不受滚筒空当限制而可提前返回。但由于增加了偏心的旋转运动，递纸运动复杂化，增加了机构设计、制造、调整的难度。

（3）主要调节

1）交接位置的调节。如图 4-15 所示，递纸咬牙在前规处的取纸位置由定位螺钉 10 来决定。调节时，慢慢转动机器，使递纸咬牙摆动到前规，让定位螺钉 10 顶住递纸咬牙排摆动轴上的定位摆块 11，此时递纸咬牙排摆动凸轮 12 的低点部分与滚子 2 相对应，要求两者有 0.03 ～ 0.05mm 的间隙。如果两者的间隙过大或过小，则可转动定位螺钉 10 予以调节。除此之外，要求两边定位螺钉 10 与定位摆块 11 顶住的时间和受力应该一致。

递纸咬牙与压印滚筒咬牙的交接位置，以压印滚筒咬牙作为基准，要求递纸咬牙牙顶比压印滚筒边口平面超前 0.5 ～ 1.5mm，如图 4-16 所示。

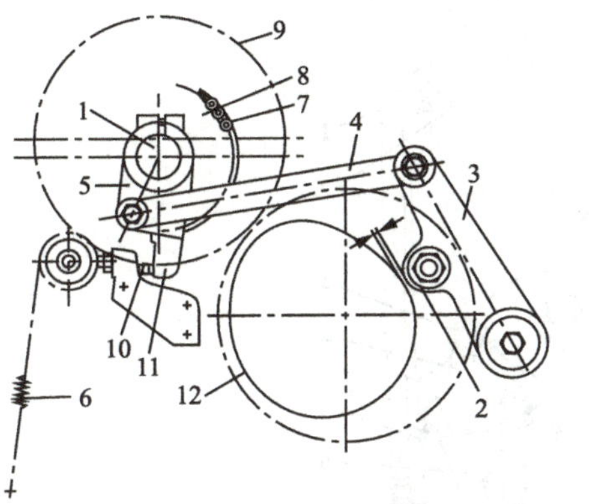

1—递纸咬牙排摆动轴；2—滚子；3、5—摆杆；4—连杆；5—摆杆；6—拉簧；7—链条；8—扇形摆块；9—齿轮；10—定位螺钉；11—定位摆块；12—递纸咬牙排摆动凸轮。

图 4-15　偏心旋转上摆式递纸装置

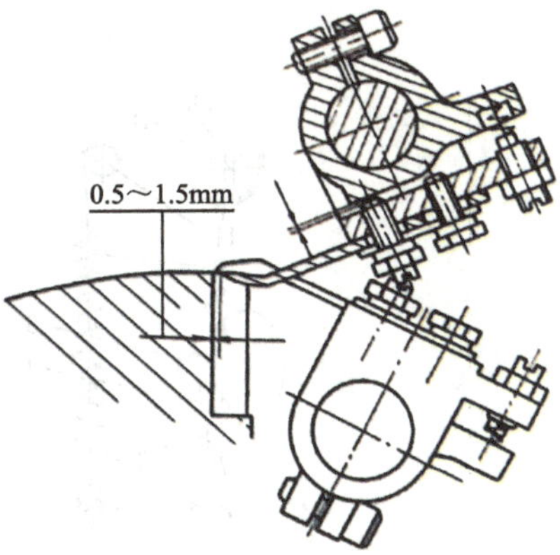

图 4-16　递纸咬牙与压印滚筒咬牙交接位置图

2）递纸咬牙牙垫高度的调节。递纸咬牙牙垫高度的调节以压印滚筒咬牙牙垫的高度为基准，在印刷纸张厚度为 0.04 ～ 0.15mm 时，两个牙垫的间距调至 0.3mm 为适宜。如果印刷更厚的纸张，则两个牙垫的间距调至纸厚度加 0.2mm 为适宜。测量时，可以用一块相应厚度的钢片，将其平放在压印滚筒牙垫的工作面上，然后调节递纸咬牙牙垫，使它轻靠钢片，既无间隙又不使钢片弯曲变形，即为合适。递纸咬牙牙垫过高或过低，均有可能造成纸边起皱或破裂。

3）递纸咬牙牙垫与递纸咬牙台间隙的调节。当递纸咬牙在牙台处接纸位置，印刷纸张厚度为 0.04 ～ 0.15mm 时，两个牙垫的间距调至 0.3mm 为适宜；如果印刷更厚的纸张，则两个牙垫的间距调至纸厚度加 0.2mm 为适宜。调节时，以递纸咬牙牙垫高度为基准，通过输纸板下面的调节螺钉实现。

（4）递纸恒力机构

为了解决上述递纸过程中弹簧受力的不平稳性，提高弹簧的使用寿命，图 4-13 中的拉簧 8（在图 4-17 中就是拉簧 6）被连接在递纸恒力机构上。

1）工作原理。如图 4-17 所示为递纸恒力机构简图。恒力机构的基本原理是使拉簧在整个工作过程中保持定拉伸长度。在恒力凸轮 5 的作用下，通过滚子 1 使摆杆 2 绕 *B* 点摆动，通过连杆 3 使摆杆 4 绕支点 *C* 摆动，摆杆 4 的端点 *D* 与弹簧相连，使 *D* 点随弹簧 8 上下运动，从而使得拉簧 6 保持伸长量基本不变，弹簧保持恒力。

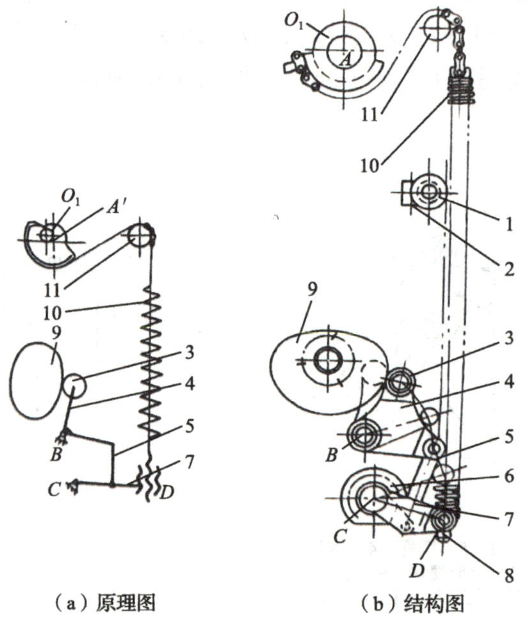

1—滚子；2、4—摆杆；3—连杆；5—恒力凸轮；6—拉簧；7—链轮；8—弹簧。

图 4-17　递纸恒力机构简图

2）恒力大小的调节。调节拉簧 6 下端的长螺杆即可。

3. 下摆式递纸装置

（1）工作原理

1）递纸咬牙把纸张从牙台取纸后递送给前传纸滚筒咬牙。如图 4-18 所示，递纸凸轮 1 和复位凸轮 2 都安装在前传纸滚筒操作面外侧，这两个凸轮又称等距离共轭凸轮。当递纸凸轮 1 转向大面时，通过摆杆 4 逆时针摆动，通过连杆 7 使递纸摆臂 6 逆时针摆动，实现递纸咬牙排在递纸咬牙台上取纸后加速。当递纸咬牙排运动轨迹与前传纸滚筒相切时，递纸咬牙的速度正好与前传纸滚筒表面速度相等，于是将纸张交给前传纸滚筒（中心为 O_3）的叼牙，完成传纸动作。

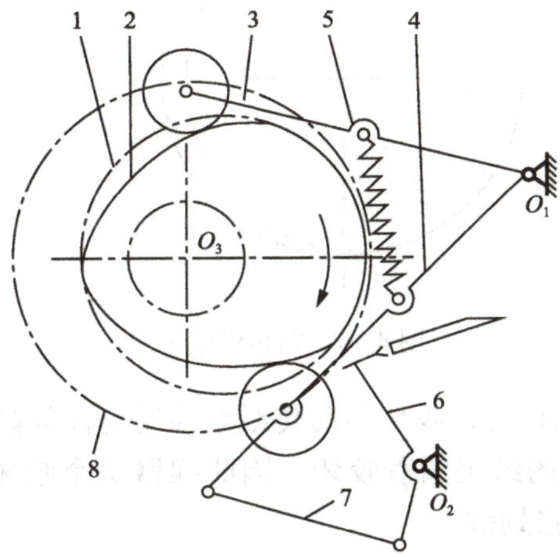

1—递纸凸轮；2—复位凸轮；3、4—摆杆；5—拉簧；6—递纸摆臂；7—连杆；8—前传纸滚筒。

图 4-18　下摆式递纸装置原理图

2）递纸咬牙把纸张交给前传纸滚筒后重新返回前规取纸。递纸咬牙把纸张交给前传纸滚筒后继续等减速下摆，当速度为零时，递纸凸轮 1 开始转向小面，在拉簧 5 的作用下摆杆 4 顺时针摆动，通过连杆 7 使递纸摆臂 6 顺时针摆动，递纸咬牙开始返回递纸咬牙台准备取纸。

由于共轭凸轮曲线的原因（递纸凸轮 1 的大面与复位凸轮 2 的小面相对应，反之，递纸凸轮 1 的小面与复位凸轮 2 的大面相对应），靠复位凸轮 2 通过滚子让摆杆 3 与摆杆 4 同时同方向运动，从而使拉簧 5 理论上是不伸长也不缩短（即处于恒力状态）。

（2）主要特点

1）递纸咬牙摆臂沿 O_2 中心固定摆动，叼牙运动轨迹为一定中心弧线，摆臂运动轨迹比上摆式递纸咬牙简单，精度更易保证。

2）摆臂在前规取纸（闭牙）时，速度为零。当摆臂与前传纸滚筒叼牙交接时，摆臂与前传纸滚筒的表面旋转速度应相等。

3）摆臂向回摆在前传纸滚筒连心线上时，前传纸滚筒正好在筒身面上。前传纸滚筒必须是偏心的，否则摆臂咬牙就碰到筒身，所以采用这种下摆式递纸装置的平版印刷机，其前传纸滚筒单边呈椭圆形，如图 4-19 所示。

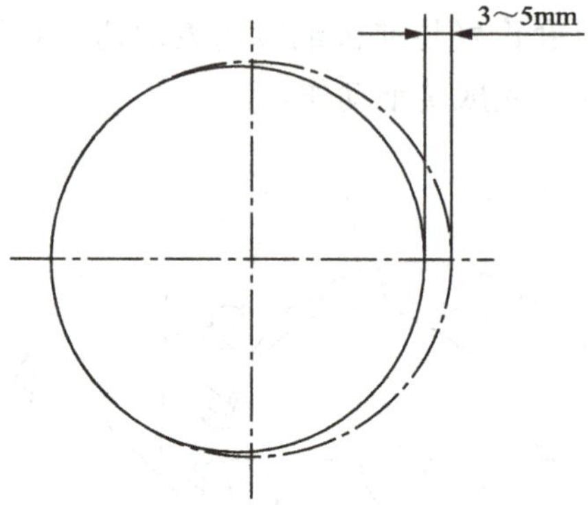

图 4-19　前传纸滚筒

4）当递纸咬牙摆臂回摆时，咬牙与前传纸滚筒筒身面间隙约大于 6mm，虽然有间隙，但被前传纸滚筒咬着的纸仍蹭着咬牙，因此摆臂每个咬牙上有小滚轮，纸张在滚轮上滚动，从而防止将纸张划破。

下摆式递纸是目前单张纸印刷机上普遍采用的一种方式。除了上述的印刷机，国内外一些著名的印刷机，如德国的海德堡 CD102、罗兰 700、高宝 150，日本的三菱钻石 3000 型印刷机，以及国产的其他一些高速机也采用这种下摆式递纸装置，它们的工作原理基本相同。

练习与测试

一、填空题

1．前规是指＿＿＿＿＿＿＿＿＿＿＿＿＿＿＿＿＿＿＿＿＿＿＿＿＿＿＿＿＿＿。

2．侧规是指＿＿＿＿＿＿＿＿＿＿＿＿＿＿＿＿＿＿＿＿＿＿＿＿＿＿＿＿＿＿。

3．单张纸胶印机对纸张的定位方法有两种，即＿＿＿＿＿＿＿＿＿＿＿＿＿＿。

4．前规定位板的作用是＿＿＿＿＿＿＿＿，挡纸舌的作用是＿＿＿＿＿＿＿＿。

5．直接递纸是指＿＿＿＿＿＿＿＿＿＿＿＿＿＿＿＿＿＿＿＿＿＿＿＿＿＿＿＿。

二、判断题（正确的打“√”，错误的打“×”，并将错误的部分改成正确的）

（　　）1．一般来说，有两个前规，有两个侧规，印刷正面时用操作面侧规，印刷背面时用传动面侧规。

（　　）2．由于组合式前规的定位板和挡纸舌为一体，故挡纸舌与定位板的高度及定位板的前后位置不可调。

(　　) 3. 侧规是给纸张周向方向进行定位的。

(　　) 4. 间接递纸是指递纸咬牙在静止的短暂时间内叼住静止在输纸板上的纸张，然后逐渐使纸张加速，当达到压印滚筒表面线速度时，再把纸张交给压印滚筒咬纸牙排，即纸张经过递纸机构传给压印滚筒的过程。

(　　) 5. 上摆式前规主要用于大幅面印刷机。

(　　) 6. 为使纸张在前规处定位准确，前规数量越多越好。

(　　) 7. 直接递纸可用于高速机上。

(　　) 8. 组合下摆式前规可以延长纸张的定位时间。

(　　) 9. 气动拉规不受前一张纸输送速度的影响，可适当提前拉纸。

(　　) 10. 前规的定位位置由前规靠栓螺钉来决定。

三、选择题

1. 关于前规，下列说法正确的是（　　）。
   A. 前规是由定位板和挡纸舌组成的
   B. 前规按结构形式可分为组合式前规和分离式前规
   C. 前规按挡纸舌的回转中心相对于输纸板的位置可分为上摆式前规和下摆式前规
   D. 前规有组合上摆式前规和组合下摆式前规
   E. 前规有分离上摆式前规和分离下摆式前规
2. 关于侧规，下列说法正确的是（　　）。
   A. 侧规是给纸张轴向方向进行定位的
   B. 侧规有推规和拉规两种
   C. 拉规一般用于速度较低、幅面较小、纸张较厚的印刷机上；推规不受速度、纸幅、纸厚的限制
   D. 侧规压纸轮应有上下压纸运动，下滚轮应有旋转运动
   E. 侧规拉纸时间不能调节
3. 关于递纸装置，下列说法正确的是（　　）。
   A. 纸张递送的方式有 3 种，即直接递纸、间接递纸和超越续纸
   B. 偏心旋转递纸机构属于间接递纸
   C. 递纸咬牙与压印滚筒咬牙交接纸张时，必须有交接时间（共同咬纸时间）
   D. 递纸咬牙于绝对静止中在输纸板处咬纸，在相对静止中与压印滚筒交接
   E. 下摆式递纸装置于绝对静止中在输纸板处咬纸，也在绝对静止中与压印滚筒交接

4．侧规定位板应该调整得（　　）。
A．平行于纸的运动方向　　B．垂直于前规定位线
C．平行于前规定位线　　D．平行于滚筒的母线
E．垂直于纸的运动方向

5．前挡规的作用是（　　）。
A．降低纸速　　B．提高前规的定位精度
C．使纸尾提前离台　　D．使前规提前停台
E．提高前规的定位时间

6．偏心旋转上摆式递纸装置与下摆式递纸装置相比，可以（　　）。
A．提前回台取纸　　B．延长定位时间　　C．减小滚筒空当
D．减小滚筒直径　　E．提高机器速度

7．侧规中压纸轮的压力大小决定（　　）。
A．纸张的运动速度　　B．拉纸力的大小
C．纸张的运动距离　　D．纸张的压力大小

8．直接递纸与间接递纸相比，具有（　　）。
A．纸张定位的稳定性差　　B．纸张定位时间长　　C．滚筒空当较大
D．咬纸牙冲击较小　　E．印刷产生率高

9．偏心旋转上摆式递纸咬牙在前规处静止取纸时，其位置取决于（　　）。
A．摆动凸轮的廓线　　B．弹簧
C．靠栓螺钉　　D．开牙凸轮的廓线

10．在前规中，组合上摆式前规的优点是（　　）。
A．凸轮压力角小，振动小　　B．调节方便　　C．定位时间可延长
D．不适应大幅面纸张　　E．结构复杂

11．滚轮旋转式侧拉规的特点是（　　）。
A．滚轮连续旋转　　B．滚轮转动一周定位一张纸
C．快速恒定　　D．机件振动小　　E．可调节拉纸力

12．侧规拉纸不到位的原因是（　　）。
A．侧规定位板调整不当　　B．挡纸舌调整得太高
C．压纸轮的压力太小　　D．压纸轮的压力太大

13．前规的主要调整环节有（　　）。
A．定位板的前后位置　　B．定位板的高低位置
C．挡纸舌的前后位置　　D．挡纸舌的高低位置
E．定位板的下落时间

14．印刷机中的超越续纸是指（　　）。
A．定位在输纸板前端　　B．定位在递纸滚筒上
C．定位在摩擦辊上　　D．定位在压印滚筒上

15．在前规中，纸尾没有离台而不能提前回到输纸台上进行定位的前规有（　　）。
A．组合上摆式前规　　B．组合下摆式前规
C．双联上摆式前规　　D．双联下摆式前规

16．侧规的主要调整环节有（　　）。
A．侧规的拉纸速度　　B．侧规的拉纸力
C．侧规定位板的侧向位置　　D．侧规的前后位置
E．侧规定位板的高低位置

四、简答题

1．根据组合上摆式前规机构简图（图 4-9）回答以下问题。

（1）说明前规挡纸舌 17 上抬下压的工作原理。

（2）说明前规前后、上下位置如何调节。

2．根据滚轮旋转式侧拉规机构简图（图 4-11）回答以下问题。

（1）说明侧规的工作原理。

（2）说明侧规的调节要求与方法。

3．根据递纸恒力机构简图（图 4-17）回答以下问题。

（1）说明递纸的工作原理。

（2）简要说明递纸恒力机构的特点。

项目五

输墨与润湿装置调节

单张纸胶印机是利用水墨相斥的原理进行印刷的，水墨平衡是保证印刷质量的主要条件之一。为了保证水墨平衡，掌握输墨与润湿装置的结构及调节，对于正确调节输墨与润湿装置是非常重要的。

实训任务一　墨辊的拆装与压力的调节

1. 任务解读

油墨在转移过程之前必须打匀，只有这样才能保证转移到承印物上的墨膜厚度达到规定要求。打匀油墨的部件是一个个墨辊，所以必须了解并掌握如何安装和拆卸墨辊。海德堡 CD102 型胶印机匀墨装置墨辊配置如图 5-1 所示。

以下内容将涉及所标示的胶辊 1 ～ 15(可拆卸)和 A ～ D(不可拆卸)。编号 1 ～ 14 为必要的安装次序。

2. 设备及工具准备

1）设备：海德堡 CD102 型胶印机 1 台。

2）工具：内六角、外六角扳手各 5 套，胶印机其他常用操作工具 1 套。

每人领取 1 份实训报告，操作结束时，教师根据学生操作过程及效果进行点评；按评分标准进行评分。

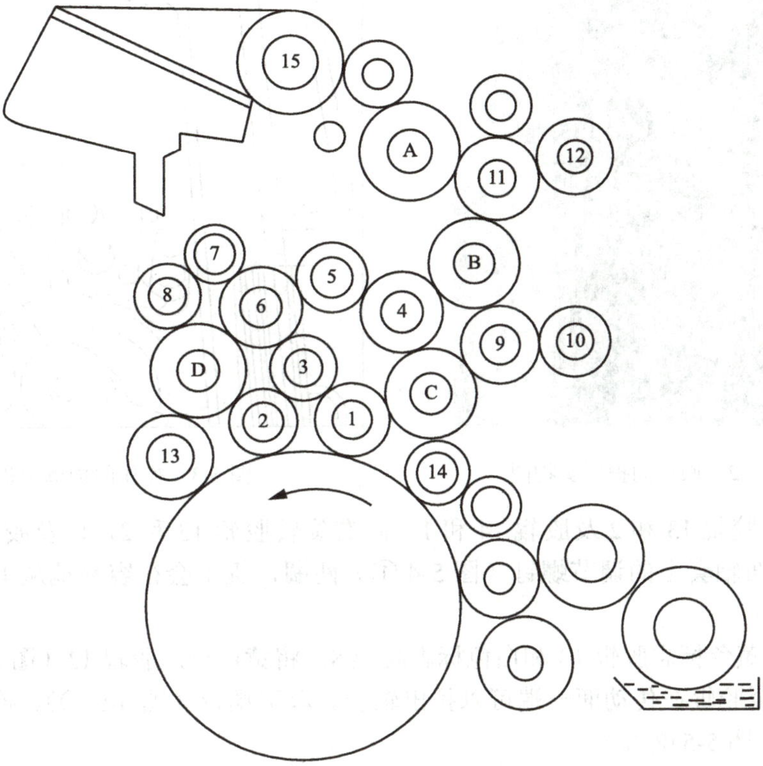

图 5-1　海德堡 CD102 型胶印机匀墨装置墨辊配置

3. 操作步骤

光华 650 胶印机拆卸墨辊操作

（1）拆卸墨辊

如图 5-2 所示为操作面护罩实物图。

1）解锁。拆卸墨辊之前，应先解除墨辊锁定。步骤如下：

① 启动安全按键，拆除墨刀。

② 打开操作面护罩。

③ 松开螺钉（图 5-3 ①），打开靠版墨辊的锁。

④ 向内推动保护轴套（图 5-3 ②），同时拔出螺钉（图 5-3 ③）。

⑤ 安装操作面护罩。

此时，胶印机处于安全操作模式，不能启动或点动。

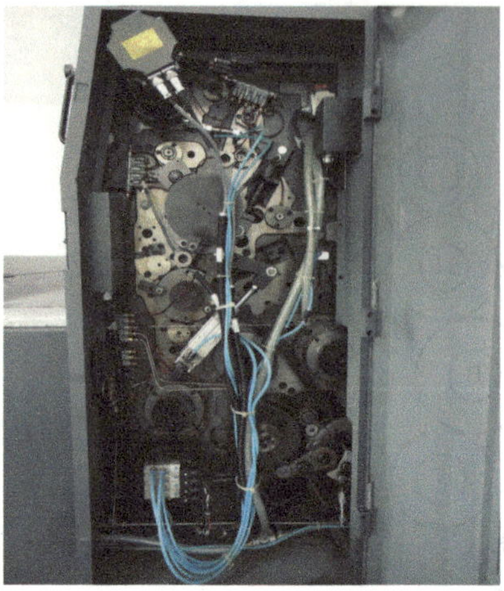

图 5-2 操作面护罩实物图

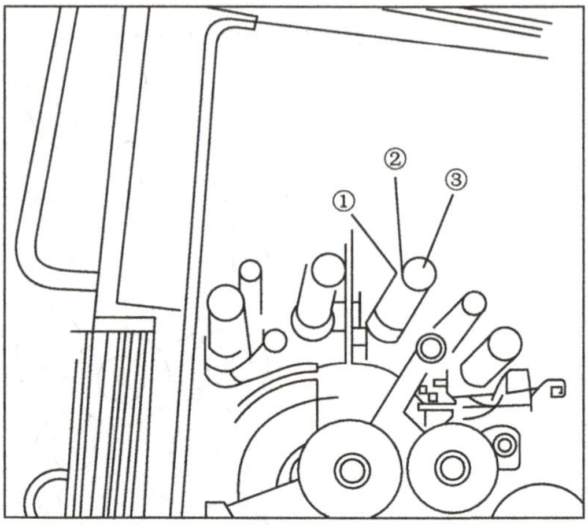

图 5-3 操作面护罩示意图

2）拆卸胶辊 13 和 2 及胶辊 14 和 1。向右旋转胶辊 13 和 2，以及胶辊 14 和 1 操作面和传动面轴套上的调节螺钉（图 5-4 ①）两圈，辊子会很容易地从串墨辊上脱离开来。

3）拆卸黄色标志胶辊 13 和白色标志胶辊 8。将黄色标志胶辊 13（图 5-5 ①）推向操作面，直至胶辊在传动面一端可以拉出轴套。取下墨辊（图 5-5 ①）。抬起拿出白色标志胶辊 8（图 5-5 ②）。

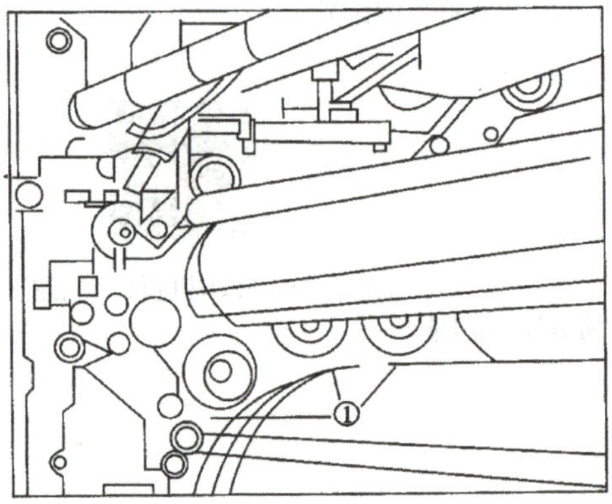

图 5-4 旋转操作面和传动面轴套上的调节螺钉

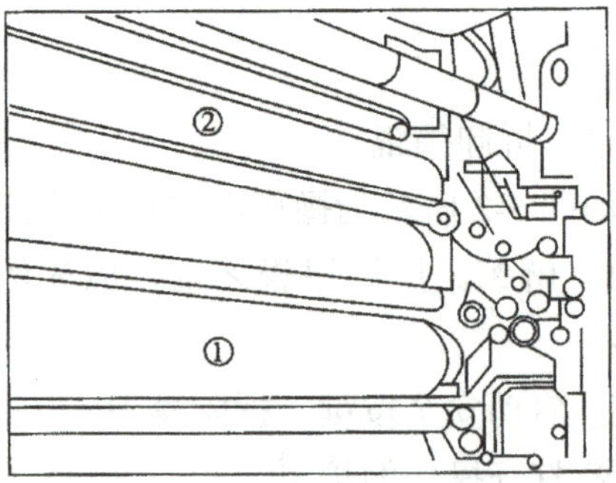

图 5-5 将黄色标志胶辊 13 推向操作面

4）拆除聚酰胺纤维辊 7（带有保护板，图 5-6 ①）。向上抬起操作面弹簧插销（图 5-6 ②），先取出操作面的辊子，再将辊子整个取出。

5）拆卸蓝色标志胶辊 6（图 5-7 ①）。

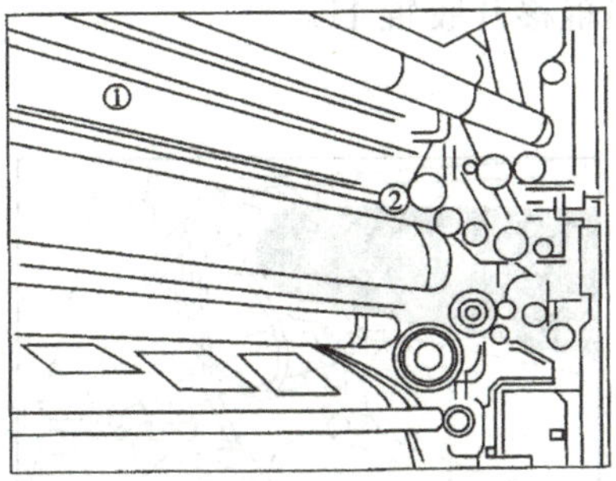

图 5-6 拆除聚酰胺纤维辊 7

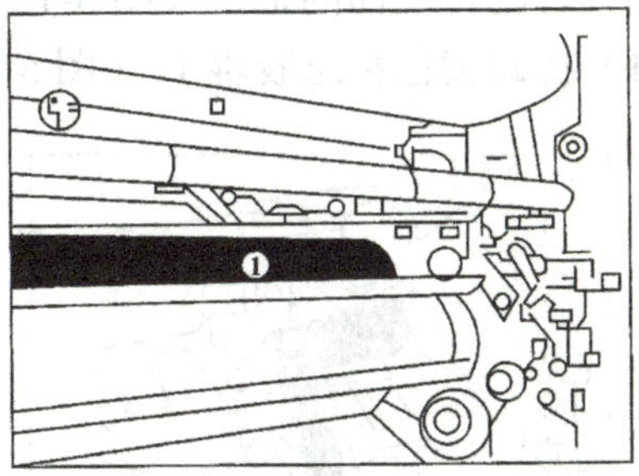

图 5-7 拆卸蓝色标志胶辊 6

6）拆卸聚酰胺纤维辊 5（图 5-8 ①）。

7）拆卸胶辊 4、聚酰胺纤维辊 3 和红色标志胶辊 2。将固定锁块（图 5-9 ①）移到上面位置，取出黄色标志胶辊 4（图 5-9 ②），取出聚酰胺纤维辊 3。将红色标志胶辊 2 移向操作面，提起传动面一端并取出。

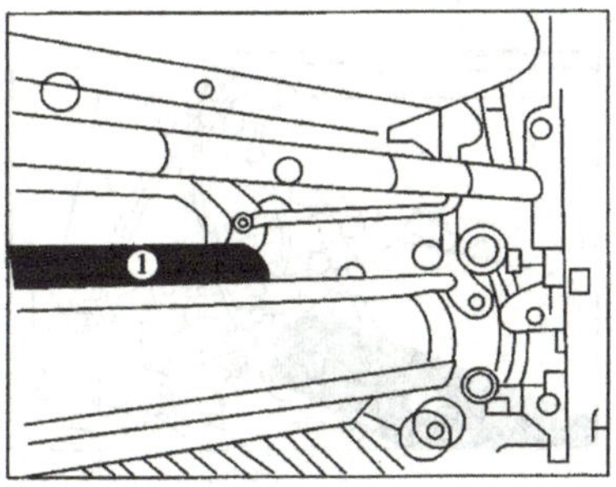

图 5-8 拆卸聚酰胺纤维辊 5

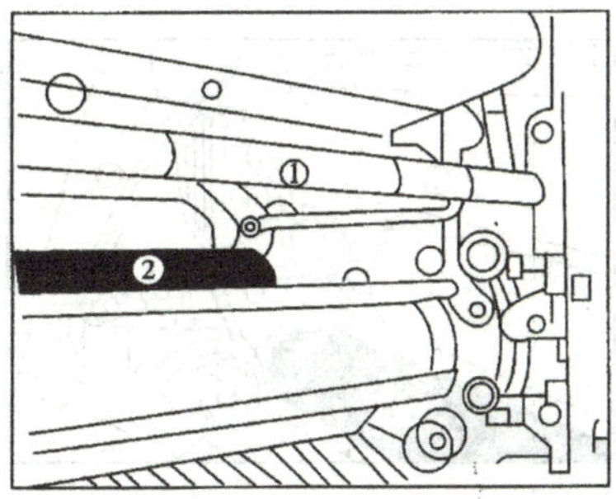

图 5-9 固定锁块和黄色标志胶辊 4

8）将蓝色标志胶辊 1（图 5-10 ①）推向操作面后，提起传动面一端并取出。

9）松开传动面和操作面上的调节螺钉（图 5-11 ①），取出聚酰胺纤维辊 12（图 5-11 ②）。

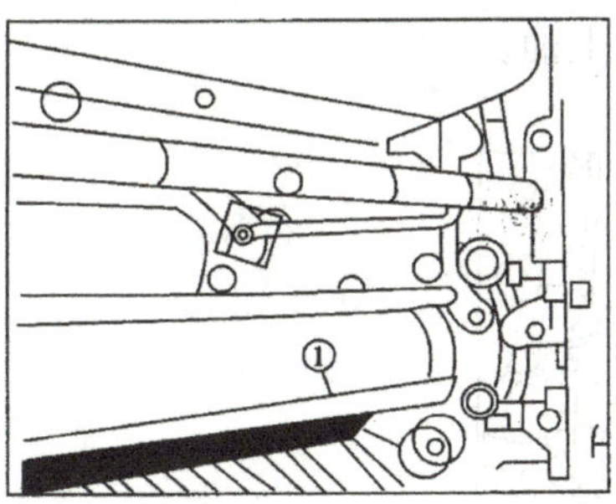

图 5-10 将蓝色标志胶辊 1 推向操作面

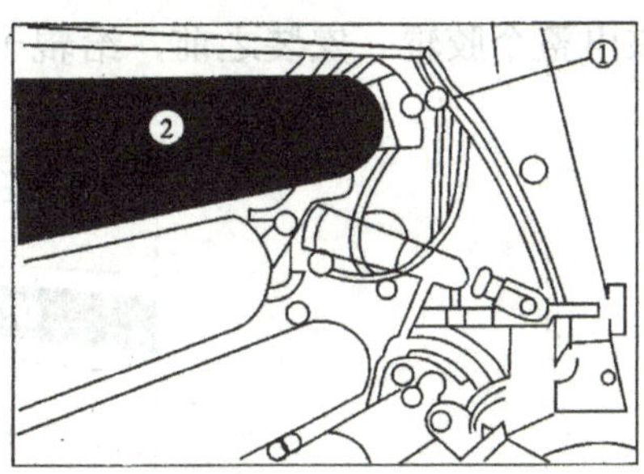

图 5-11 调节螺钉和聚酰胺纤维辊 12

10）转动传动面的把手（图 5-12 ①），将加墨辊移开胶辊 11。

11）拆卸黄色标志胶辊 11（图 5-13 ①）。

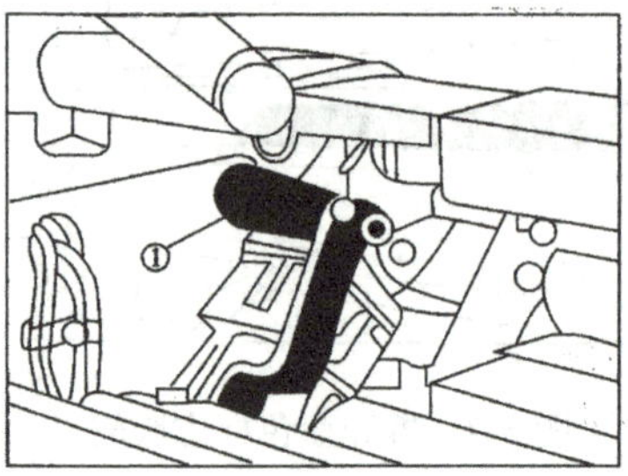

图 5-12　将加墨辊移开胶辊 11

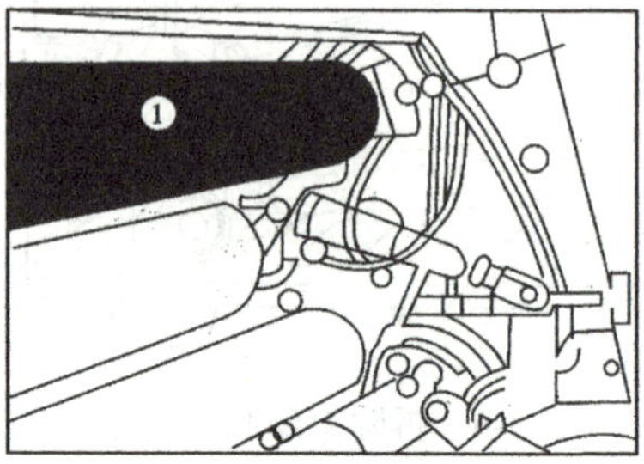

图 5-13　拆卸黄色标志胶辊 11

12）移开吹风杆。松开传动面和操作面上的调节螺钉，取下安全销（图 5-14 ①），取出聚酰胺纤维辊 10（图 5-14 ②）。

13）拆除红色标志胶辊 9（图 5-15 ①）。

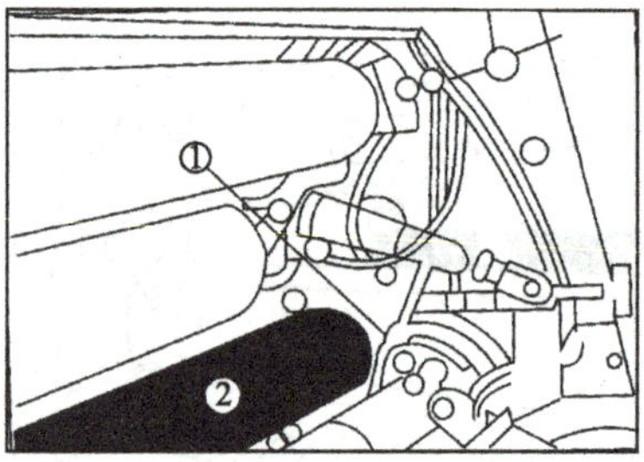

图 5-14　调节螺钉和聚酰胺纤维辊 10

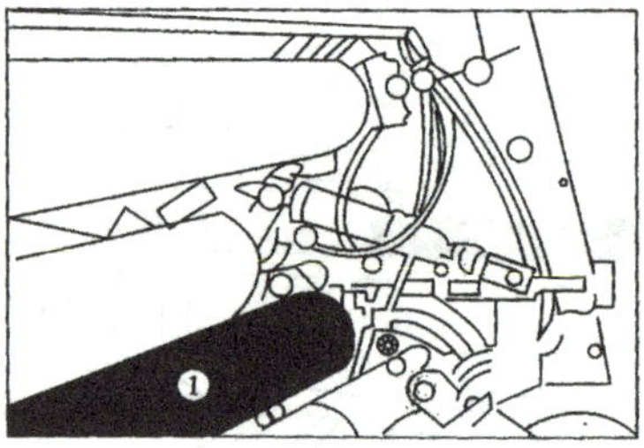

图 5-15　拆除红色标志胶辊 9

14）拆卸白色标志胶辊，步骤如下。

① 取出润版系统上的计量辊和中间辊。

② 将白色标志胶辊（图 5-16 ①）推向操作面，从传动面的轴套中拉出胶辊一端，然后取出整个胶辊。安装之前，给辊子轴头和轴承上油。

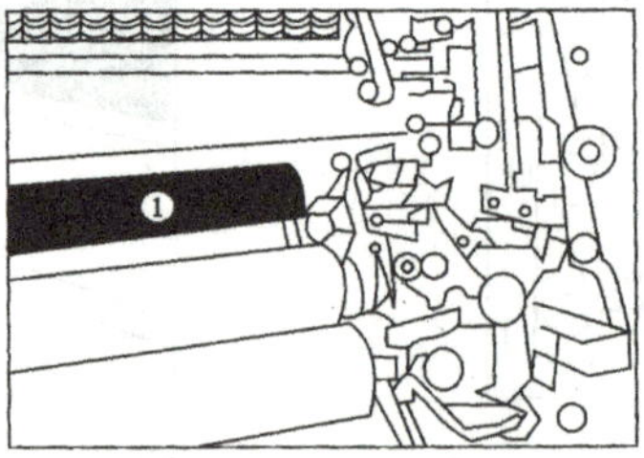

图 5-16　将白色标志胶辊推向操作面

（2）安装和调节墨辊

如图 5-17 所示为墨辊轴头。墨辊安装次序要按照墨辊配置图的标号次序。

1）安装墨辊 1、2、3，步骤如下。

① 将墨辊 1、2、3 的轴头分别插入传动面上对应的凹槽（图 5-18 ①）。

图 5-17　墨辊轴头

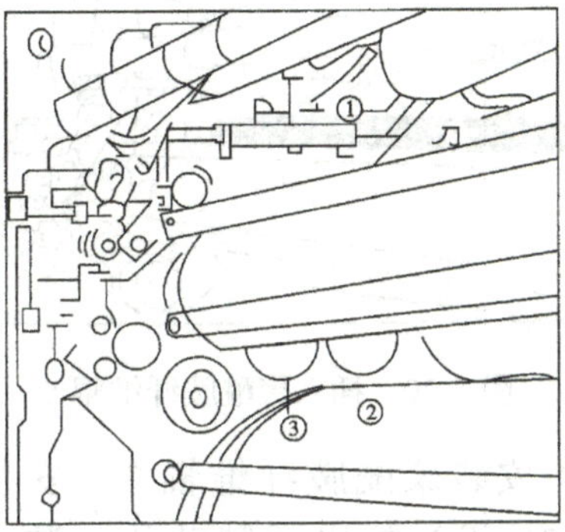

图 5-18　将墨辊的轴头插入凹槽

② 将墨辊 1、2、3 安装到正确的位置。

③ 打开墨辊轴头锁，将胶辊 14 先插入操作面的轴套，再推入传动面的轴套。

④ 将蓝色标志胶辊 1 插入轴套（图 5-18 ②）。

⑤ 按下并锁紧螺钉，紧固操作面轴套内的胶辊。

⑥ 将红色标志胶辊 2 插入轴套（图 5-18 ③）。

⑦ 按下并锁紧螺钉，紧固操作面轴套内的胶辊。

⑧ 将聚酰胺纤维辊 3（带打油孔）放置于红色和蓝色标志胶辊 2 之间的空隙处。

光华 650 胶印机安装墨辊操作

2）移动黄色标志胶辊 4。将黄色标志胶辊 4 移至图 5-19 ①所示位置。

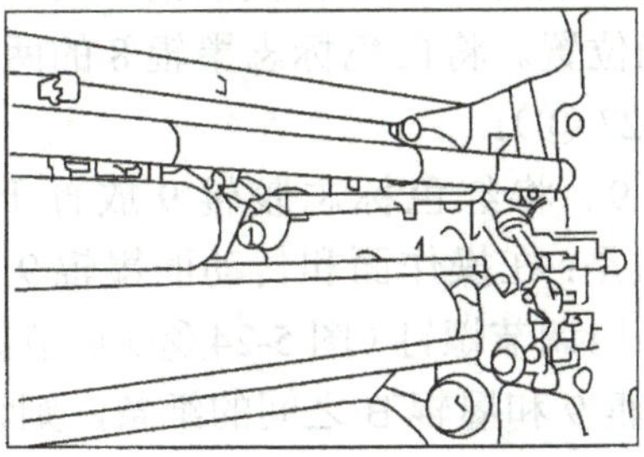

图 5-19　移动黄色标志胶辊 4

3）插入聚酰胺纤维辊。插入聚酰胺纤维辊 5（图 5-20 ①），按箭头所指方向插入，最后必须挨着胶辊 4，两头轴承贴住两侧。

4）放置蓝色标志胶辊 6。将蓝色标志胶辊 6（图 5-21 ①）放置于如图 5-21 ①所示位置，向下按至与聚酰胺纤维辊 3 接触。放置时，要将聚酰胺纤维辊 5 抬起。

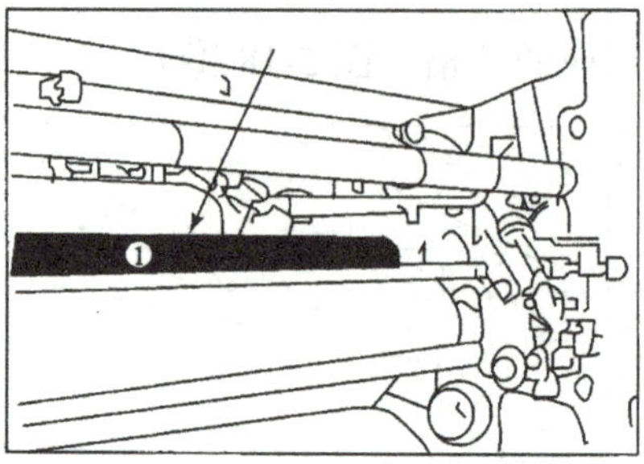

图 5-20　插入聚酰胺纤维辊 5

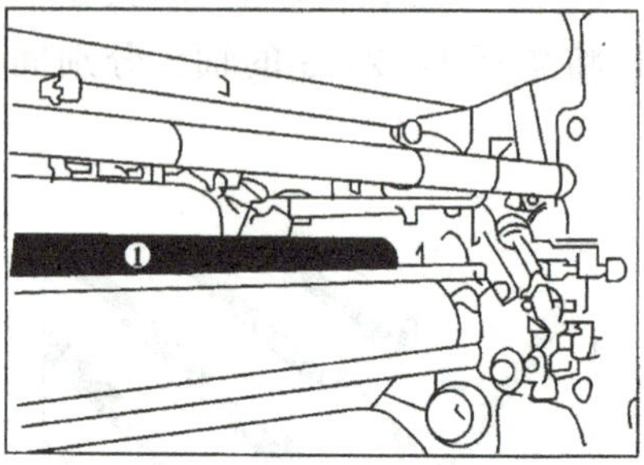

图 5-21　放置蓝色标志胶辊 6

5）安装聚酰胺纤维辊 7。安装聚酰胺纤维辊 7 前，将传动面上的弹簧插销（图 5-22 ①）拉出至制动片。装入传动面一端的轴头，推至弹簧插销的凹槽内（图 5-22 ②）。

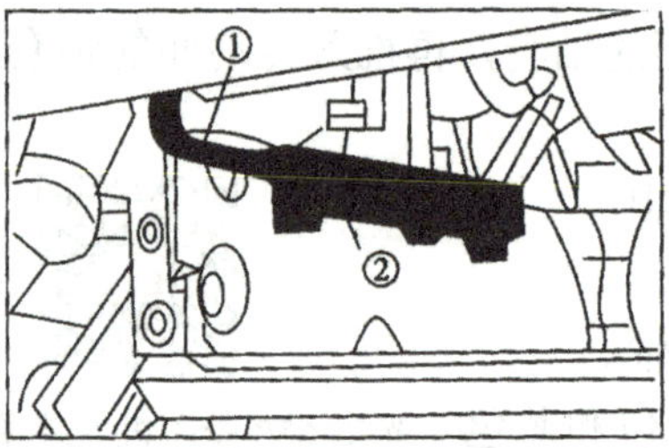

图 5-22　弹簧插销

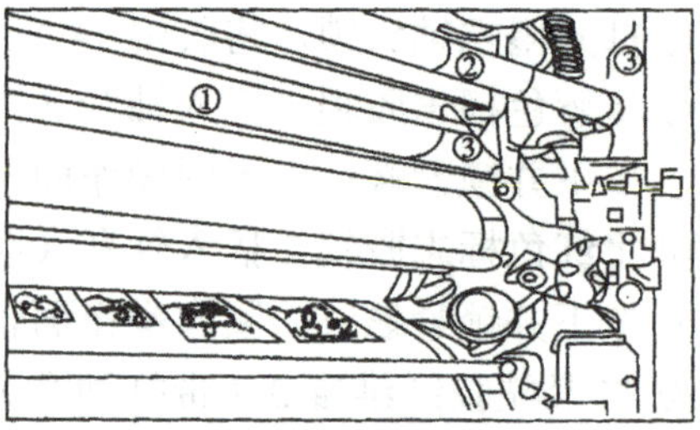

图 5-23　操作面的弹簧插销

6）将辊子轴头插入凹槽。将操作面的弹簧插销（图 5-23 ②）提起拉出，并将辊子轴头插入凹槽，固定在正确位置。将白色标志墨辊 8 的两端放在横向安装支架上，轻推使其停在正确位置（图 5-23 ③）。

7）放置红色标志胶辊 9。将红色标志胶辊 9 放置于如图 5-24 ①所示位置。放置好后，须调节压力。方法是：在操作面和传动面墨辊 9 及墨辊 B（图 5-24 ③）之间放一张厚度为 0.1mm 的纸，用调节螺钉（图 5-24 ②）调节墨辊 9 和墨辊 B 之间的压力。如果能以相同的拉力拉出墨辊 9 和墨辊 B 之间的纸条，则调节为正确。

8）安装聚酰胺纤维辊 10 的轴头。将聚酰胺纤维辊 10 的轴头安装到操作面和传动面的间隙(图 5-25 ①)，并在操作面和传动面墨辊 9 及墨辊 10 之间放一张厚度为 0.1mm 的纸。然后插上弹簧销（图 5-25 ②），将调节螺钉（图 5-25 ④）拧入轴头孔中。

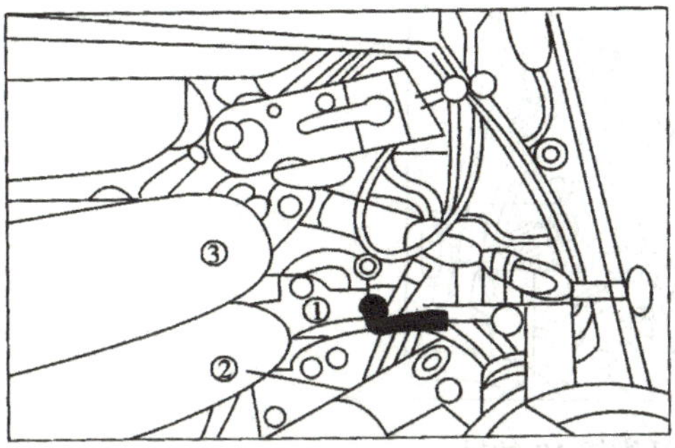

图 5-24　放置红色标志胶辊 9

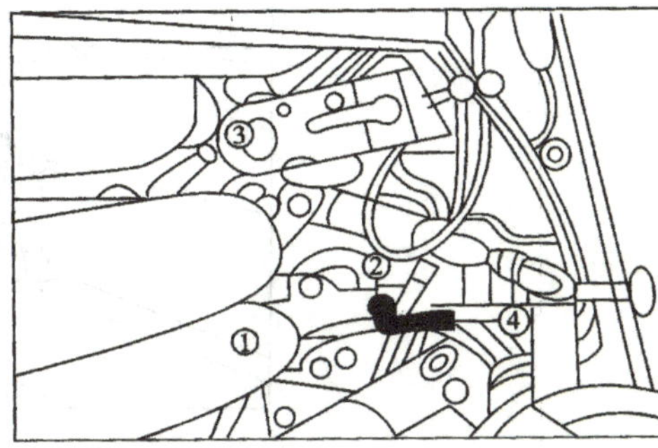

图 5-25　安装聚酰胺纤维辊 10 的轴头

9）调节聚酰胺纤维辊 10 和胶辊 9 之间的压力。用调节螺钉（图 5-26 ①）调节聚酰胺纤维辊 10 和胶辊 9 之间的压力。若操作面和传动面能够以相同的拉力拉出胶辊 9 和聚酰胺纤维辊 10 之间厚度为 0.1mm 的纸条时，则调节正确。顺时针旋转螺钉可以增加两辊间的压力，逆时针旋转螺钉可以减少两辊间的压力。调节后拧紧锁紧螺母（图 5-26 ②），将黄色标志胶辊 11 移至如图 5-26 ③所示的串墨辊 A（图 5-26 ④）和串墨辊 B（图 5-26 ⑤）之间的位置。

10）使加墨辊 E 和胶辊 11 接触。旋转把手（图 5-27 ①），使加墨辊 E 和胶辊 11 接触。

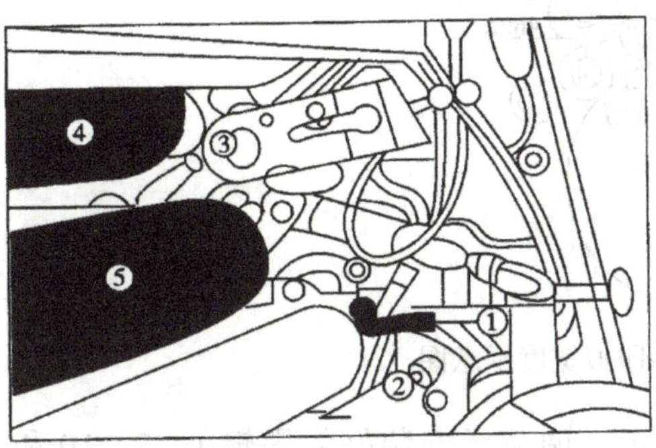

图 5-26　调节聚酰胺纤维辊 10 和胶辊 9 之间的压力

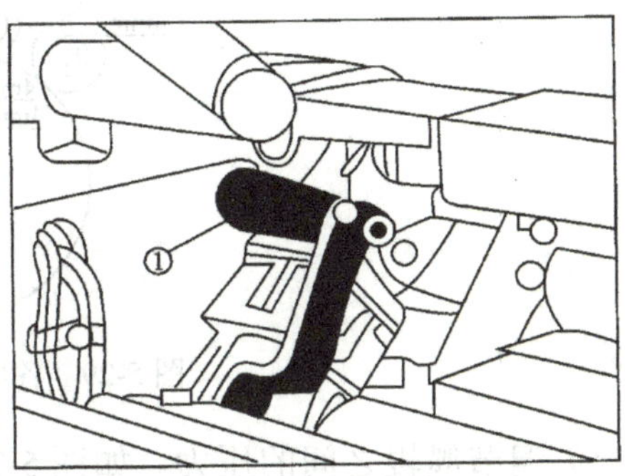

图 5-27　旋转把手

11）放置聚酰胺纤维辊 12 的轴头。将聚酰胺纤维辊 12 的轴头插入空隙处（图 5-28 ③）。调节螺钉（图 5-28 ②），在传动面和操作面可以用相同的拉力拉出辊子 11 和 12 之间厚度为 0.1mm 的纸条。最后拧紧锁紧螺母（图 5-28 ①）。

12）安装胶辊 13 和胶辊 14。

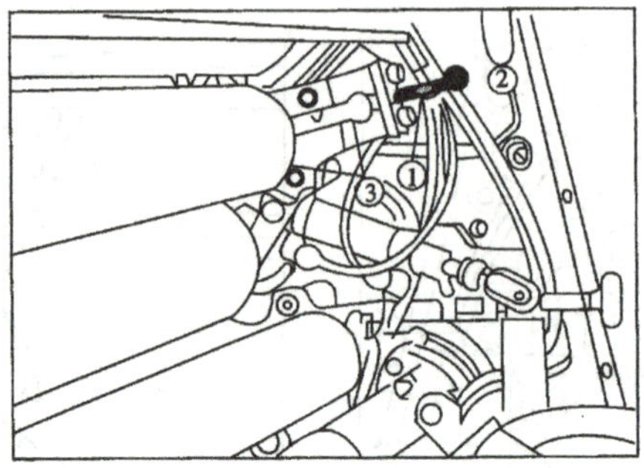

图 5-28　放置聚酰胺纤维辊 12 的轴头

（3）调节墨辊压力

墨辊压力通常根据墨辊印痕的宽窄来调节。如图 5-29 所示为各墨辊间印痕宽度示意图，调节时可根据此宽度进行调节。

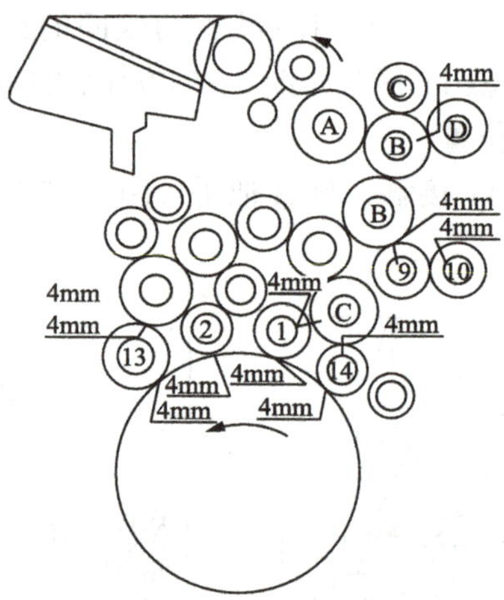

图 5-29　各墨辊间印痕宽度示意图

1）调节墨辊之间的压力。如图 5-29 所示，调节已安装好的墨辊 1、2、10 和 12，以及未安装的墨辊 13 和 14 之间的压力。步骤如下：

着墨辊靠串墨辊压力调节操作

① 按下螺钉并锁紧，固定墨辊 13 和 14。

② 在墨路里加入浅色油墨。

③ 一旦油墨匀开，即停止印刷机运转。

④ 几秒后在墨辊间产生印痕。

⑤ 反点车直至看到印痕。印痕在传动面和操作面的宽度应为 4mm。

⑥ 若不为 4mm，则可使用调节压力的螺钉调节胶辊 1、2、13、14 与串墨辊 C 或

D 的压力。调节压力的螺钉位于相应轴套锁的下方，向右旋转螺钉可以增加压力，向左旋转螺钉则可以减少压力。

⑦ 调节胶辊 1 和串墨辊 C 之间的压力。将传动面和操作面的印痕宽度都调至 4mm，顺时针调节螺钉使印痕加宽，逆时针转动螺钉使印痕变浅。

⑧ 调节红色标志胶辊 2 与串墨辊 D 之间的压力，也就是使传动面和操作面的印痕都调至 4mm。

2）调节红色标志墨辊 9 和串墨辊 B 之间的压力。串墨辊 B 在胶辊 9 的上方，点动胶印机直至看到印痕。若宽度不合适，则可以运用调整螺钉（图 5-30 ①）来调节。

3）调节聚酰胺纤维辊 10 施加到串墨辊 C 上的压力。用调节螺钉来调节聚酰胺纤维辊 10 和胶辊 9 之间的压力。将传动面和操作面的印痕都调至 4mm，顺时针转动调节螺钉，加宽印痕；逆时针旋转螺钉，使印痕变窄。

4）调节聚酰胺纤维辊 12 和胶辊 11 之间的压力。转动调节螺钉（图 5-30）来调节聚酰胺纤维辊 12 和胶辊 11 之间的压力。将传动面和操作面都调整至宽度为 4mm 的印痕。

5）安装操作面轴承内的胶辊。将黄色标志胶辊 13 插入轴套（图 5-31 ①），按下螺钉并锁紧，用来紧固操作面轴承内的胶辊。

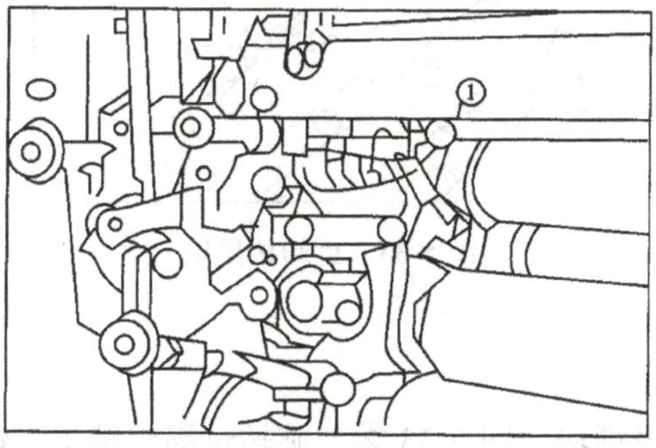

图 5-30 转动调节螺钉

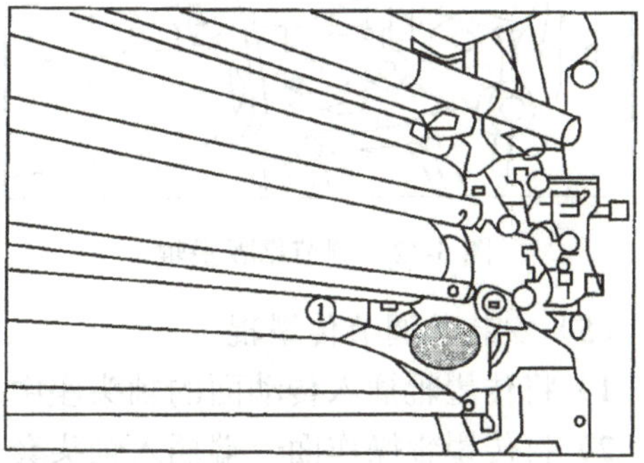

图 5-31 将黄色标志胶辊 13 插入轴套

6）紧固操作面轴套内的胶辊。将白色标志胶辊 14 装入轴套，按下螺钉并锁紧，用来紧固操作面轴套内的胶辊。

7）安装润版装置的辊子。在没有分离的情况下，将靠版墨辊和靠版水辊合压。

8）调节黄色标志胶辊 13 和串墨辊 D 之间的压力。将传动面和操作面的印痕设置为 4mm。

9）调节白色标志胶辊 14 和串墨辊 C 之间的压力。

10）调节靠版墨辊至印版的相对位置。

着墨辊靠印版压力调节操作

调节之前，酒精润版系统的中间辊和白色标志胶辊 14 相接触。打开胶印机组安全操作按键，按下定位（Position）按键，此时墨辊不在印版滚筒缺口正上方。胶印机停止后，按下靠版墨辊离合压按键，实现靠版墨辊和印版的离合。点车检测印版上墨痕宽度，若宽度不正确，则用手柄调节（图 5-32 ①）。在传动面和操作面上都有用来调节靠版墨辊的手柄，其颜色是一样的。向“+”方向转动手柄（图 5-32 ①），增加印刷压力和墨辊之间的压力；向“-”方向转动手柄，减少印刷压力和墨辊之间的压力。

注意：如果上墨出现问题，则可以检查胶辊 1、2、13 和 14 与印版的压力，至少一周检查一次。

（4）拆卸传墨辊

1）点动胶印机直至可以轻易手动转动传墨辊。

2）松开螺母（图 5-33 ①），从辊轴头取出插销（图 5-33 ②）。

3）提起操作面一端的传墨辊（图 5-33 ⑤），将其从轴头座中拆卸下来。

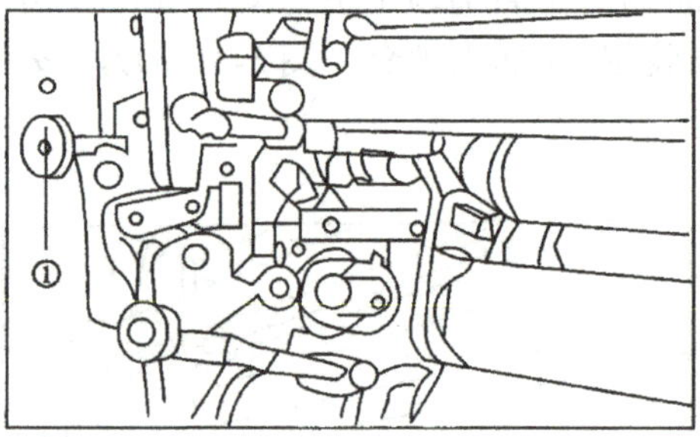

图 5-32　调节靠版墨辊

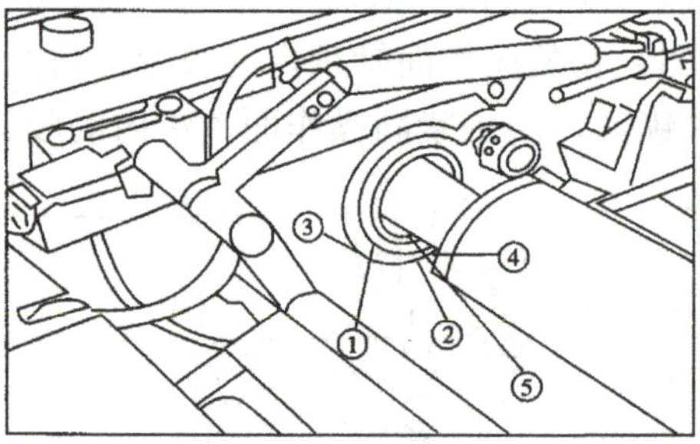

图 5-33　拆卸传墨辊

（5）安装并调节传墨辊

1）将传墨辊插入传动面的轴头座中。

2）将传墨辊操作面一端插入轴头套中，将锁块（图 5-33 ②）旋转过墨辊轴头，锁紧螺母（图 5-33 ①），固定墨辊。

3）调节传墨辊和墨斗辊压力时，点动胶印机直至传墨辊完全靠住墨斗辊。

4）在传动面和操作面轻轻拧紧调节螺钉（图 5-33 ③），传墨辊和墨斗辊轻轻接触，并产生 4mm 的印痕。顺时针旋转螺钉可增加印痕宽度，逆时针旋转螺钉可减少印痕宽度。

5）调节完毕后锁紧螺母。

6）调节传墨辊和串墨辊 A 压力时，点动印刷机直至传墨辊完全靠住串墨辊。在传动面和操作面轻轻拧紧调节螺钉（图 5-33 ④），使传墨辊和墨斗辊轻轻接触，并产生 4mm 的压痕。顺时针旋转螺钉可增加印痕宽度，逆时针旋转螺钉可减少印痕宽度。

实训任务二　上墨与传墨操作

1. 任务解读

大部分胶印机需要由人工将油墨添加到墨斗中，并通过调墨螺钉将各墨区开平，然后通过传墨手柄或开关对印版进行符合要求的传墨。以上操作就称为上墨与传墨操作。

2. 设备、材料及工具准备

1）设备：国产或进口单色或多色胶印机 1 台。

2）材料：2.5kg 四色胶印油墨 4 桶。

3）工具：墨刀 10 把，胶印机其他常用操作工具 1 套。

每人领取 1 份实训报告，实训结束时，教师根据学生操作过程及效果进行点评；按评分标准进行评分。

传墨辊调节操作

3. 操作步骤

1）根据原稿选择好油墨。

2）抬起墨斗锁紧墨斗两端螺钉，如图 5-34 所示。

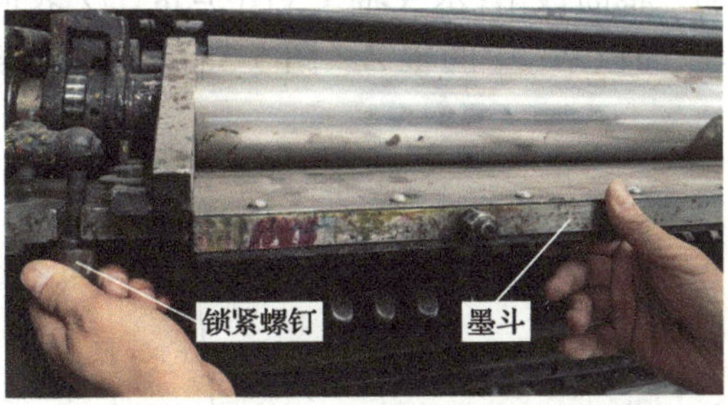

图 5-34　墨斗及锁紧螺钉示意图

3）根据印刷品数量及图文面积选择墨量，用专用墨铲装入所需油墨，如图 5-35 所示，开平墨斗（通过调墨螺钉局部调节完成）。

4）机器运行后定速，传墨手柄打到“给墨”状态，等墨传好后打到“自动”位置，如图 5-36 所示。通过听和看来判断墨量是否合乎标准，一般墨层分离声音较轻但能听到声音时，墨量正好；若分离声音很响，能听到吱吱的声音，则说明墨量太大，这时必须停机，再用吸墨纸进行吸墨处理。

图 5-35　墨斗上墨示意图

图 5-36　传墨辊手柄示意图

实训任务三　水辊的拆装及压力调节

1. 任务解读

海德堡 CD102 型胶印机润版装置多为酒精润版装置，ALCOLOR 润版装置有 5 个辊，如图 5-37 所示。

串水辊 R（不可移动）辊面镀铬；水斗辊 T（图 5-38 ①）表面为橡胶，辊面经磨削；计量辊 D（图 5-38 ②）表面镀铬；中间辊 Z（图 5-38 ③）；着水辊 A（图 5-38 ④）辊面为橡胶。

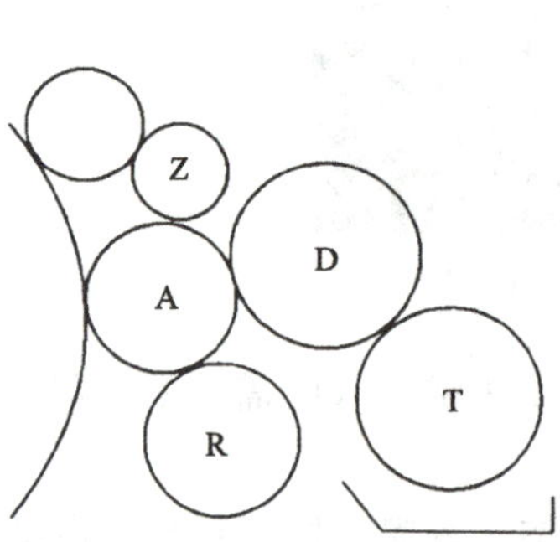

图 5-37　ALCOLOR 润版装置

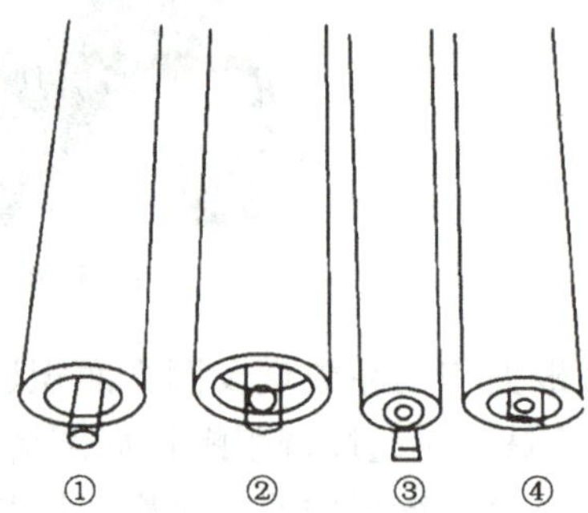

图 5-38　可拆卸水辊示意图

2. 设备及工具准备

1）设备：海德堡 CD102 型胶印机 1 台。

2）工具：内六角、外六角扳手各 5 套，胶印机其他常用操作工具 1 套。

每人领取 1 份实训报告，实训结束时，教师根据学生操作过程及效果进行点评；按评分标准进行评分。

3. 操作步骤

（1）拆卸和安装水斗

清洗时，可以将其取出，但不拆除 ALCOLOR 润版装置中的任一水辊。

1）通过 CP2000 控制台关闭润版液中央供给装置。

2）取出液面控制器（图 5-39 ①），将水斗中的水排放掉。

3）在机器的传动面和操作面松开水斗底边的六方螺钉（图 5-40 ①）。

4）拉出水斗。

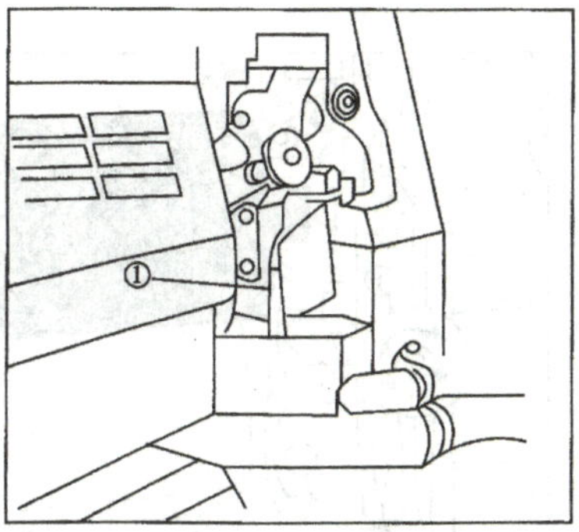

图 5-39　液面控制器示意图

5）为了便于安装，插入水槽，拧紧六角头螺钉。

（2）拆卸水辊

拆卸前，必须事先离压水辊。

1）拆卸水斗辊 T。

① 取下润版液槽。

② 松开传动面和操作面上的六方螺钉（图 5-41 ①）。

③ 逆时针转动操作面和传动面的十字头螺钉（图 5-41 ②），将计量辊从水斗辊上分离出来，松开操作面辊颈上的螺钉（图 5-41 ③）。然后向操作面方向推水斗辊，取下水斗辊。

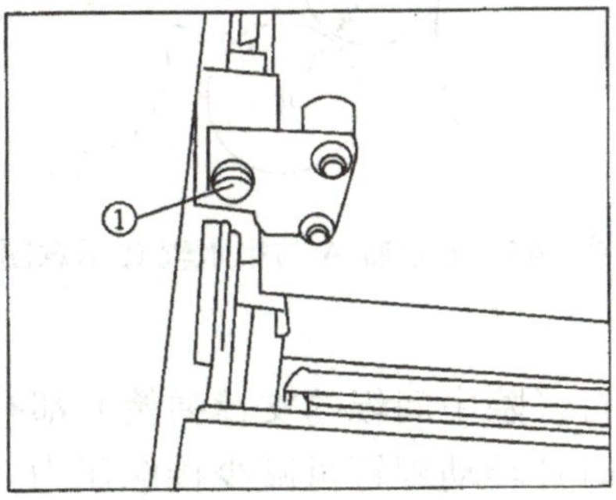

图 5-40　水斗底边的六方螺钉示意图

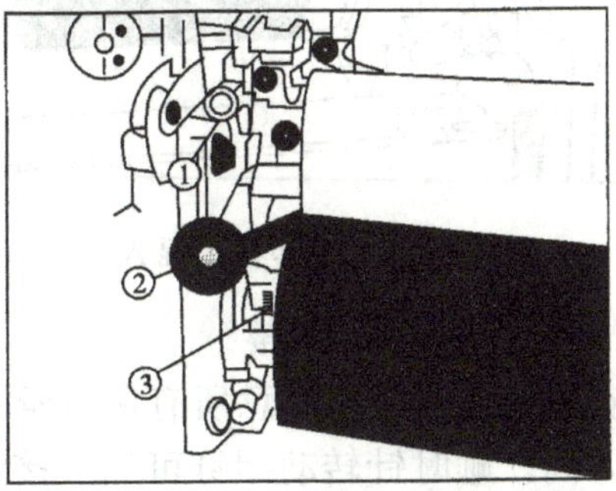

图 5-41　拆卸水斗辊 T

2）拆卸计量辊 D。松开操作面辊颈处的螺钉（图 5-42 ①），松开该辊在传动面的齿轮后，将辊推向操作面并将其取出。

3）拆卸中间辊 Z。

① 松开传动面和操作面上的锁紧螺母（图 5-43 ①），逆时针旋转完全松开辊颈的调节螺钉（图 5-43 ②）。

② 取出中间辊（图 5-43）。

图 5-42　计量辊操作面辊颈处的螺钉示意图

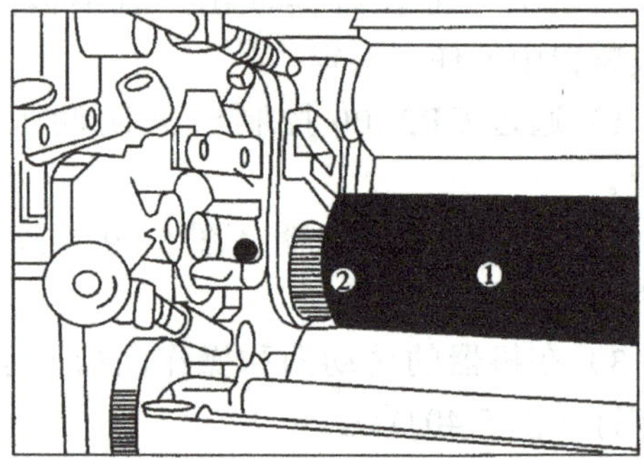

图 5-43　拆卸中间辊 Z

4）拆卸着水辊 A。松开操作面辊颈上的螺钉（图 5-44 ①）。为了使着水辊 A 从串水辊 R 上分离出来（图 5-45），在传动面和操作面的每一面上，逆时针转动串水辊 R 的调节螺钉（图 5-44 ②）两周。将着水辊 A 推向操作面，从传动面抬高辊子并将其取下。

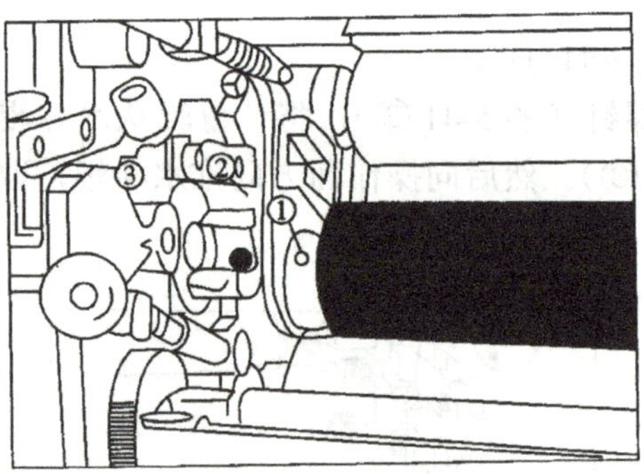

图 5-44　拆卸着水辊 A

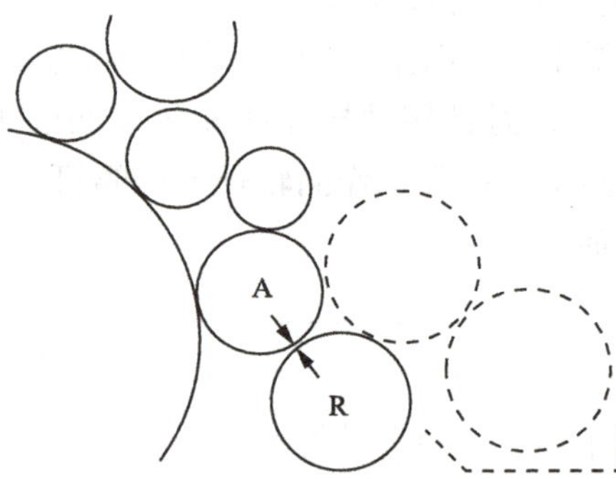

图 5-45　着水辊 A 与串水辊 R 示意图

（3）安装和调节水辊

安装水辊时，要注意所有调节辊子压力的螺钉（除中间辊的支撑弹簧）都有特定调节方向。顺时针转动螺钉可加大接触压力，逆时针转动螺钉可减少接触压力。第一次调节应当使用纸条法，调节后应当使用浅墨来核实结果。

1）调节前的准备工作。在印版滚筒上装好印版，调节好着墨辊 F，安装好中间辊，润滑所有轴承点。胶印机慢速向前点动，使印版滚筒凹槽朝向收纸装置。

着水辊靠印版压力调节操作

2）安装着水辊 A。

① 将着水辊（图 5-46 ①）（辊颈的平面指向上）插入操作面的轴承中（图 5-46 ②）。

② 将着水辊插入传动面轴承，直到接触止动板为止，然后将其推向操作面。拧紧操作面六角螺钉（图 5-46 ③），将轴颈固定到轴承套中。

③ 用一纸条调节压力。在传动面和操作面将两纸条分别插入要调节的辊子之间。将宽度大约为 5cm 的纸条靠在胶辊上，较窄的纸条靠在平滑的辊子上，两张纸条总厚度为 0.1mm，通过拉纸条来决定调节量（图 5-47）。

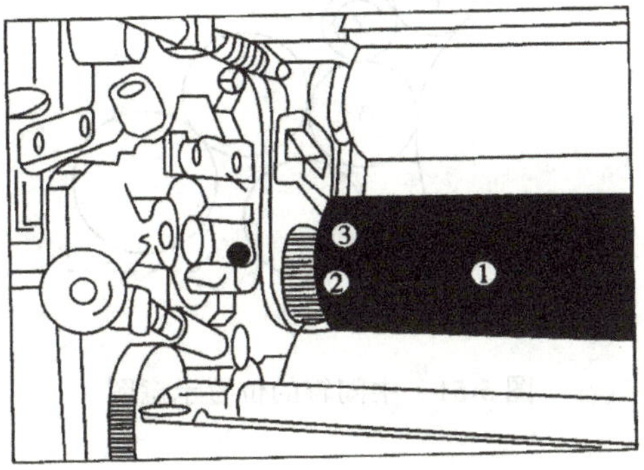

图 5-46　安装着水辊 A

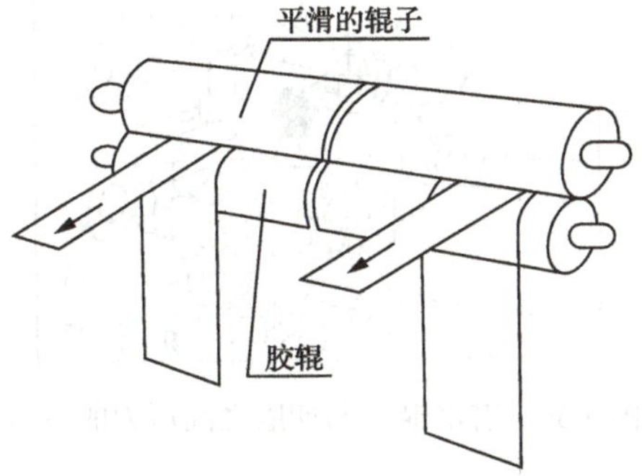

图 5-47　水辊间的压力调节方法示意图

④ 着水辊 A 与串水辊 R 之间压力的调节。在着水辊 A 和串水辊 R 之间插入纸条（宽纸条靠向着水辊 A），如图 5-49 所示。合压润版装置，转动调节螺钉（图 5-48 ①）使着水辊 A 和串水辊 R 接触。当拉出纸条时，作用于操作面和传动面上的拉力应相同。取下纸条，此时辊子很容易用手转动。

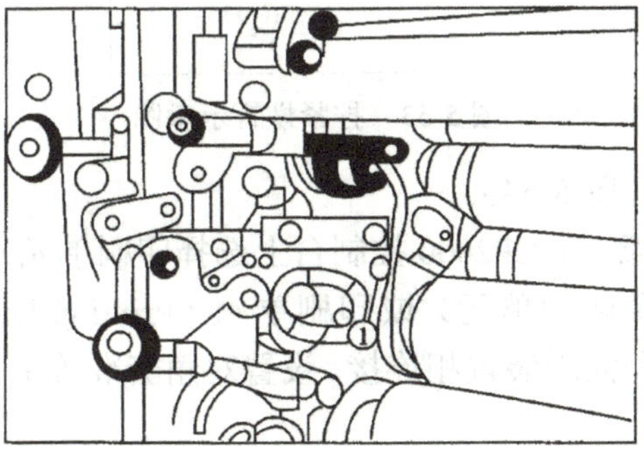

图 5-48　着水辊 A 与串水辊 R 之间压力的调节

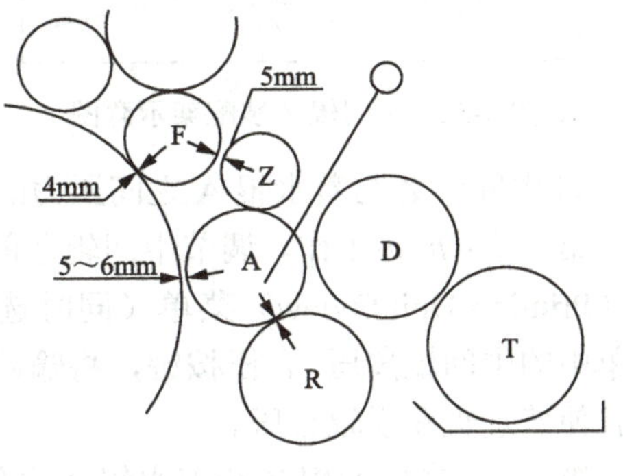

图 5-49　着水辊 A 与串水辊 R 的位置示意图

⑤ 着水辊 A（图 5-51）与印版之间压力的调节。在着水辊 A 和印版（标准衬垫高度）之间插入纸条（宽纸条靠近 A），按下设置水辊（Set Damp-ening Roller）按键。用调节螺钉（图 5-50 ①）调节着水辊 A 与印版之间的压力。调节后拧紧传动面六角螺钉（图 5-50 ②）。顺时针旋转螺钉，增加着水辊 A 和印版之间的压力。取出纸条时，作用于传动面和操作面上的拉力应当相同。最后取出纸条。

3）安装中间辊 Z。在插入中间辊 Z 之前，着水辊 A 和第一着墨辊必须靠向印版和墨斗。

① 用辊芯头将中间辊 Z（图 5-51）插入传动面和操作面的装配架上（图 5-52 ①）。

② 用螺钉（图 5-53 ①）拧紧传动面和操作面的中间辊。

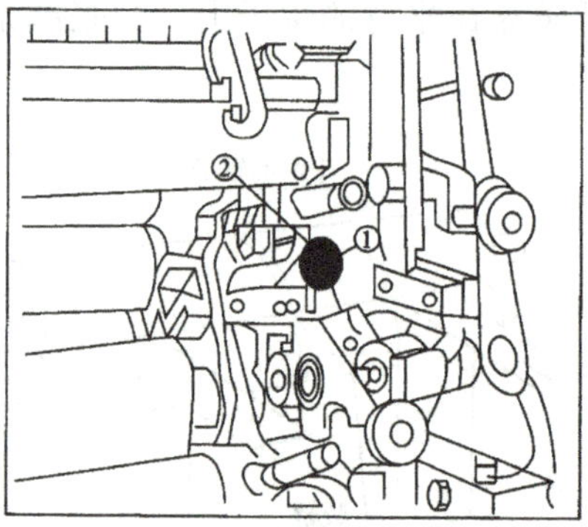

图 5-50　着水辊 A 与印版之间压力的调节

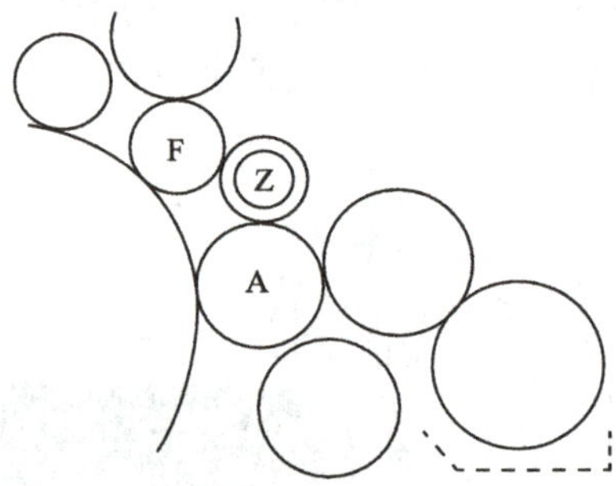

图 5-51　中间辊的位置示意图

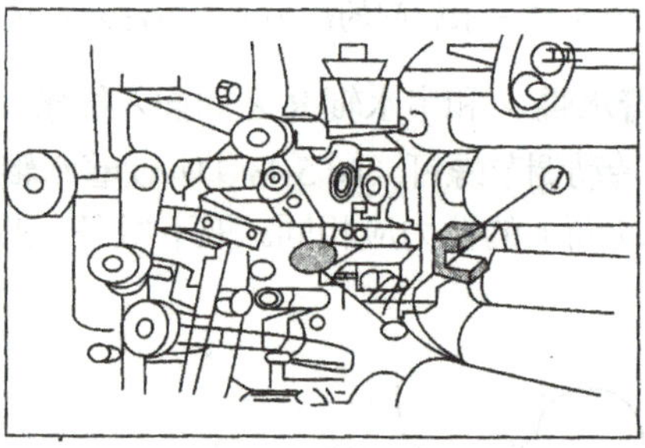

图 5-52　中间辊 Z 装配架示意图

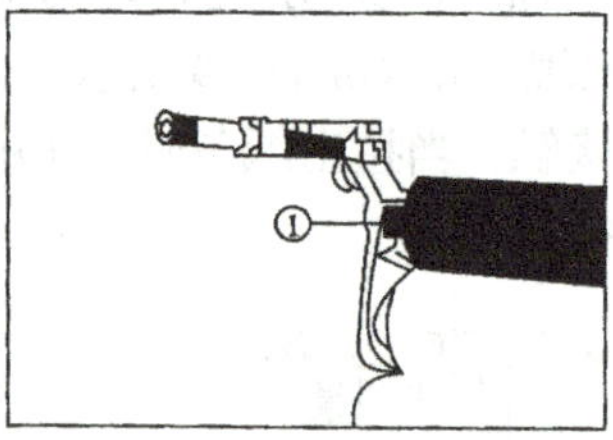

图 5-53　拧紧螺钉示意图

③ 中间辊 Z 与着水辊 A 之间压力的调节（图 5-54）。

第一步：准备工作。调节中间辊之前应注意：在 CP2000 控制台上选择印刷单元 / 预览（Printing Unit/Oview）菜单（同时选择几个印刷单元）或印刷单元（Printing Unit）菜单中的中间辊离压 / 合压按键，将输墨装置和润版装置相连接。设置对角套准等于零，并且使着水辊和墨辊合压。

第二步：在中间辊 Z 和着水辊 A 之间插入纸条（窄的纸条靠向中间辊 Z）。

第三步：调节传动面和操作面上的螺钉（图 5-55），将中间辊 Z 轻轻靠向着水辊 A。在传动面和操作面上用相同的拉力拉出纸条。

第四步：取出纸条。

第五步：顺时针旋转传动面上的调节螺钉（图 5-55 ①）半圈。

第六步：拧紧传动面和操作面的锁紧螺母（图 5-55 ②）。

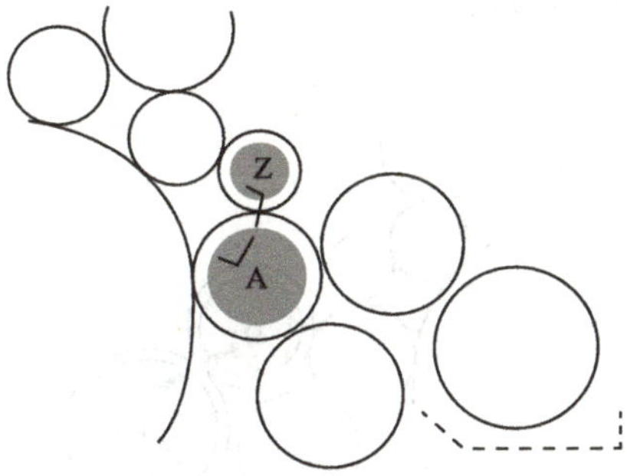

图 5-54　中间辊 Z 与着水辊 A 的位置示意图

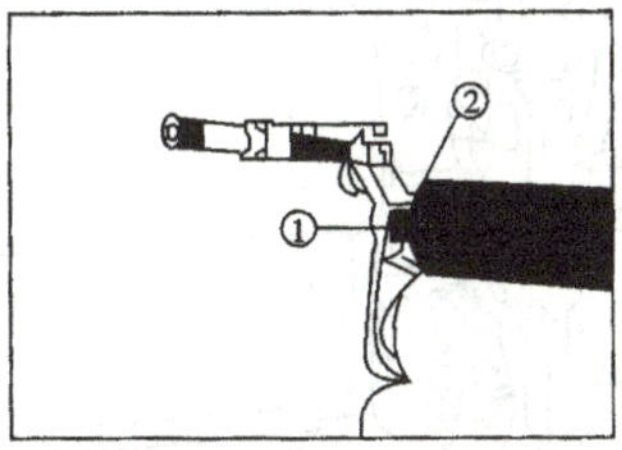

图 5-55　中间辊 Z 与着水辊 A 的调节螺钉与锁紧螺母示意图

4）中间辊 Z 与靠版着墨辊 F 之间压力的调节。为了正确调节，首先须将着水辊和靠版着墨辊合压，然后松开锁紧螺母（图 5-56 ①），拧开空心轴（图 5-56 ②），直到和臂铁（图 5-56 ③）略微离开一段距离，将空心轴拉回，重新接触到臂铁，直到略微感觉到弹簧的反弹力(传动面和操作面)时为止。等到接触压力调节均匀后，再顺时针转动空心轴半圈。

注意：产生的印痕条宽约 3mm。

5）安装计量辊 D（图 5-57）。

① 将计量辊 D 与传动面上的齿轮啮合，把辊颈放入操作面的轴承套中，将较平的一端朝上。

② 向传动面方向推动计量辊 D，直至接触止动板为止。

③ 将轴承套套住辊颈，并拧紧。

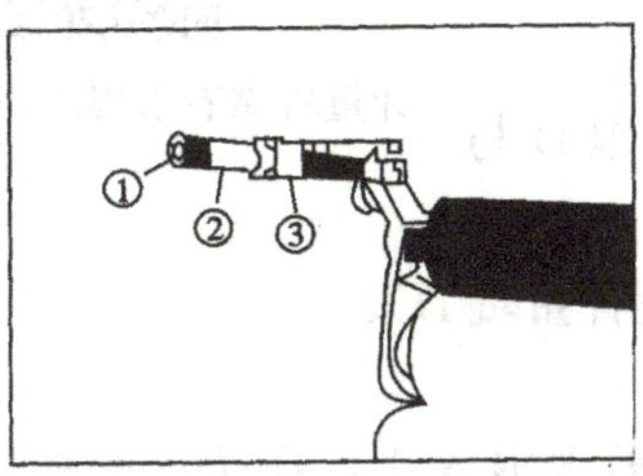

图 5-56　中间辊 Z 与靠版着墨辊 F 之间压力的调节

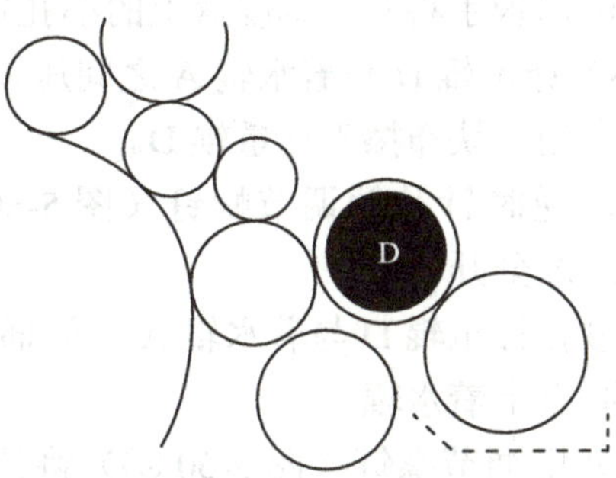

图 5-57　计量辊 D 的位置示意图

6）安装水斗辊 T。

① 把水斗辊 T 插入操作面上的轴承中（图 5-58 ①），然后把水斗辊 T 插入传动面的轴承中。

计量辊靠水斗辊压力调节操作

② 向着传动面方向，将水斗辊推向轴承套的止动板。

③ 用轴承套套住传动面和操作面的辊颈并拧紧。

7）计量辊 D 与水斗辊 T 之间压力的调节（图 5-59）。

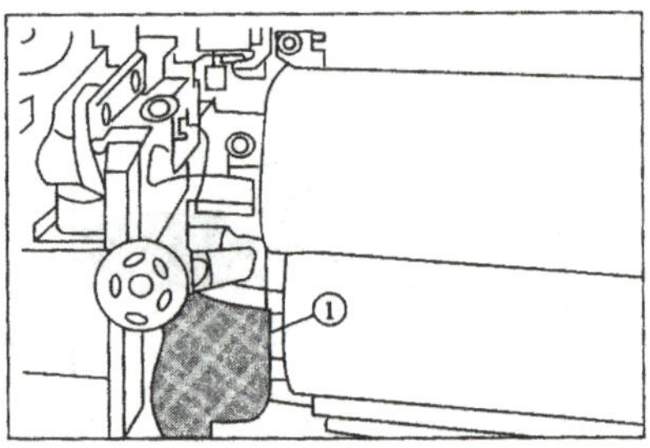

图 5-58 计量辊 D 与水斗辊 T 之间压力的调节

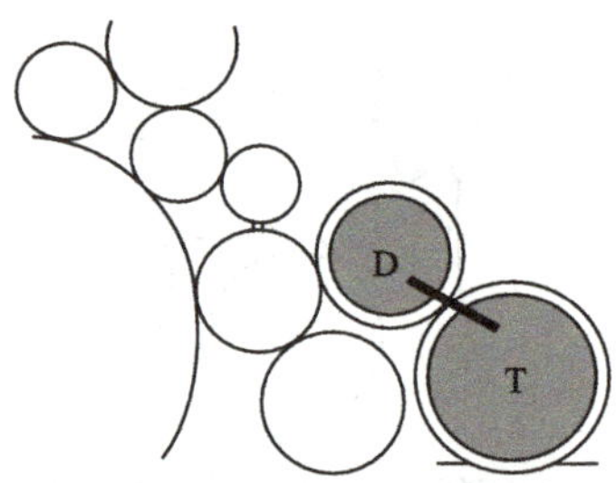

图 5-59 计量辊 D 与水斗辊 T 的位置示意图

① 插入水槽。

② 使润版液流入水槽。

③ 松开传动面和操作面上轴承板的螺钉。

④ 按“清洗润版辊”按钮，转动计量辊 T 和水斗辊 D。

⑤ 逆时针转动调节螺钉，将计量辊 D 从水斗辊 T 上分离开来，使水斗辊的整个表面上有一层均匀的润版液。

⑥ 顺时针转动螺钉，使计量辊 D 与水斗辊 T 相啮合，直到辊的中部无水并变暗。

⑦ 以同样的方法合上计量辊 D，使水斗辊 T 的左边和右边有 10cm 宽的水杠，再顺时针旋转螺钉半周。

⑧ 重新拧紧锁紧螺母。

⑨ 用扳手将标志刻度盘上的小孔定位于底部。

8）计量辊 D 与着水辊 A 之间压力的调节。

计量辊靠着水辊压力调节操作

① 用一块布擦干计量辊 D。

② 逆时针转动调节螺钉（图 5-60 ③）使计量辊 D 与着水辊 A 分开。

③ 在计量辊 D 与着水辊 A 之间插入纸条（靠近计量辊 D）。

④ 合上着水辊。

⑤ 用调节螺钉（图 5-60 ④）将计量辊 D 调到着水辊 A 上，在传动面和操作面上必须用相同的拉力拉出纸条。

⑥ 分开着水辊。

⑦ 继续顺时针转动调节螺钉（图 5-60 ④）1.5 转。

图 5-60　计量辊 D 与着水辊 A 之间压力的调节

实训任务四　上水、传水操作

1. 任务解读

现代胶印机一般通过各种自动上水器将润湿液送到水斗中，然后通过传水辊手柄等控制着水辊与印版接触进行传水。以上操作就称为上水、传水操作。

2. 设备及工具准备

1）设备：国产或进口单色或多色胶印机 1 台。

2）工具：内六角、外六角扳手各 5 套，胶印机其他常用操作工具 1 套。

每人领取 1 份实训报告，实训结束时，教师根据学生操作过程及效果进行点评；按评分标准进行评分。

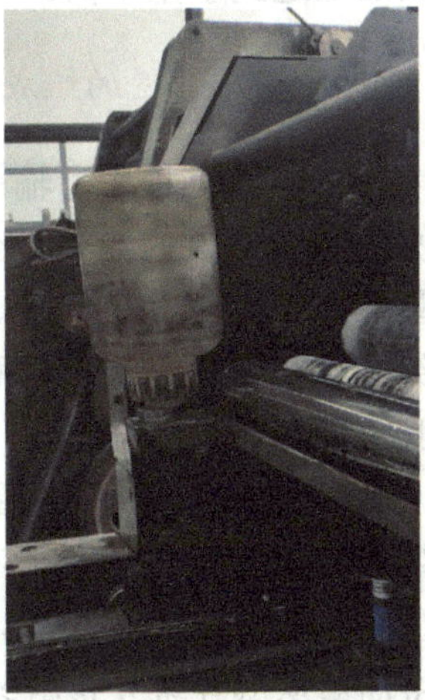

图 5-61　真空水箱示意图

3. 操作步骤

1）将配制好的润版液装入真空水箱中，盖紧真空水箱盖，如图 5-61 所示。

2）打开真空水箱下方的水阀，保证润版液顺利流入水斗中，如图 5-62 所示。

3）根据墨量大小合理控制水量。

4）把传水辊打到“给水”状态，并使着水辊与印版表面接触，如图 5-63 所示。

图 5-62　真空水箱水阀示意图

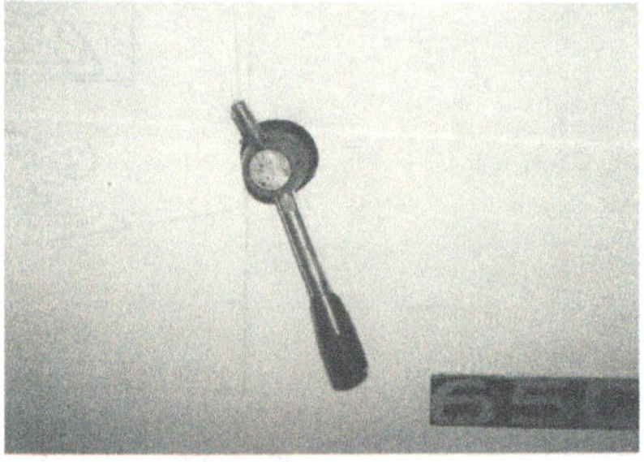

图 5-63　传水辊手柄示意图

5）当印版表面的水分达到一定程度时，着水辊停止供水，传水辊打到“自动”状态。

知识链接

一、输墨装置及其性能

平版印刷是利用油水不相溶原理，使印版空白部分上水而图文部分上墨，在同一版面上达到水墨平衡。

1. 输墨装置的组成和作用

在印刷过程中，输墨装置将墨斗辊输出的油墨从周向和轴向两个方向迅速打匀，使传到印版上的油墨是全面均匀和适量的。为了达到此目的，供墨部分的供墨量、匀墨部分串墨辊的串墨量、着墨部分的着墨辊压力等都由调节机构进行调节。由于印刷部件存在合压与离压两种状态，着墨辊应有自动起落机构。平版印刷机的输墨装置一般由下面 3 个部分组成。

1）供墨部分。如图 5-64 第 I 部分所示，供墨部分由墨斗、墨斗辊 4 和传墨辊 5 组成，其主要作用是贮存油墨和将油墨传给匀墨部分。油墨置于墨斗刮刀和墨斗辊 4 组成的墨斗内。墨斗辊 4 在间歇转动中将油墨传给传墨辊 5，传墨辊 5 定时地来回摆动，将油墨从墨斗辊 4 传给匀墨部分中的第一根（上）串墨辊 1。

2）匀墨部分。如图 5-64 第 II 部分所示，匀墨部分主要由串墨辊（图 5-64 上 1、2、3）、匀墨辊（图 5-64 上 6、8）和重辊（图 5-64 上 7、9）3 种辊组成，其主要作用是油墨在给印版涂布之前，将墨斗辊传出的油墨变成薄而均匀的墨层。串墨辊有转动和轴向往复窜动两种运动，串墨辊在与墨辊的对滚中，使油墨在墨辊圆周方向辗匀，而串墨辊的轴向窜动能够保证油墨在墨辊轴向分布的均匀性。匀墨辊的作用是周向辗匀油墨，重辊的作用是增加匀墨辊和串墨辊之间的压力。

3）着墨部分。如图 5-64 第Ⅲ部分所示，着墨部分由一组着墨辊（图 5-64 上 10、11）组成。这组着墨辊从匀墨部分最后的串墨辊 3 接过均匀适量的油墨并传给印版，起到向印版涂布油墨层的作用。

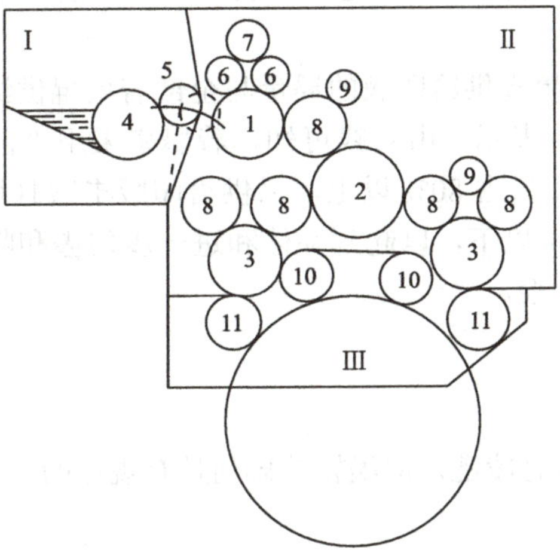

1、2、3—串墨辊；4—墨斗辊；5—传墨辊；6、8—匀墨辊；7、9—重辊；10、11—着墨辊。

图 5-64　输墨装置组成示意图

2. 输墨装置的性能指标

输墨装置的工作性能主要用油墨层的均匀程度来衡量，而油墨层的均匀程度可以用以下几个指标来反映。

1）匀墨系数。匀墨部分墨辊面积之和与印版面积之比称为匀墨系数，以 K_y 表示。匀墨系数 K_y 反映了匀墨部分把从墨斗传来的较集中的油墨迅速打匀的能力。K_y 值越大，匀墨性能越好，但增大 K_y 值一般通过增加墨辊数量来解决，综合起来，K_y 值以 3 ～ 6 为宜。

2）着墨系数。所有着墨辊面积之和与印版面积之比称为着墨系数，以 K_Z 表示。着墨系数 K_Z 反映了着墨辊传递给印版油墨的均匀程度。显然 K_Z 值越大，着墨均匀程度越好，由实践经验可知应使 K_Z>1。

3）贮墨系数。匀墨部分和着墨部分墨辊面积的总和与印版面积之比称为贮墨系数，以 K_C 表示。贮墨系数 K_C 反映了输墨装置中墨辊表面的贮墨量，并能自动调节墨层均匀程度的好坏。

贮墨系数 K_C 值越大，表示墨辊表面贮墨量越大，因而印刷一张印刷品印版上所消耗的墨量与墨辊上贮存的墨量之比越小，故自动调节墨量的性能也就越好，从而能保证一批印刷品墨色深浅一致。但 K_C 值不能过大，否则下墨太慢，开始印刷时墨色浅，停机后再印时印刷品墨色加深。

4）打墨线数 N。在匀墨部分进行油墨转移时，墨辊接触线数目称为打墨线数，以 N 表示。墨辊数量越多，打墨线数 N 越大，表示墨辊上油墨层被分割的区域越多，油墨越易于打匀。

5）着墨率。某根着墨辊供给印版的墨量与全部着墨辊供给印版的总墨量之比称为该着墨辊的着墨率，以 υ 表示。由实践可知，着墨率采用“前多后少”的原则，前两根着墨辊向印版涂布油墨量占 80% 以上，以供给印版丰富且均匀的油墨；而后两根着墨辊涂布油墨量仅为 20% 以下，以起到补偿和进一步匀墨和收墨的作用。着墨辊一般取 3 ～ 6 根，常用的是 4 根。

二、墨辊排列

初看起来，墨辊很多且凌乱，但墨辊的排列是有规律的。

1. 墨辊排列形式

按墨辊排列的路线可分为单路传墨、双路传墨和多路传墨 3 种形式。

1）单路传墨。如图 5-65 所示为德国高宝（Koenig & Bauer）公司的 RAPIDA104 型单张纸四色平版印刷机的输墨方式，油墨经中串墨辊 1、匀墨辊 2 传给下串墨辊。

2）双路传墨。如图 5-66 所示为大多数进口机和国产机的输墨方式，油墨到达中串墨辊 6 以后分为左右两路传给两个下串墨辊 5。

3）多路传墨。如图 5-67 所示为日本 HL-ACE432 型四色印刷机的输墨方式，油墨经中串墨辊 8 后，再经多个匀墨辊传给下串墨辊 4、5、6、7。

2. 墨辊排列原则和数量

1）墨辊布局。一般的墨辊布局为以串墨辊为中心的三级匀墨形式。第一级匀墨以上串墨辊为中心，周围安排几根匀墨辊或者加 1 ～ 2 根重辊来进行初级匀墨；第二级匀墨以中串墨辊为主体，周围布置几根匀墨辊，一般情况下中串墨辊的直径较大，这样既能将油墨扩展拉薄，又能起分流作用，把油墨分成两路输送；第三级匀墨以下串墨辊为中心，主要是给着墨辊传递已经匀好的油墨，一般下串墨辊采用 2 根，使油墨分给两组着墨辊给印版着墨。

2）软、硬间隔排列墨辊。在印刷机上，为了更好地传墨和匀墨，输墨装置的墨辊应该以软质匀墨辊和硬质串墨辊相配设置使用，以便在一定的压力下墨辊彼此接触良好。

3）墨辊的数量。为了考虑墨辊的布局和印刷机结构的合理性，即油墨层涂布的均匀性，着墨辊由 3 ~ 5 根组成。一般情况下，印刷机的印刷速度越快，着墨辊的数目也越多，胶印机多采用 4 根着墨辊。单张纸平版印刷机墨辊总数为 16 ~ 25 根，墨辊数量的多少直接影响匀墨系数、贮墨系数和打墨线数。

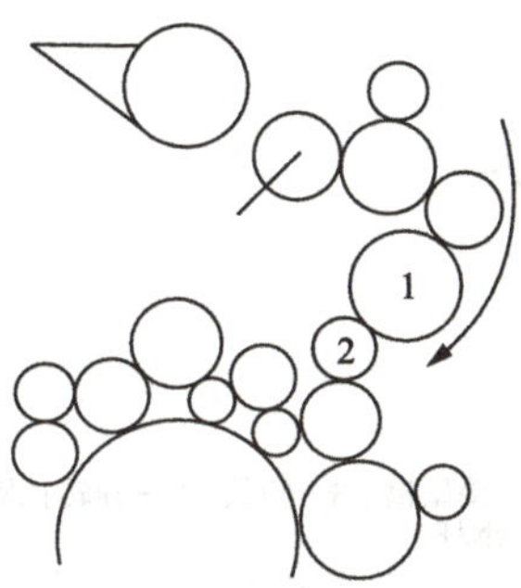

图 5-65　单路传墨示意图

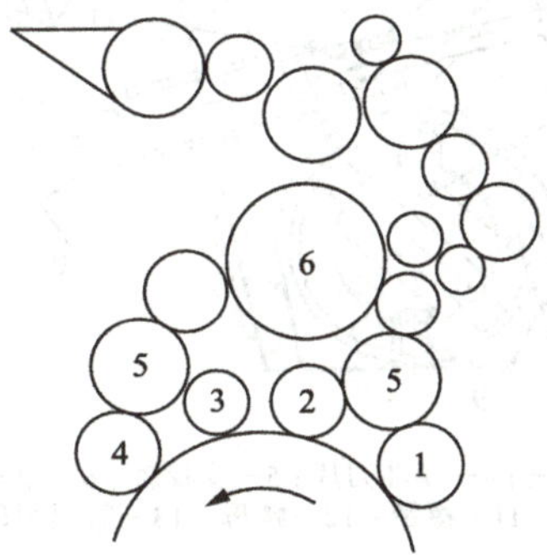

图 5-66　双路传墨示意图

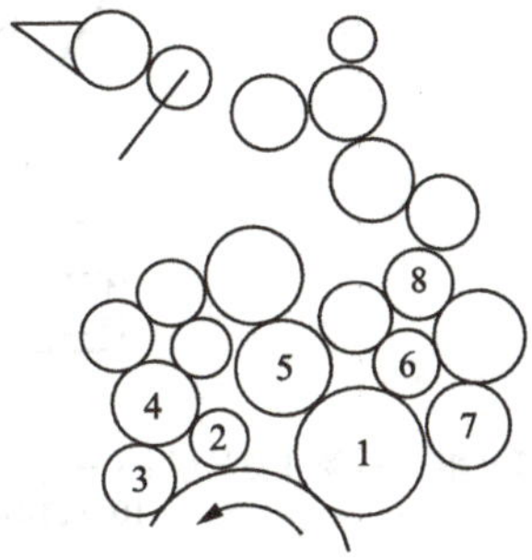

图 5-67　多路传墨示意图

三、输墨装置的典型机构

1. 供墨机构

（1）整体式墨斗

整体式墨斗结构在国产机上普遍采用。

1）整体出墨量和局部出墨量的调节。如图 5-68 所示，油墨贮存在墨斗里，螺杆 14 调节墨斗刀片 4 在墨斗上的位置，使刀片与墨斗辊 1 接触良好。刀片磨损后，可做微量调节，以保证刀片和墨斗辊 1 的配合关系。调墨螺钉 10 可以局部改变墨斗刀片 4 与墨斗辊 1 之间的间隙，通过调墨螺钉 10 顶动墨斗刀片 4，改变墨斗辊 1 轴向墨层厚度，以适应印刷画面局部用墨量的变化。沿墨斗辊全长上供墨量的调节是依靠改变墨斗辊 1 的转角来实现的。

旋转挡圈 9 可调节扭簧 8 的扭力，使墨斗体重力得以平衡。撑簧 11 可防止调墨螺钉 10 的自发松动，以保证出墨量不变。

2）墨斗辊的清洗。洗墨斗辊时，松开左右两个螺母12，将墨斗座6绕支撑轴5顺时针转动一个角度，使墨斗刀片4离开墨斗辊1。清洗后，将墨斗座6扳回并拧紧螺母12固定。

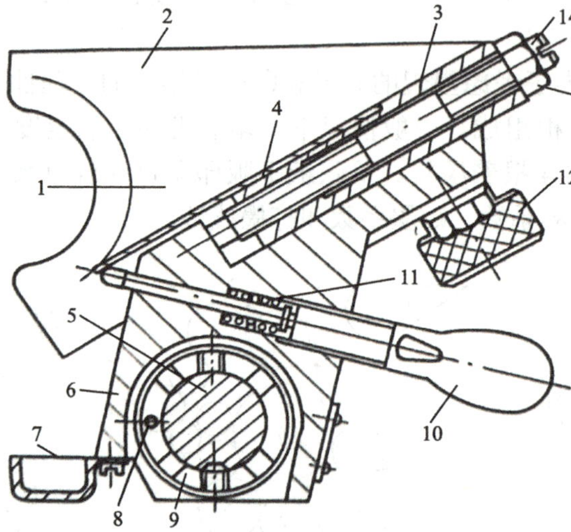

1—墨斗辊；2—墨斗侧挡板；3—墨斗刀片座；4—墨斗刀片；5—支撑轴；6—墨斗座；7—接墨槽；8—扭簧；9—旋转挡圈；10—调墨螺钉；11—撑簧；12—螺母；13—紧固螺母；14—螺杆。

图 5-68　整体式墨斗结构图

（2）分段式墨斗

分段式墨斗（也称琴键式墨斗）结构目前主要在进口印刷机上采用。

1）局部出墨量大小的调节。如图5-69所示为分段式墨斗剖面图。每个油墨区段有板条（琴键）1，共有32块。在由板条（琴键）组成的墨斗底面上铺有一整张涤纶片2，油墨放在涤纶片上。涤纶片是防止油墨进入板条下面的调节机构，便于清洗更换油墨。板条1的下端托着偏心柱5，由弹簧3支撑板条，使偏心柱的圆柱面始终靠紧涤纶片和墨斗辊4，共有32个偏心柱。当需要改变局部出墨量的大小时，由控制电路驱动微电机8转动，并通过螺旋副6及连杆7使偏心柱转动改变偏心柱5和墨斗辊4之间的空隙，从而调节该区域的出墨量。

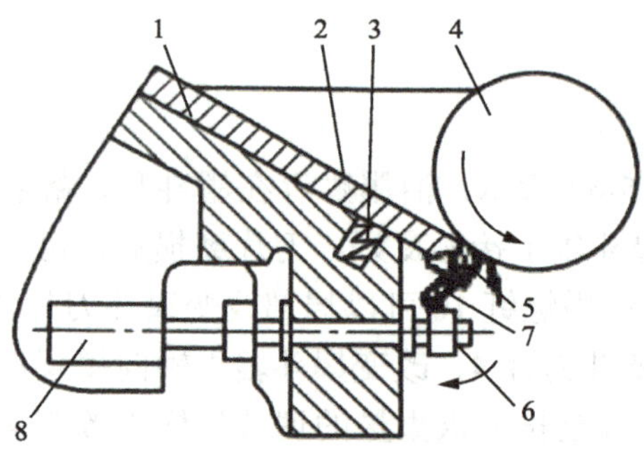

1—板条；2—涤纶片；3—弹簧；4—墨斗辊；5—偏心柱；6—螺旋副；7—连杆；8—微电机。

图 5-69　分段式墨斗剖面图

2）整体出墨量大小的调节。整体调节出墨量常用方法有以下两种。

① 改变墨斗辊的转角（采用棘轮棘爪机构或单向离合器），电机用于改变摆杆的长度，从而实现墨斗辊转角大小的调节。如图 5-70 所示，墨斗辊 8 的间歇转动是由安装于曲柄 2、连杆 3、摆杆 4、支架 5 和摆杆 6、7 驱动墨斗辊 8 轴上的单向离合器，使墨斗辊 8 单向逆时针间歇转动出墨。墨斗辊的出墨量由电机 15 控制，电机 15 通过齿轮 14、10 带动螺杆 9 转动，使摆杆 6 上的螺母上下移动。当螺母向上移动时，增大墨斗辊的摆动角度，即增大出墨量，反之将减少出墨量。

② 电机直接与墨斗辊联结，调节电机的转速即调节了墨斗辊的转动速度，就可使传墨辊与墨斗辊接触的弧长得到调节，也就调节了整体出墨量的大小。这种形式现在越来越普遍。

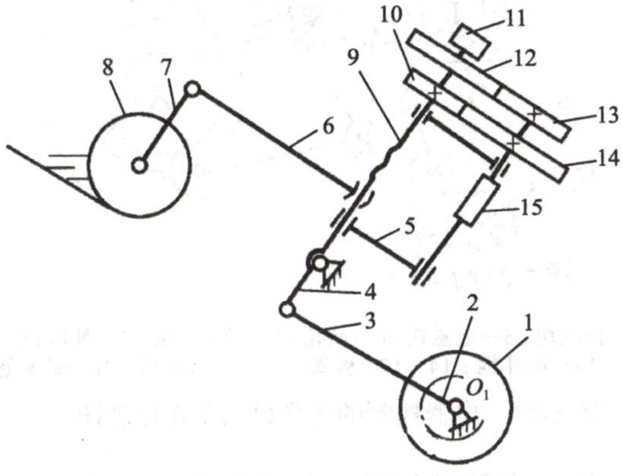

1—凸轮；2—曲柄；3—连杆；4、6、7—摆杆；5—支架；8—墨斗辊；9—螺杆；
10、12、13、14—齿轮；11—电位计；15—电机。

图 5-70　整体出墨量大小调节机构图

2. 传墨机构

（1）电器控制的传墨机构

1）墨斗辊的间歇转动。如图 5-71 所示，墨斗辊的间歇转动是由凸轮 6 上的曲柄 12、连杆 10 和摇杆 11 构成曲柄摇杆机构来带动棘爪 8 左右运动，推动棘轮 9 单方向逆时针间歇转动，由于墨斗辊 13 与棘轮 9 用键装在同一轴上，从而使墨斗辊实现间歇转动。棘轮盖板 7 用来调节棘轮 9 每次转动的角度，即实现墨斗辊整体出墨量大小的调节。

2）传墨辊正常传墨（往复摆动）及停止传墨。控制块 4 的动作由电磁铁 5 直接驱动，当合压印刷时接通电磁铁 5 的电路，迫使控制块 4 逆时针摆动，与摆杆 3 脱开，凸轮 6 使摆杆 3 摆动而带动传墨辊左右摆动实现正常传墨。当离压时，电磁铁 5 断电，弹簧

14 使控制块 4 摆回，阻止摆杆 3 摆动，传墨辊停止与墨斗辊接触，停止传墨。电磁铁的动作也可通过操作按钮直接接通和切断电源来实现。

3）传墨辊与串墨辊及墨斗辊之间压力的调节。转动蜗杆 2 经蜗轮改变偏心套 1 的位置，可以调节传墨辊与上串墨辊之间的压力，而传墨辊与墨斗辊之间的压力调节是通过松开锁紧螺母 16、转动调节螺母 15、改变弹簧 17 的拉力来实现的。

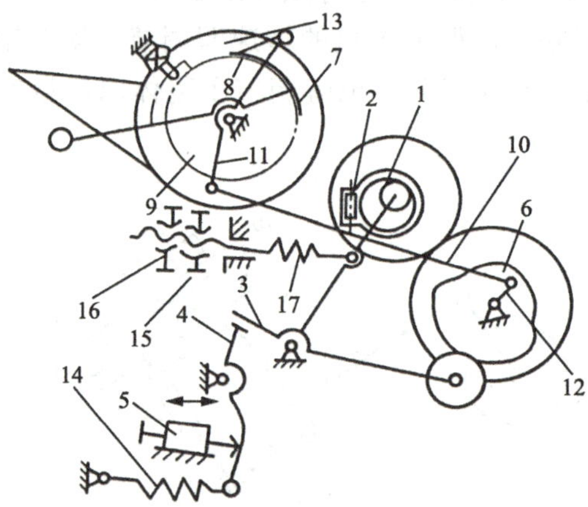

1—偏心套；2—蜗杆；3—摆杆；4—控制块；5—电磁铁；6—凸轮；7—棘轮盖板；8—棘爪；9—棘轮；10—连杆；11—摇杆；12—曲柄；13—墨斗辊；14、17—弹簧；15—调节螺母；16—锁紧螺母。

图 5-71　电器控制的传墨机构工作原理图

同时也要知道，传墨辊是在墨斗辊转动的过程中与其接触的。这就要求驱动墨斗辊的曲柄与使传墨辊摆动的凸轮要有正确的安装关系。

（2）气动控制的传墨机构

气动控制的传墨机构在进口机上常见。

1）传墨辊正常传墨（往复摆动）。如图 5-72 所示，传墨辊的摆动是由经过减速后的凸轮轴上的凸轮 10 驱动的，当凸轮 10 的高面与滚子 9 接触时，摆杆 7 绕支点 *A* 逆时针转动，从而迫使与之固联的摆杆支臂 14 逆时针摆动，顶动弹簧柱销 11，在压簧 13 的作用下，通过内孔螺柱 12 带动摆臂 16 绕支点 *A* 逆时针摆动（内孔螺柱 12 的外螺纹拧在摆臂端部的内螺纹中），从而使传墨辊 2 与墨斗辊 1 接触取墨，此时滚子 5 与凸轮 4 之间不接触，必须留一定的间隙保证传墨辊与墨斗辊充分接触。相反，当凸轮 10 的低面与滚子 9 接触时，传墨辊 2 摆向上串墨辊 3，接触传墨。

2）传墨辊停止传墨。当出现输纸故障或其他情况等需要停止传墨时，气缸 6 的活塞杆推动空套在上串墨辊轴上的凸轮 4 转动一个角度，使凸轮 4 高面顶动滚子 5，摆臂 16 绕支点 *A* 顺时针摆动一个角度，这时虽然传墨辊还在摆动，但传墨辊接触不到墨斗辊，即停止传墨。当正常印刷时，气缸活塞杆缩回，使凸轮 4 低面转向滚子 5，摆臂 16 绕支点 *A* 逆时针摆动一个角度恢复正常位置，进行传墨。此外，气缸 6 的活塞动作与离合压机构同时动作，即合压传墨，离压停止传墨。

3）传墨辊与墨斗辊及串墨辊之间压力的调节。传墨辊 2 与墨斗辊 1 的压力调节是依靠调节内孔螺柱 12，使弹簧的压缩量得到改变而实现的。传墨辊 2 与串墨辊 3 之间的压力是依靠调节螺钉 15 来完成的。压力的大小为 3 ～ 4mm 宽的墨痕宽度。

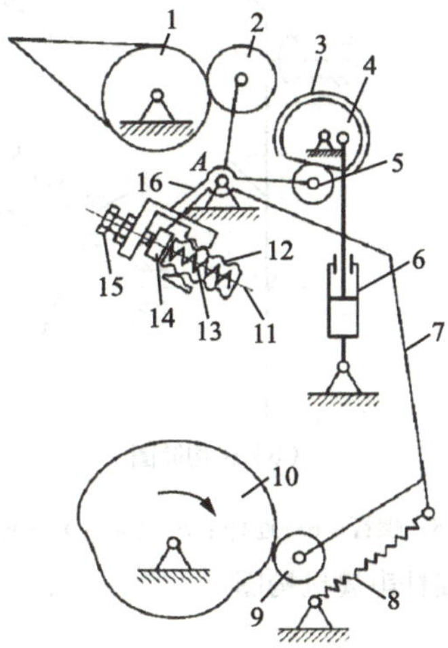

1—墨斗辊；2—传墨辊；3—串墨辊；4—凸轮；5、9—滚子；6—气缸；7、17—摆杆；8—拉簧；10—凸轮；11—弹簧柱销；12—内孔螺柱；13—压簧；14—摆杆支臂；15—螺钉；16—摆臂。

图 5-72　气动控制的传墨机构工作原理图

3. 串墨机构

（1）曲柄摇杆串墨机构

1）中串墨辊的串动。如图 5-73（a）所示，该机构装在机器的传动面外侧。固定在印版滚筒轴端的齿轮 1 带动齿轮 2，其传动比为 Z_1 ∶ Z_2=1 ∶ 2，带槽圆盘 3 安装在齿轮 2 的端部并用螺钉与齿轮 2 固连。带槽圆盘 3 上装有 T 形块 4，它在滑槽中偏离带槽圆盘 3 的中心位置。由于齿轮 2 的转动，T 形块 4 偏心转动带动连杆 6 上下运动，从而使摆杆 7 摆动，而摆杆 7 上的滚子 8 迫使中串墨辊轴向串动。中串墨棍的轴向窜动又通过杠杆机构（图中未画出）及滚子、挡环传给上、下串墨辊。

2）串动量大小的调节。可松开螺钉 5 来调节 T 形块 4 在滑槽中偏离带槽圆盘 3 的中心位置的多少来实现串动量大小的调节。串动量在 0 ～ 25mm 范围内任意调节。

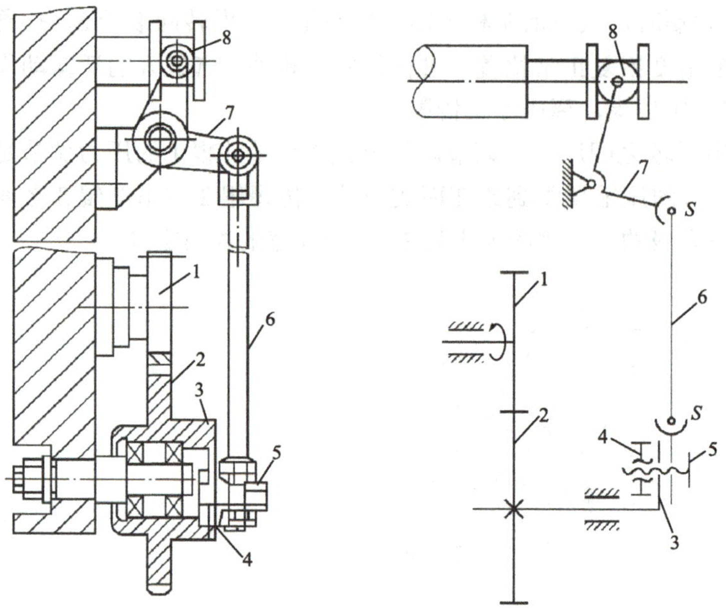

（a）机构位置示意图　　（b）机构简图

1、2—齿轮；3—带槽圆盘；4—T 形块；5—螺钉；6—连杆；7—摆杆；8—滚子。

图 5-73　曲柄摇杆串墨机构图

串墨辊串动量调节操作

（2）复合式串墨机构

1）串墨辊的轴向串动。如图 5-74 所示，公共套筒 6 上开有螺旋槽 8，在槽内装有滚珠 5，以此与固定衬套 3 分开。滚珠 5 又依附在固定套 3 的槽 9 内。当串墨辊外壳体靠摩擦力得到动力而转动时，公共套筒 6 不转，其上螺旋槽通过滚珠 5 而迫使串墨辊的外壳体 2 按正弦曲线做往复运动，这就完成了串墨辊的轴向运动。

2）特点。该机构串动量的大小不能调节，但结构紧凑，制造安装容易。

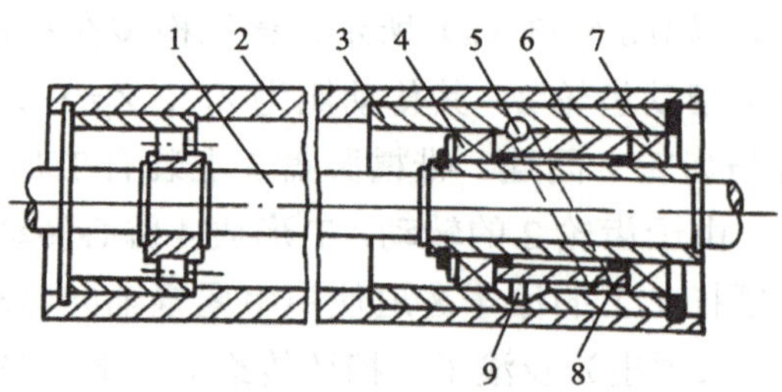

1—串墨辊；2—串墨辊的外壳体；3—固定衬套；4、7—滚柱轴承；5—滚珠；6—公共套筒；8—螺旋槽；9—槽。

图 5-74　复合式串墨机构图

4. 着墨机构

着墨辊与下串墨辊之间必须有适当压力，着墨辊和印版之间也必须有适当的接触压力。同时着墨辊还必须有着墨和离墨的功能。

（1）单偏心套式着墨辊与串墨辊及印版的压力调节及离着墨控制

1）着墨辊与串墨辊之间压力的调节。如图 5-75 所示，在着墨辊两轴头上装有偏心蜗轮 4，在摆杆 5 的座架上装有蜗杆 3，转动蜗杆 3 使偏心蜗轮 4 转动，实现着墨辊与串墨辊之间压力的调节。

2）着墨辊与印版滚筒之间压力的调节。如图 5-75 所示，松开锁紧螺母 8，逆时针转动调节螺杆 7，在压簧 6 的作用下，通过摆杆 5 增加着墨辊与印版滚筒之间的压力，压力调好后，拧紧锁紧螺母 8。

调节时，必须首先调节着墨辊与串墨辊之间的压力，然后调节墨辊与印版之间的压力。

3）着墨辊着墨和离墨。在印刷过程中，当输纸出现故障或需要停止印刷时，着墨辊必须与印版脱开即离墨。当合压进行印刷时，着墨辊与印版滚筒要接触即着墨。着墨辊的离墨与着墨是与滚筒离、合压相配合的。

如图 5-75 所示，当需要离墨时，控制气缸 1 的通气阀门打开，气缸 1 的顶杆伸出，使摆杆 2 绕支点 *A* 顺时针摆动，顶动摆杆 5 的座架，从而使着墨辊脱离印版滚筒。反之，当需要着墨时，控制气缸 1 的通气阀门关闭，气缸 1 的顶杆缩进，使摆杆 2 绕支点 *A* 逆时针摆动，在弹簧 6 的作用下，使着墨辊与印版滚筒接触，从而实现着墨。

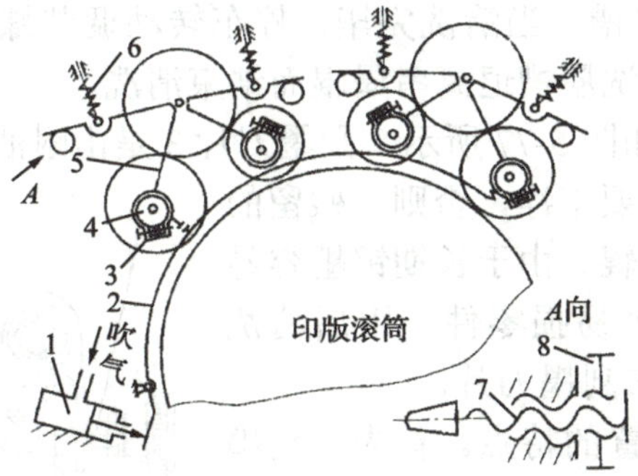

1—气缸；2—起落墨杆；3—蜗杆；4—偏心蜗轮；5—摆杆；6—压簧；7—调节杆；8—锁紧螺母。

图 5-75　着墨辊压力调节和起落机构图

（2）双偏心套式着墨辊与串墨辊及印版的压力调节

如图 5-76 所示，O_1 为内偏心套中心，O_2 为外偏心套中心，O_3 为着墨辊中心，A 为与外偏心套蜗轮相啮合的蜗杆，B 为与内偏心套蜗轮相啮合的蜗杆，O_S 为串墨辊中心，O_P 为印版滚筒中心。

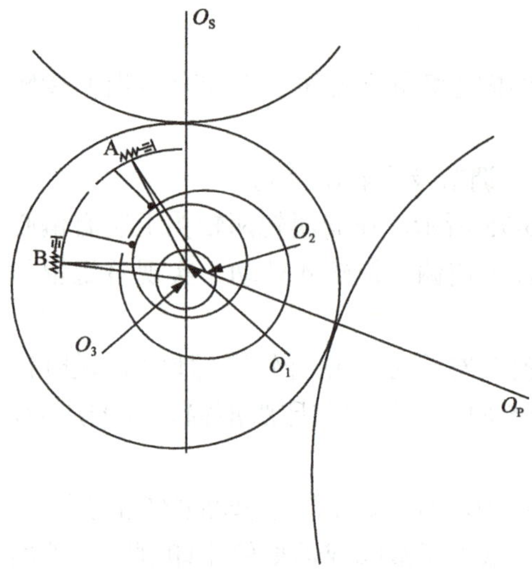

图 5-76　双偏心套式着墨辊机构简图

1）着墨辊与印版滚筒之间压力的调节。转动蜗杆 B 使内偏心套绕其中心 O_1 转动，从而改变了 O_3O_P 的中心距，也就调节了着墨辊与印版滚筒之间的压力。

2）着墨辊与串墨辊之间压力的调节。转动蜗杆 A 使外偏心套绕其中心 O_2 转动，从而改变了 O_3O_S 的中心距，也就调节了着墨辊与串墨辊之间的压力。

这种双偏心套式着墨辊机构的离着墨原理与单偏心套式着墨辊机构相同。

注意：有些机器的着水机构也与此相同。

5. 清洗墨辊机构

为防止油墨在胶辊上干燥结膜，降低胶辊表面的吸墨性能，每天下班前或当机器换色时，应用汽油或清洗剂（洗车水）将墨辊上的油墨清洗干净。

1）用洗墨器清洗墨辊上的油墨。如图 5-77 所示，当要清洗时，装上洗墨器，转动调节螺钉 1，通过洗墨槽两边的支架，使洗墨槽 2 向前移动，刮墨刀片 3 与串墨辊接触，喷洒清洗剂，开车高速运转。串墨辊是逆时针旋转的，这样，墨辊上的油墨都通过这根串墨辊被刮刀刮进洗墨槽。当清洗完毕，停车转动调节螺钉 1 反向退回，由于压簧的作用（图中未示出）将洗墨槽退离串墨辊而结束清洗。

2）洗墨器的保养。如图 5-77 所示，刮墨刀片 3 是由耐油橡胶制成的。清洗洗墨器时，刮墨刀片的背面一定要干净，否则，残留的油墨干燥变硬会损坏串墨辊。由于长期铲墨容易磨损，刮墨刀片 3 是一个易损零件，用后清洗干净，注意保存，勿碰伤刮墨刀片。

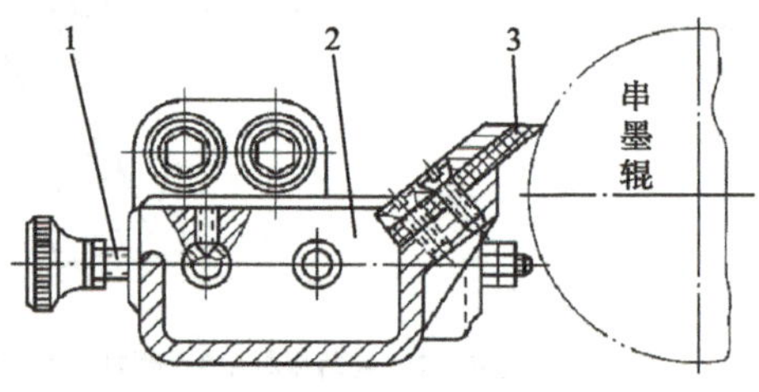

1—调节螺钉；2—洗墨槽；3—刮墨刀片。

图 5-77　洗墨器

3）自动清洗墨辊装置的特点。首先，刮墨刀片与墨辊接触或脱开是由计算机程序控制气动元件实现的；其次，清洗剂也是由计算机程序控制自动喷到墨辊上的，并且还有喷清水装置。

四、润湿装置概述

由于平版印刷（胶印）工艺利用了油水不相溶的原理，印刷时先给印版上水，使空白部分着水，再给印版上墨，使图文部分着墨。因为印版空白部分已有一层水膜，能排斥油墨的附着，所以平版胶印机除了设置输墨装置，还必须设有向印版供水的装置，称为润湿装置。

在给印版输墨时，存在着墨与水的接触，油墨混入一部分水并且乳化，形成油水混合的乳状液，油墨混入水量的临界值为16%～26%。若超过此值，则水墨平衡将受到破坏，油墨的延伸性和黏度将明显降低，墨辊之间油墨的传递将受到影响。由此可见，在印刷过程中应保持尽可能小的水量。

胶印用水，要求含杂质少，水质不能太硬，由实践得到，一般胶印用水为弱酸性。使水的酸性成分和印版的金属氧化层相互作用形成稳定的水膜，水溶液（润版液）的酸碱度应取 pH 值为 5 ～ 6 为宜。

对润湿装置的基本要求是在印刷过程中把水均匀、适量地传给印版表面。为此，润湿装置要有水量调节机构，以便有效地控制印版的水量，保持水墨平衡。

目前，国内外胶印机所采用的润湿装置大体上分为两大类，即接触式润湿装置和非接触式润湿装置。所谓接触式润湿装置就是水斗中的润湿液经过水斗辊、传水辊等一系列辊子接触传递给印版进行润湿，它又分为间歇式润湿装置、连续式润湿装置和酒精润湿装置 3 种类型，油墨可能会倒流到水槽中。非接触式润湿装置中水斗内的水不是经过全部水辊直接接触传递给印版进行润湿的，油墨不能倒流到水槽中，如刷辊式润湿装置和喷水式润湿装置。国内生产的平版单色胶印机大多采用接触式润湿装置中的间歇式润湿方式。国产及进口四色胶印机大多数采用接触式酒精润湿装置。

五、接触式润湿装置

1. 间歇式润湿装置

所谓间歇式润湿装置就是指水斗辊（亦称出水辊）可间歇转动或连续旋转（由直流电机驱动），传水辊往复摆动，断续地将润湿液传送给匀水部分的一种润湿方式，如图 5-78 所示。

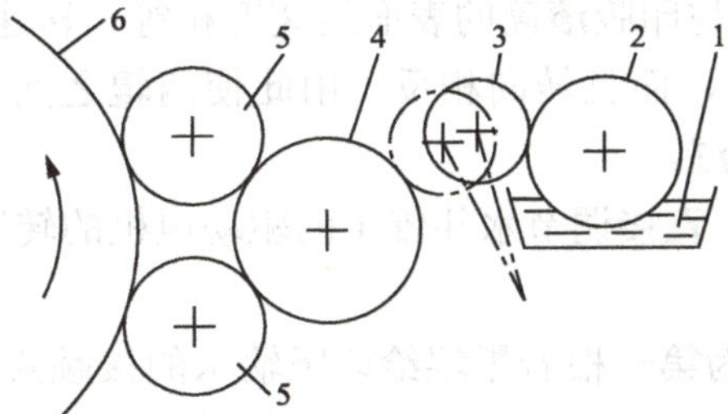

1—水斗；2—水斗辊；3—传水辊；4—串水辊；5—着水辊；6—印版。

图 5-78 间歇式润湿装置示意图

（1）间歇式润湿装置的组成

1）供水部分。这部分由水斗 1、水斗辊 2、传水辊（包绒布）3 组成，其作用是将水按印刷的需要定量均匀地供给匀水部分。

2）匀水部分。这部分指串水辊（不包绒布）4，其作用是将水在周向和轴向打匀并输送给着水辊，匀水部分只用一根辊子，这是由于水具有毛细管作用，容易均匀分布在包有绒布的辊子上。

3）着水部分。这部分由两根着水辊（包绒布）5 组成，其作用是将水均匀地涂布于印版 6 的空白部分上。

（2）对间歇式润湿装置的要求

与输墨装置相类似，为了满足给印版均匀、适量地上水，供水部分的供水量、着水部分的着水辊 5 与串水辊 4 及印版 6 的压力都要能进行调节。同时为适应滚筒的合压和离压，着水辊也有自动着水和离水机构。在印刷过程中，水斗中的溶液不断消耗，为使水斗中的溶液保持一定的水位，一般还需要设置自动加水器。

2. 连续式润湿装置

连续式润湿装置就是把间歇运动的水斗辊改为连续旋转，再去掉往复摆动的传水辊，使润湿液连续、均匀地供给印版进行润湿。连续式润湿装置可由着水辊直接给印版润湿，也可以将润湿液传给第一根着墨辊，然后由第一根着墨辊将润湿液传送给印版润湿。

（1）日本小森胶印机上的连续式润湿装置

如图 5-79（a）所示为日本小森 LITHRONE 型胶印机上的连续式润湿装置，该装置由水斗、水斗辊 1、计量辊 2、串水辊 3、着水辊 4 和重辊 5 组成。

1）润湿原理。该装置的润湿原理为水斗辊 1 由具有电子控制电路的电机驱动而连续旋转，转速比较慢，水斗辊通过齿轮传动使计量辊旋转，其供水量可由电机转速不同来调节。串水辊 3 由印版滚筒轴端齿轮驱动，着水辊 4 靠串水辊 3 和印版滚筒的摩擦力旋转。其表面线速度与印版滚筒的表面线速度相等，转速比较快。因此，计量辊 2 和串水辊 3 不但转速不等，而且转向相反，由此使两辊之间形成更薄的润湿膜，通过着水辊 4 均匀地给印版润湿。

2）水量大小的调节。直接调节水斗辊 1 的驱动电机的转速，就可调节水量大小。

（2）达格伦润湿装置

如图 5-79（b）所示为第一根着墨辊给印版输水的接触式连续润湿装置，该装置是由美国人哈罗德·达格伦（Harold Dahlgren）设计的，故称达格伦润湿装置。

1）润湿原理。如图 5-79（b）所示，水斗辊 6 由单独的电机驱动，水斗辊的表面线速度比印版滚筒的表面线速度低 20% ～ 50%，计量辊 7 由水斗辊带动旋转，润湿液在两者之间形成很薄的水膜。再利用水斗辊与第一根着墨辊 8 之间的速度差将水膜进一步辊薄打匀后，由着墨辊 8 将水传到印版上，对印版进行润湿。

2）水量大小的调节。直接调节水斗辊 6 的驱动电机的转速，或调节计量辊 7 与水斗辊 6 的中心距。

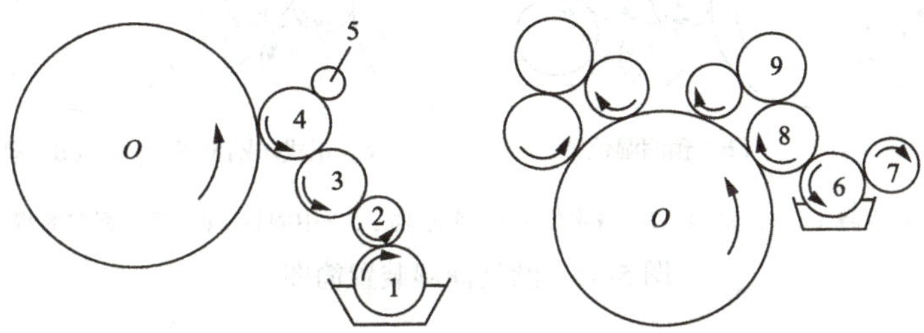

（a）日本小森LITHRONE型胶印机上的连续式润湿装置示意图　（b）达格伦润湿装置示意图

1—水斗辊；2、7—计量辊；3—串水辊；4—着水辊；5—重辊；6—水斗辊；8—着墨辊；9—串墨辊。

图 5-79　连续式润湿装置示意图

3. 酒精润湿装置

（1）酒精润湿液的优点

酒精的表面张力比较小，由图 5-80 可知，水滴与固体表面的接触角比加入酒精的溶液与固体表面的接触角大，接触角的大小与水中加的酒精溶液多少有关。若 θ 角小，则相同体积的液滴与固体表面接触面积越大，润湿效果越好。由实验得到，如果在水中加入纯度为 99% 的酒精 5% ～ 15%，则可以降低水的表面张力，相应地可增大对版面的润湿面积，这样就可减少润湿印版表面的水量，减少油墨的乳化程度。

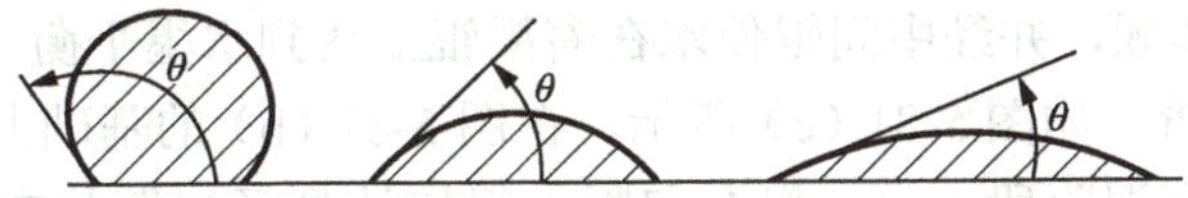

（a）100%水　（b）20%异丙醇　（c）25%异丙醇

图 5-80　水和酒精液体表面张力示意图

（2）酒精润湿装置的组成及工作过程

为防止酒精挥发，一般均采用封闭式润湿装置。

1）酒精润湿装置的组成。如图 5-81 所示为海德堡 CD102 型胶印机酒精润湿装置，该装置共由 5 个水辊组成，1 表面为橡胶材料的水斗辊，2 表面为镀有铬层的计量辊，3 表面为橡胶材料的着水辊，4 表面为有镀铝层的串水辊，5 表面为尼龙材料的中间辊，

6 为第一根着墨辊。

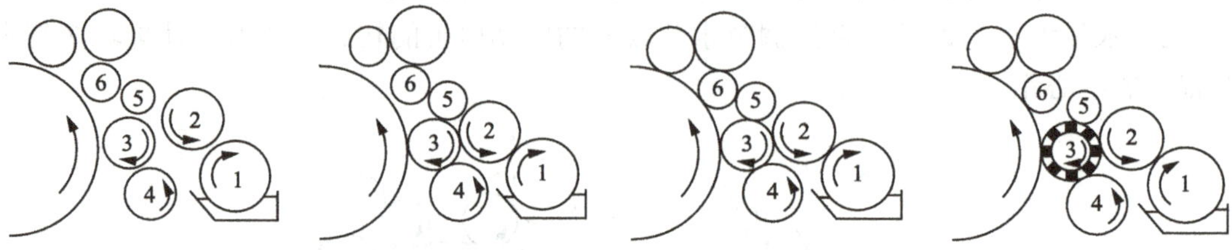

（a）非工作位置　（b）预润湿位置　（c）正式印刷位置　（d）第二种正式印刷位置

1—水斗辊；2—计量辊；3—着水辊；4—串水辊；5—中间辊；6—第一根着墨辊。

图 5-81　酒精润湿装置简图

2）海德堡 CD102 型胶印机酒精润湿装置的工作过程。润湿印版由预编的程序自动控制，且与纸张的输送、印刷、空转、停机等自动控制相联系，并同步进行。

水斗辊 1 直接由电机驱动，并由电子控制电路的速度补偿加以调节，再由其轴端齿轮传动计量辊 2。在水斗辊 1 和计量辊 2 之间形成极薄的润湿膜，润湿膜的薄厚由无级调节电机的速度快慢来控制。串水辊 4 由印版滚筒带动而旋转。着水辊 3 依靠与印版的摩擦力旋转，其转速比计量辊 2 快，两者接触时使润湿膜拉长而变薄，通过着水辊或通过着水辊与第一根着墨辊给印版着水。

第一种情况：在 CP2000 系统中，选择中间辊与着水辊及着墨辊接触的方式。

① 非工作位置。如图 5-81（a）所示，计量辊 2 与着水辊 3 脱开，着水辊、着墨辊都与印版脱离，但中间辊 5 与第一根着墨辊 6 及着水辊 3 是接触的（这样清洗墨辊时，润湿装置上的油墨能通过上墨装置进行清洗）。

② 预润湿位置。如图 5-81（b）所示，使计量辊 2 与着水辊 3 接触传水，中间辊 5 与第一根着墨辊 6 接触，着水辊 3 与印版接触，开始预润湿印版和着墨辊，使润湿薄膜通过着水辊进入印版，并经中间辊使水在着墨辊上达到水墨平衡。

③ 正式印刷位置。如图 5-81（c）所示，在图 5-81（b）的基础上，着墨辊与印版着墨。由于经过了预润湿阶段，水、墨在印版上很快达到了平衡状态，在墨辊上还设有吹风杆，会使过量的润湿液挥发掉。

第二种情况：在 CP2000 系统中，选择中间辊与着墨辊不接触的方式。

① 非工作位置。如图 5-81（a）所示。

② 正式印刷位置。如图 5-81（d）所示，使计量辊 2 与着水辊 3 接触传水，中间辊 5 与第一根着墨辊 6 脱开但与着水辊 3 接触，着水辊 3 与印版接触润湿印版。

3）水量大小的调节。调节水斗辊 1 的驱动电机转速即可调节水量大小。

现在，德国、美国、日本等一些国家的平版胶印机普遍采用了酒精润湿装置。

六、非接触式润湿装置

1. 气流喷雾润湿装置

（1）工作原理

如图 5-82 所示为德国海德堡公司的 Speedmaster 平版胶印机气流喷雾润湿装置。水斗辊 1 由单独的直流调速电机驱动，并浸入水槽中旋转。多孔圆柱网筒 5 套有细网编织的外套并由水斗辊 1 利用摩擦带动旋转。压缩空气室 6（由风泵供气）的一侧沿轴向开有一排喷气口，将水斗辊 1 传给网筒 5 的水喷呈雾状射到匀水辊 7 上，再由串水辊 8 经着水辊 9 向印版润湿。

（2）水量大小的调节

如图 5-82 所示，由于喷射的角度可以调整，沿水斗辊 1 轴向的一排调节螺钉 4 用来调节橡皮刮刀 3 与水斗辊 1（表面镀铬）的间隙，从而可以调节沿水斗辊轴向各区段的给水量。该装置中另设水箱，由水泵不停地给水斗 2 循环供水。整体供水量可以通过调节水斗辊转速来控制。

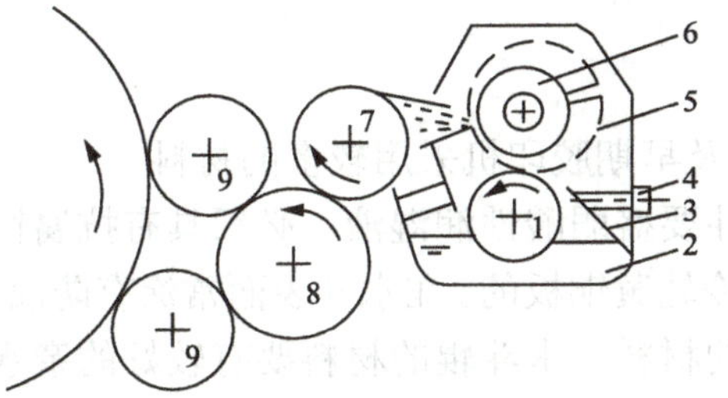

1—水斗辊（镀铬）；2—水斗；3—橡皮刮刀；4—调节螺钉；5—网筒；6—压缩空气室；7—匀水辊；8—串水辊；9—着水辊。

图 5-82　Speedmaster 平版胶印机气流喷雾润湿装置简图

（3）喷雾润湿装置的特点

供水部分和着水部分不直接接触，润湿液不会倒流，能保持水斗中润湿液的清洁干净。供水量可以通过调节水斗辊转速来控制。这种装置给印版着水的均匀度效果较好。

此外，还有喷嘴润湿装置、空气刮刀润湿装置等。

2. 刷辊给水润湿装置

（1）工作原理

如图 5-83 所示为日本三菱胶印机的一种毛刷辊润湿装置。水斗辊 1 做成毛刷式辊子，直接由电机带动旋转，将水斗中的水带起，由刮板 2 将水弹向串水辊 7，其水量

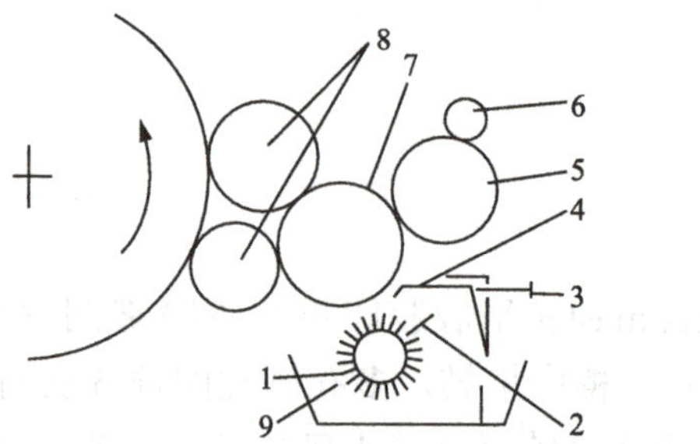

1—水斗辊（毛刷辊）；2—刮板；3—调节螺钉；4—遮水板；5—匀水辊；6—重辊；7—串水辊；8—着水辊；9—水斗。

图 5-83　毛刷辊润湿装置简图

大小由调节螺钉 3 调节遮水板（琴键式）4 的位置来决定，并经着水辊 8 传给印版。

（2）水量大小的调节

1）如图 5-83 所示的润湿装置。整体调节时，调节水斗辊驱动电机的转速；局部调节时，可调整遮水板的位置。因此，该装置可以精确地控制上水量的大小。

2）美国高斯公司的毛刷辊润湿装置。整体调节时，调节水斗辊驱动电机的转速；局部调节时，与日本三菱胶印机不同的是可单独自由地调节刮板 2 与水斗辊 1 的位置。这是由于刮板在轴上分段装配（琴键式），各段可单独调节，刮刀也可以通过电机遥控，实现自动调节供水量的大小。

七、润湿装置的材料及自动上水器

1. 润湿装置的材料

（1）国产平版胶印机及早期胶印机采用较多的材料

1）水斗的材料。水斗要盛弱酸性润湿液，必须具有抗腐蚀性。因此一般采用铜合金材料，还有选用 HG-2 冷轧黄铜板的。在水斗表面常涂有防腐层，如耐酸漆、沥青等。

2）水斗辊及串水辊的材料。水斗辊的材料要有较好的亲水性和较强的抗腐性，通常选用铬及铬镍合金，也可选用碳钢镀铬。镀铬水斗辊亲水性好，能较好地防止上墨现象。串水辊可以选取与水斗辊相同的材料。

3）传水辊和着水辊的材料。传水辊和着水辊一般由铁心覆以胶质材料制成。目前国内多选用橡胶材料，外包 2mm 厚的绒布，包绒布的作用是利用毛细管原理吸取水分。

（2）现代进口胶印机采用较多的材料

水斗辊、着水辊为表面覆有橡胶的橡胶覆层辊；计量辊为表面镀铬的光辊；串水辊为表面镀铬的无光辊；中间辊表面为尼龙覆层辊。

2. 自动上水器

胶印机工作时，水斗中的水不断地被消耗掉，为了保持水斗中维持一定的水位，使印版得到稳定、均匀的供水，胶印机都配备有自动上水器。

（1）真空式自动上水器的工作原理

如图 5-84 所示，随着印刷的进行，水斗中的水位不断下降，当水位降到塑料管 4 出水口与水面离开时，由于储水箱 6 内的气压低于大气压，外面气体经出水口进入箱内使水流出。当水面高于管口时，储水箱内外气压达到平衡，水箱的水不再流出。该结构简单，但储水箱必须密封良好，否则难以控制水槽的水位，目前这种上水器被广泛应用在各种小型的平版胶印机上。

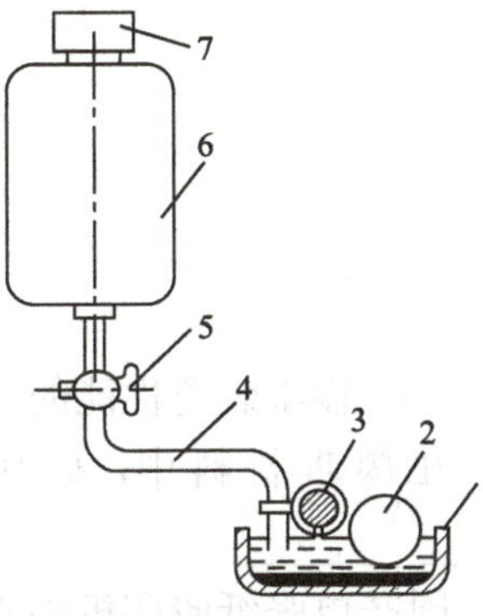

1—水斗；2—水斗辊；3—拉轴；4—塑料管；5—旋塞；6—储水箱；7—密封盖。

图 5-84　真空式自动上水器工作原理图

此外，还有水泵式上水器、风动式上水器等。

（2）酒精润湿液集中循环控制系统

1）保持水斗中液面高度不变。如图 5-85 所示，水斗辊 10 浸在水斗 2 的润湿液中，印刷时所消耗的水量使液面低于润湿液，由水泵 7 经出水管 9 将储水箱 12 中的水打入水斗里。水斗的水面超过回水管 3 的溢口时，则流回储水箱 12 中。当储水箱的水面被消耗到最低位时，储水箱上的绿色灯熄灭，以示添加润湿液。润湿液有无感应器 1 只感应水斗 2 润湿液的有无，并不控制润湿液的高度。

2）保持酒精的浓度不变。系统中的酒精百分比自动补偿装置是将一酒精浓度感应器（液体密度计）8 置于润湿液中漂浮，只要润湿液中酒精的含量发生变化，促使酒精浓度感应器上下移动，当小到调定的百分比值时，会自动从酒精容器 6 中把酒精抽到储水箱中，一直补充到所设定的百分比为止。酒精百分比一般设置为 12.5%。

3）保持润版液温度不变。系统中的冷却器一般由温度感应器 4、冷冻机 5（或热交换器或一组吸热管）组成，起到控制水温的作用，温度一般设定在 10℃。控制水温的目的是防止酒精挥发。

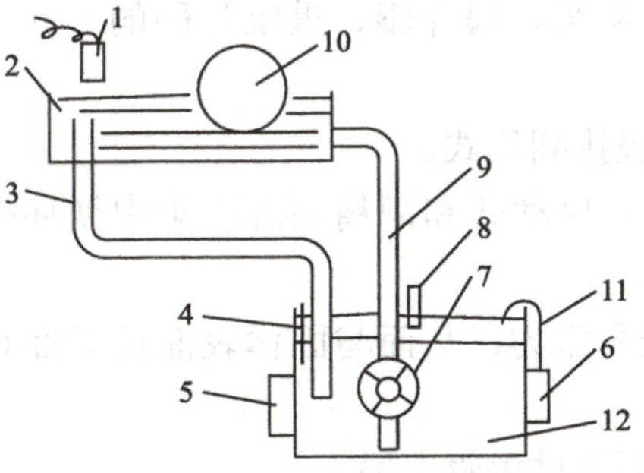

1—润湿液有无感应器；2—水斗；3—回水管；4—温度感应器；5—冷冻机；6—酒精容器；7—水泵；8—酒精浓度感应器（液体密度计）；9—出水管；10—水斗辊；11—橡胶管；12—储水箱。

图 5-85　酒精润湿液集中循环控制系统

4）稳定润湿液中的 pH 值。有些机器中装有 pH 值稳定装置，“pH 值测定电极”置于润湿液中，当润湿液中 pH 值增大时，将触动 pH 值调整剂开关，添加调整液，直到水槽中润湿液的 pH 值达到所要求的值。一般 pH 值控制在 5～6 之间。

但有些机器没有装 pH 值稳定装置，一般靠人工检验并往水箱中添加调整剂，控制润版液的成分比例来保证 pH 值。

练习与测试

一、填空题

1. 反映输墨装置性能的几个主要指标是 ______________________________。

2. 在墨辊材料中，硬质墨辊材料为 ________ 或 ________，软质墨辊材料为 ________________。

3. 国产单张纸胶印机输水装置中软质辊是 ______________ 和 ______________。

4. 油墨的乳化现象是指 ________________________________。

5. 目前，国内外单张纸胶印机的润湿装置大体上分为两类，即 ________ 和 ________。

6. 胶印机的印刷速度越高，着墨辊的数目应该 ____________________________。

二、判断题（正确的打“√”，错误的打“×”，并将错误的部分改成正确的）

（　　）1. 输墨装置由供墨部分、匀墨部分和着墨部分 3 个部分组成。

（　　）2. 贮墨系数越大，自动调节墨量的性能越好，难以保证一批印刷品墨色深浅一致。

（　　）3. 匀墨系数越大，则匀墨性能越好，所以可以无限增大匀墨部分墨辊直径来增大匀墨系数。

（　　）4. 所有单色单张纸胶印机的墨辊数量应该一样多。

（　　）5. 墨辊排列是软、硬相间排列的。串墨辊、墨斗辊、重辊是硬的，其余是软的。

（　　）6. 墨辊排列都是以串墨辊为中心的三级排列形式。

（　　）7. 自动上水器主要为真空式、水泵式、风动式和酒精润湿液集中循环控制系统。

（　　）8. 在水中加适量的酒精可增大水的表面张力，从而与固体表面接触面积大，润湿效果较好。

（　　）9. 任何胶印机都是先经过水辊上水，后经过墨辊上墨。

（　　）10. 在 J4104 型胶印机上传水辊、着水辊上套上绒布套的原因是水具有毛细管作用，有利于水的传递。

（　　）11. 酒精润湿液集中循环控制系统酒精的浓度一般设定为 12.5%，温度一般设定为 10℃。润湿液的 pH 值为 5 ～ 6 之间。

（　　）12．采用达格伦润湿装置换色时必须更换水辊。

（　　）13．为了尽快打匀油墨，上串墨辊直径应选得小些。

（　　）14．为了使各水辊接触良好，安排时要使软辊与硬辊相间排列。

三、选择题

1．下列说法正确的是（　　）。

A．供墨部分由墨斗辊和传墨辊两部分组成

B．匀墨部分主要由串墨辊、匀墨辊和重辊 3 种辊组成

C．着墨部分一般由 4 根着墨辊组成，每根着墨辊的作用是一样的

D．匀墨系数是匀墨辊面积之和与印版面积之比

E．着墨率是着墨辊面积之和与印版面积之比

2．关于 J4104 型胶印机，下列说法正确的是（　　）。

A．出墨量大小的调节可以通过改变墨斗辊转角大小来进行

B．出墨量大小的调节可以通过改变墨斗刀片与墨斗辊间隙来进行

C．供墨机构由墨斗、墨斗辊、传墨辊组成

D．墨斗辊是逆时针、顺时针双向交替并连续转动的

E．串墨辊上的转速必须经过减速才能推动墨斗辊的间歇转动

3．关于 SM52-4 型胶印机，下列说法正确的是（　　）。

A．出墨量大小的调节可以通过改变墨斗辊转角大小来进行

B．出墨量大小的调节可以通过改变墨斗刀片与墨斗辊的间隙来进行

C．供墨机构由墨斗、墨斗辊、传墨辊组成

D．墨斗辊是逆时针、顺时针双向交替并连续转动的

E．串墨辊上的转速必须经过减速才能推动墨斗辊的间歇转动

4．下列说法正确的是（　　）。

A．串墨辊一般有一根上串墨辊、一根中串墨辊和两根下串墨辊

B．串墨辊靠齿轮带动旋转，而其他辊子靠摩擦带动旋转

C．串墨辊能轴向窜动，而其他辊子仅有靠摩擦带动的旋转运动

D．着墨辊给印版着墨与离墨既能自动控制又能手动操作

E．4 根着墨辊与印版的压力是否合适，可以通过观察着墨辊在印版上的油墨压痕宽度，一般从第一根到最后一根在印版上压痕分别为 5、5、4、3

5．关于润湿装置，下列说法正确的是（　　）。

A．接触式润湿装置可分为连续式润湿装置、间歇式润湿装置和酒精润湿装置 3 种

B．非接触式润湿装置可分为刷辊给水润湿装置和气流喷雾润湿装置

C．SM52-4 型胶印机的着水辊表面需要包一层绒布套
D．SM52-4 型胶印机没有传水辊
E．水斗的材料最好为塑料

6．各根着墨辊对印版滚筒的压力应为（　　）。
A．相同
B．前两根压力大，后两根压力小
C．前两根压力小，后两根压力大
D．各根压力大小均不相同

7．着墨部分的作用是（　　）。
A．将油墨传给匀墨辊　　B．将油墨涂敷在印版上
C．将油墨变成薄而匀的膜层　D．贮存油墨

8．串水辊为了达到匀水的目的，它具有（　　）。
A．旋转运动　　B．摆动　　C．轴向串动
D．间歇运动　　E．偏心转动

9．墨辊之间产生必要的压力是保持（　　）的需要。
A．正常的摩擦传动　　B．齿轮传动　　C．辗匀油墨
D．传墨辊摆动　　E．轴向移动

10．传墨辊的旋转运动是通过（　　）带动的。
A．墨斗辊的摩擦　　B．墨斗辊的齿轮　　C．串墨辊的摩擦
D．串墨辊的齿轮　　E．墨斗辊的链轮

11．选择软质墨辊材料时，硬度不能过高，否则将造成（　　）现象。
A．墨色不匀　　B．网点不清晰　　C．耐热性差
D．墨杠　　E．对油的亲和力差

12．输墨装置的工作特性主要由（　　）来衡量。
A．墨辊的供墨量　　B．油墨的传递速度
C．墨辊之间的压力　　D．油墨层的均匀程度

13．输墨装置中墨辊的排列应为（　　）。
A．软硬相间　　B．先软后硬
C．先硬后软　　D．任意安排

14．单张纸胶印机的输墨运动包括（　　）。
A．墨辊的旋转运动　　B．串墨辊的轴向窜动　　C．墨斗辊的间歇转动
D．传墨辊的摆动　　E．着墨辊的上下移动

15．刷辊给水润湿装置具有（　　）特点。
A．连续给水　　B．间歇给水　　C．给水均匀
D．能够控制水量　　E．水液不会倒流

16．常见的润湿装置有（　　）。

A．水斗辊　　B．传水辊　　C．串水辊

D．重辊　　E．着水辊

17．采用着墨辊收墨装置的优点是（　　）。

A．沿整个印版宽度均匀供墨

B．油墨用量很小

C．着墨辊不易磨损

D．残留在油墨中的杂质不会与新油墨相混

E．印刷幅面大

18．传墨辊在摆动时与（　　）相接触。

A．墨斗辊　　B．串墨辊　　C．匀墨辊

D．重辊　　E．着墨辊

19．胶印机串水辊的作用是（　　）。

A．提供润湿液　　B．均匀润湿液

C．给印版着水　　D．调节润湿量

20．在达格伦润湿装置中，着墨辊担负着（　　）作用。

A．着水　　B．匀水　　C．着墨

D．匀墨　　E．供水

四、简答题

1．根据分段式墨斗剖面图（图5-69），说明出墨量大小调节的工作原理。

2．根据电器控制的传墨机构工作原理图（图5-71）回答以下问题。

（1）墨斗辊间歇转动是怎样实现的？

（2）如何控制传墨辊传墨和停止传墨？

（3）如何调节传墨辊与墨斗辊及上串墨辊的压力？

3．根据着墨辊压力调节和起落机构图（图5-75）回答以下问题。

（1）如何调节着墨辊与串墨辊及印版的压力？

（2）着墨辊是如何实现着墨和离墨的？

4．根据酒精润湿装置简图（图5-81）回答以下问题。

（1）说明其工作原理。

（2）如何调节出水量大小？

项目六

印刷装置调节

印刷装置是胶印机的主要组成部分，是直接完成图像转移的设备。因此，它是胶印机的核心部件。只有结构合理、调节得当、处于良好工作状态的印刷部件，才能印出高质量的印刷品。

实训任务一　印版及橡皮布的拆装

1. 任务解读

每印刷一个产品就需要拆装印版一次，印版安装是否规范关系到印刷品的印刷质量。因此，在胶印机操作中正确拆装印版和橡皮布就显得尤为重要。

2. 设备、材料及工具准备

1）设备：国产或进口单色或多色单张纸胶印机 1 ～ 5 台。

2）材料：①已裁切好的纸张 500 张；②晒好的印版 1 张或 1 套，并由实训指导教师预先安装好；③胶印树脂快干油墨 1 桶或 1 组，以及足够的润湿液等；④油墨清洗剂 5L/ 组。

3）工具：内六角、外六角扳手各 5 套，胶印机其他常用操作工具 1 套。

海德堡胶印机自动装版

每人领取 1 份实训报告，实训结束时，教师根据学生操作过程及效果进行点评；按评分标准进行评分。

3. 操作步骤

（1）拆卸印版

操作步骤如图 6-1 所示。

1）反向点动印版滚筒至印版拖梢处，松开拖梢紧固版夹如图 6-1（a）所示。印版滚筒版夹结构图如图 6-2 所示。

2）从版夹内取出印版拖梢边，如图 6-1（b）所示。

3）继续反向点动至印版咬口，右手提起印版拖梢处缓慢拉出印版，注意不要擦伤印版图文，如图 6-1（c）所示。

4）松开咬口版夹，取出印版和衬纸，如图 6-1（d）所示。

5）反向点动印版滚筒至拖梢处，用扳手转动印版滚筒传动面侧缺口轴，使拖梢版夹回到最低点，如图 6-1（e）所示。

手动拆卸印版操作

（a）松开拖梢紧固版夹

（b）取出印版拖梢边

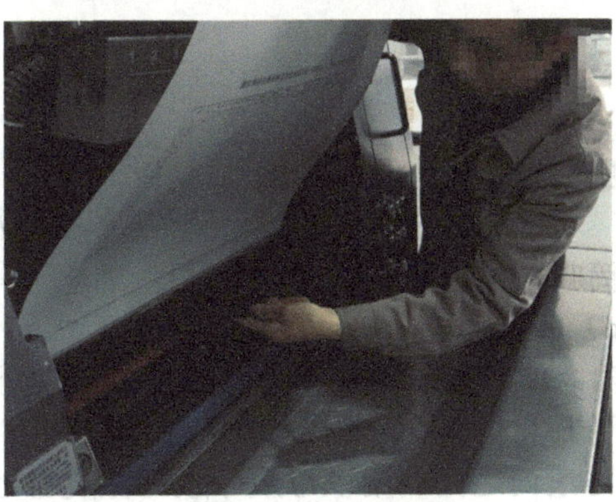

（c）缓慢拉出印版

（d）取出印版和衬纸

图 6-1　拆卸印版操作步骤

（e）使拖梢版夹回到最低点

图 6-1（续）

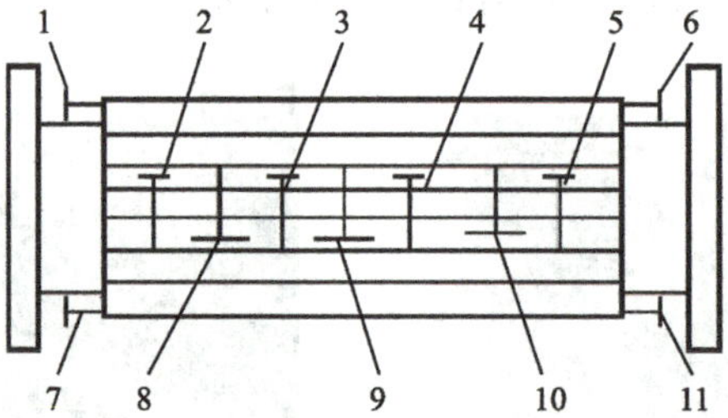

印版滚筒版夹结构简图

1、6、7、11—顶版螺钉；2 ～ 5—拖梢边拉版螺钉；8 ～ 10—咬口边拉版螺钉。

图 6-2 印版滚筒版夹结构图

（2）安装印版

操作步骤如图 6-3 所示。

手动安装印版操作

1）正向点动至印版滚筒空当处，如图 6-3（a）所示。

2）装版前，要先将手动压印开关扳到合压位置，正向点动印版滚筒转动一周，如图 6-3（b）所示。

3）将已弯边的印版咬口仔细插入印版滚筒咬口边夹紧板，直至印版两定位孔完全卡住定位凸键，如图 6-3（c）所示。

4）用装版扳手旋紧夹紧装置的方头夹紧轴，使印版牢固夹紧，如图 6-3（d）所示。

5）正向点动印版滚筒，旋转一小角度，便于下一步放衬垫纸，如图 6-3（e）所示。

6）将衬垫纸整齐、平整、居中放入印版与滚筒之间，用以形成印版与橡皮布之间的压力，如图 6-3（f）所示。

7）正向点动胶印机至印版拖梢处，使之平服紧密贴于滚筒表面，如图 6-3（g）所示。

8）将印版拖梢插入夹紧板，并使两边靠紧一致，如图6-3（h）所示。

9）用装版扳手旋紧滚筒拖梢夹紧装置的方头夹紧轴，使印版牢固夹紧，如图6-3（i）所示。

10）印版夹紧后，将手动压印开关离压，正向点动空转一周，如图6-3（j）所示。

11）正向点动印版滚筒至拖梢处，用扳手转动印版滚筒传动面侧缺口轴，使拖梢版夹拉紧印版，如图6-3（k）所示。

（a）点动至印版滚筒空当处

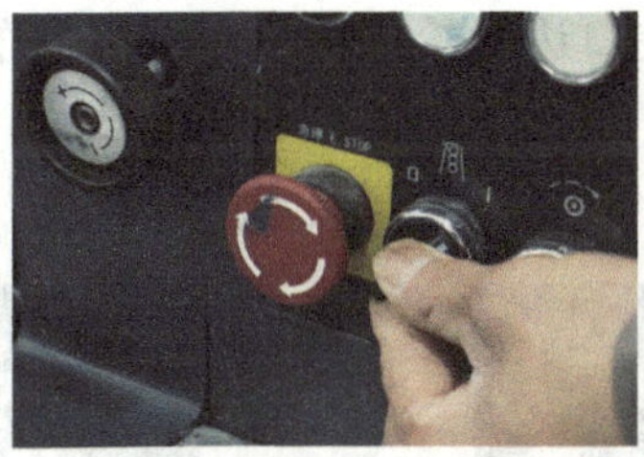
（b）正向点动印版滚筒转动一周

（c）印版两定位孔完全卡住定位凸键

（d）旋紧方头夹紧轴

（e）正向点动印版滚筒，旋转一小角度

（f）放入衬垫纸

（g）正向点动胶印机至印版拖梢处

（h）将印版拖梢插入夹紧板

（i）再次旋紧方头夹紧轴

（j）正向点动压印开关空转一周

（k）使拖梢版夹拉紧印版

图6-3 安装印版操作步骤

（3）拆卸橡皮布

操作步骤如图 6-4 所示。

1）卸下安全护板，如图 6-4（a）所示。

2）用六角套筒扳手松开拖梢边蜗轮蜗杆机构，使橡皮布拖梢处夹脱开，如图 6-4（b）所示。

3）将橡皮布拖梢夹托起，如图 6-4（c）所示。

4）反向点动胶印机至咬口边，将橡皮布缓慢拉出，如图 6-4（d）所示。

5）用六角套筒扳手旋松咬口边蜗轮蜗杆机构至橡皮布咬口处夹脱开，如图 6-4（e）所示。

6）取出橡皮布、衬垫纸，如图 6-4（f）所示。

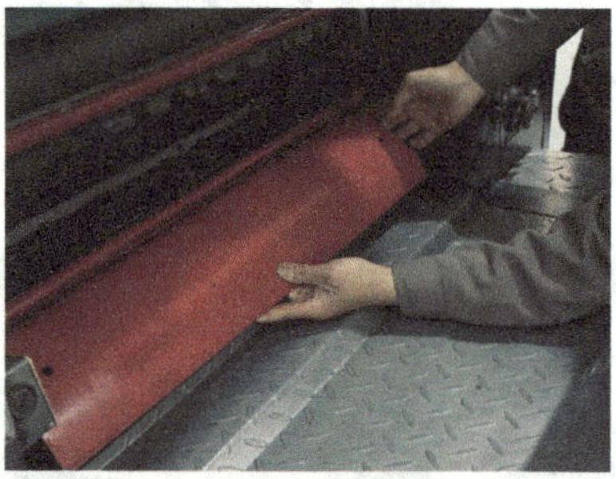

（a）卸下安全护板

（b）松开拖梢边蜗轮蜗杆机构

（c）将橡皮布拖梢夹托起

（d）将橡皮布缓慢拉出

（e）旋松咬口边蜗轮蜗杆机构

（f）取出橡皮布、衬垫纸

图 6-4　拆卸橡皮布操作步骤

（4）安装橡皮布

操作步骤如图 6-5 所示。

更换橡皮布操作

1）适当旋紧螺栓，使 3 个棱边处于同一平面，以便装衬纸和橡皮布，如图 6-5（a）所示。

2)将已折边的衬纸居中放在橡皮滚筒夹槽处，如图 6-5(b)所示。

3）将已装夹好橡皮布的前铁夹装于橡皮滚筒固定导槽内，如图 6-5（c）所示。

4）将橡皮布前夹紧板在弹簧压口卡住，然后检查夹紧板卡入位置是否正确，确保安全可靠，将咬口边螺栓预紧 1 ～ 2 圈，如图 6-5（d）所示。

5）正向点动胶印机，用手轻轻把橡皮布平服压向橡皮滚筒表面，直到后夹铁位于可装位置，如图 6-5（e）所示。

6）用撬棍将后夹铁夹压到被弹簧压板卡口卡住位置，要确保后夹铁达到固定牢靠，如图 6-5（f）所示。

7）用六角套筒扳手张紧拖梢边蜗轮蜗杆机构，使橡皮布拉紧，然后拉紧咬口处橡皮布，反复确认橡皮布已张紧，如图 6-5（g）所示。

8）装上安全护板，如图 6-5（h）所示。

（a）旋紧螺栓

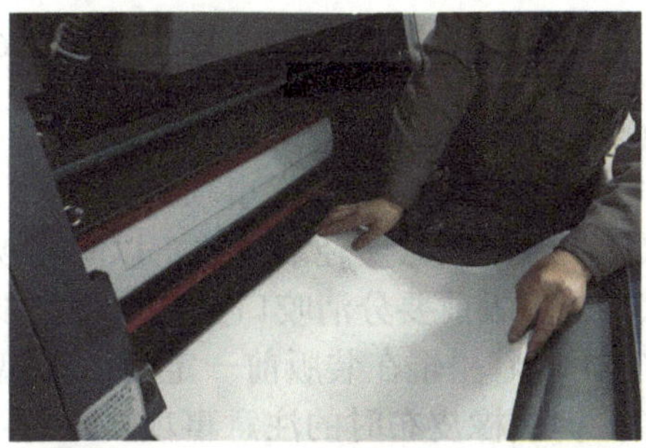

（b）放入衬纸

（c）安装前铁夹

（d）将咬口边螺栓预紧1～2圈

图 6-5　安装橡皮布操作步骤

（e）安装橡皮布

（f）夹压后夹铁夹至固定位置

（g）张紧橡皮布

（h）装上安全护板

图 6-5（续）

（5）注意事项

1）安装印版时的注意事项。

① 在拿印版时要轻拿轻放，以防出现马蹄印，并要避光放置。

② 装印版前要分清咬口方向，版夹要居中。

③ 4 根着墨辊在装版前一定要手动离压。

2）拆装橡皮布时的注意事项。

① 正确判断橡皮布的丝缕方向应与滚筒轴向垂直。

② 正确计算橡皮布衬垫的厚度。

③ 放衬垫时要理齐，居中平放，不能有折角和杂物。

④ 在拆装橡皮布时要注意不要碰伤橡皮布表面。

⑤ 装完橡皮布后要检查是否张紧。

实训任务二 拉版与借滚筒（校版）的操作

1. 任务解读

当图文没有印到纸张要求的印刷位置时，可通过拉版和借滚筒来改变图文在纸张上的位置。

2. 设备、材料及工具准备

1）设备：国产或进口单色或多色单张纸胶印机 1 ～ 5 台。

借滚筒操作

2）材料：①已裁切好的 80g 双胶纸 500 张；②晒好的印版 1 张或 1 套，并由实训指导教师预先安装好；③胶印树脂快干油墨 1 桶或 1 组，以及足够的润湿液等；④油墨清洗剂 5L/ 组。

3）工具：内六角、外六角扳手各 5 套，胶印机其他常用操作工具 1 套。

每人领取 1 份实训报告，实训结束时，教师根据学生操作过程及效果进行点评；按评分标准进行评分。

3. 操作步骤

（1）拉版

假设印刷图文太靠近拖梢边，则应向咬口方向拉版。

1）松开（逆转）拖梢边拉版螺钉 2 ～ 5，使螺钉离开空当边口，如图 6-6 所示。

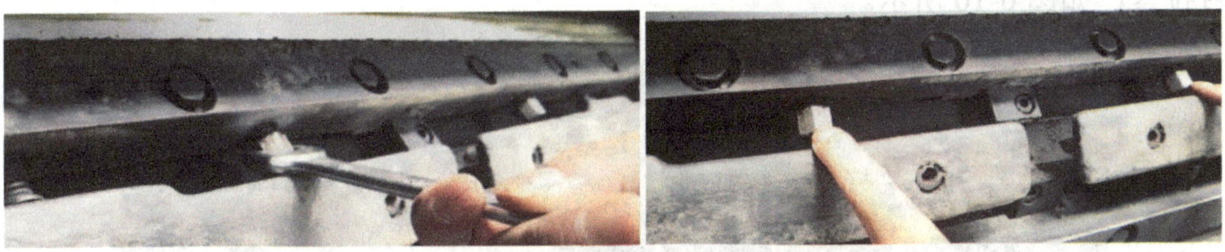

图 6-6　松开拖梢边拉版螺钉

2）用扳手扳动顶版螺钉 1、6、7、11，使螺钉头平面离开肩铁内壁，如图 6-7 所示。

图 6-7　扳动顶版螺钉

3）拉（顺转）咬口边拉版螺钉 8 ～ 10，使咬口边版夹带着印版及拖梢边版夹向咬口方向移动，如图 6-8 所示。

图 6-8　拉咬口边拉版螺钉

4）紧（顺转）咬拖梢边拉版螺钉 2 ～ 5，使螺钉顶紧空当边口，如图 6-9 所示。

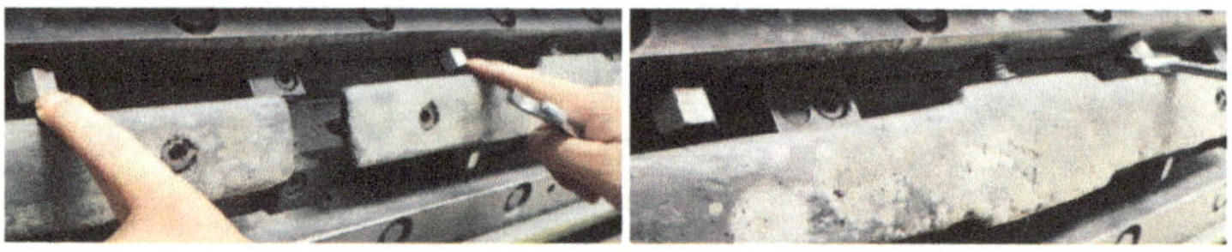

图 6-9　紧咬拖梢边拉版螺钉

5）用扳手扳动顶版螺钉 1、6、7、11 使螺钉头平面肩铁内壁顶紧，并检查各螺钉是否拉紧，如图 6-10 所示。

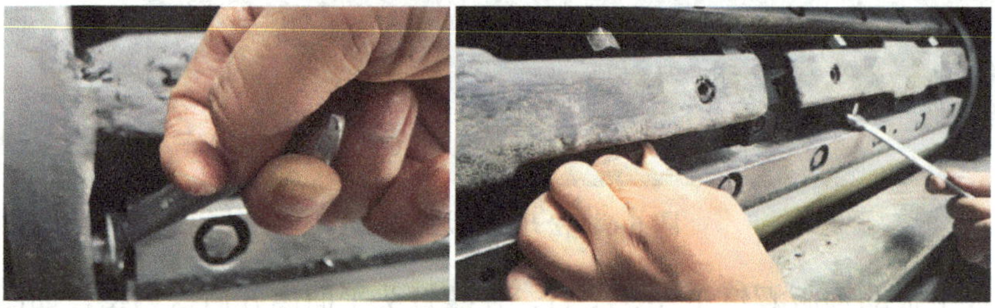

图 6-10　检查螺钉

（2）调节借滚筒

试印几张印刷品（至少 3 张），查看输纸状态是否良好，确保所取样的几张印刷品横向和纵向规矩线（或十字线）都处于同一位置。在拉版拉平的前提下，根据印刷品的要求，通过调节印版滚筒相对于橡皮滚筒位置的改变，使印版图文转移到橡皮布，最后使转移到承印物的图文位置发生改变。

借滚筒结构如图 6-11 所示，调节借滚筒的操作步骤如图 6-12 所示。

1）通过套筒松开印版滚筒 1 ～ 4 这 4 个固定螺栓，如图 6-12（a）所示。

2）利用专用扳手卡住手动小齿轮 5，按纸张的位移要求向咬口或拖梢方向拧动，如图 6-12（b）所示。

3）通过套筒拧紧印版滚筒 1 ～ 4 这 4 个固定螺栓，如图 6-12（c）所示。

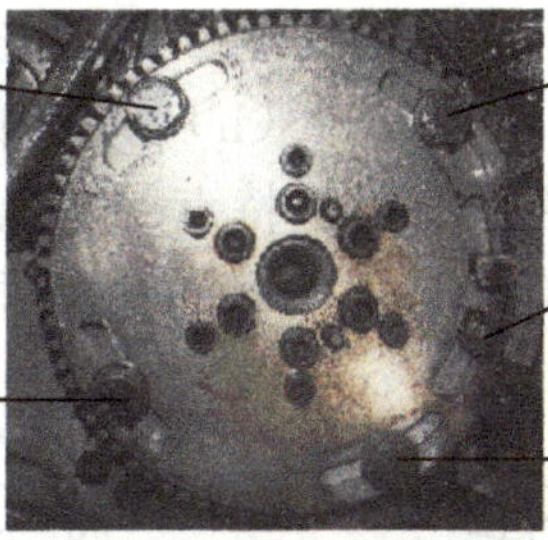

1～4—印版主齿轮与印版滚筒体连接螺栓；5—手动小齿轮。

图 6-11 借滚筒结构图

（a）松开印版滚筒的固定螺栓

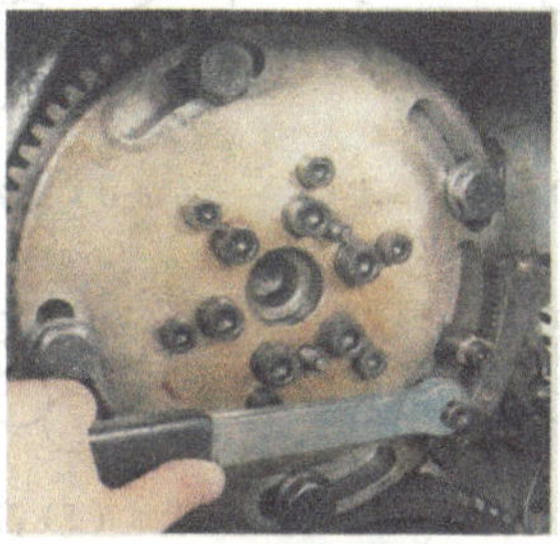

（b）卡住调节螺钉并拧动

（c）拧紧固定螺栓

图 6-12 调节借滚筒操作步骤

知识链接

一、印刷装置的组成

单张纸胶印机的印刷装置由印版滚筒、橡皮滚筒、压印滚筒及相关辅助装置组成。另外，在滚筒部件上，还有印版的装卡机构、橡皮布夹紧机构、叼纸牙安装与调节机构、滚筒间压力调节机构等。

二、滚筒的排列形式及特点

1. 单面胶印机

（1）三滚筒型胶印机

1）排列的形式。三滚筒型胶印机是指完成一色印刷须由印版滚筒、橡皮滚筒和压印滚筒 3 个滚筒构成一个机组共同完成。三滚筒型多色胶印机采用机组串联的方式，机组之间用传纸滚筒传纸。图 6-13 所示为常见的几种三滚筒型多色平版胶印机的滚筒排列形式。

2）排列的特点。图 6-13（a）、（c）、（h）为三滚筒直径相等型，其余为双倍径压印滚筒。采用双倍径压印滚筒具有以下特点：橡皮滚筒和压印滚筒之间的压印线接触宽度较大，有利于油墨转移；在机组之间只需一个传纸滚筒传纸。

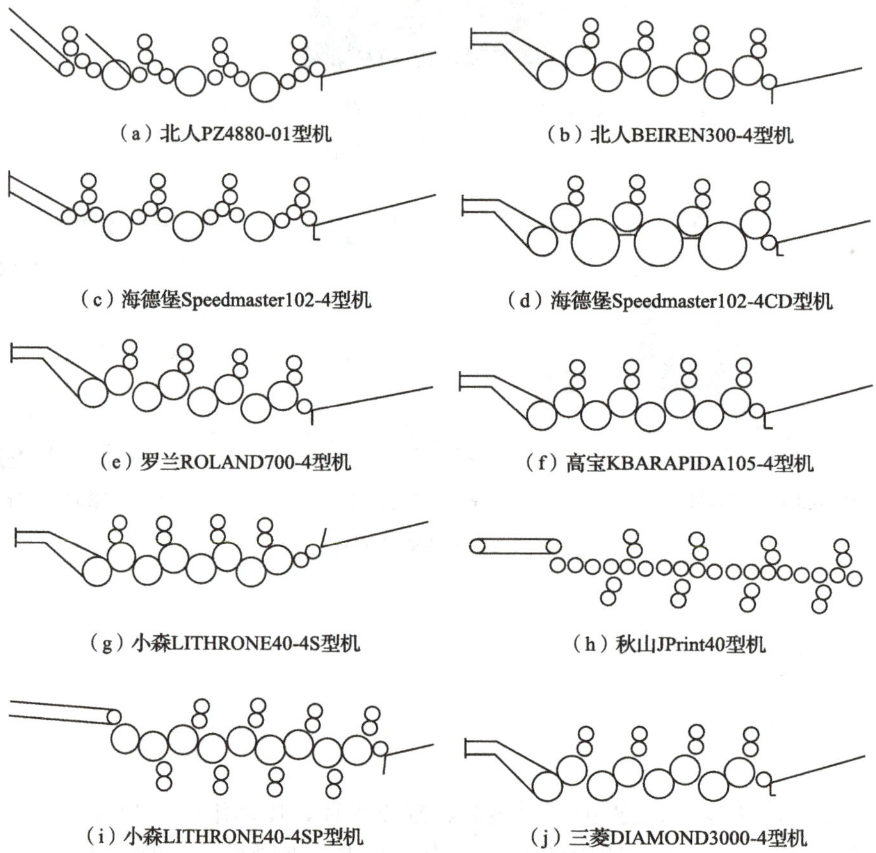

图 6-13　常见的几种三滚筒型多色平版胶印机滚筒排列图

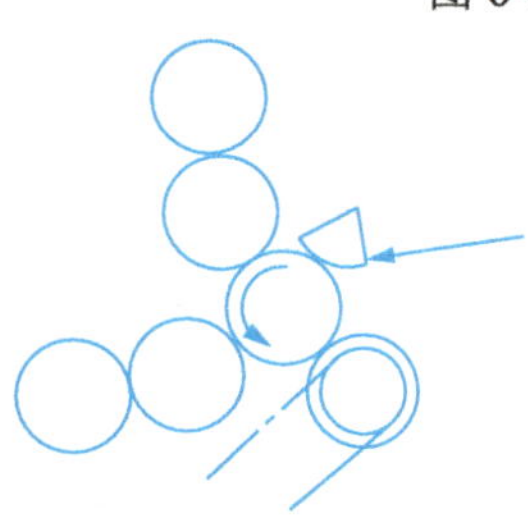

图 6-14　五滚筒型双色平版胶印机滚筒排列图

（2）五滚筒型胶印机

图 6-14 所示为罗兰某机型及北人 J2203 型和 J2205 型双色胶印机印刷滚筒的排列形式。印刷机组中有一个公共压印滚筒，另配两个色组的印版滚筒和橡皮滚筒，这样一个印刷机组就由 5 个印刷滚筒组成，构成一个单面双色平版胶印机，这样的胶印机被称为五滚筒型平版胶印机，或称为半卫星型平版胶印机。两个或多个这种印刷机组可构成四色胶印机或六色、八色等平版胶印机。

（3）卫星型胶印机

图 6-15 所示为海德堡 DI46-4 型机（亦称数字胶印机或无水胶印机）的印刷滚筒排列形式。一个压印滚筒圆周上分布 4 个色组，构成四色胶印机，压印滚筒的直径是印版滚筒和橡皮滚筒的 4 倍，有 4 个压印面和 4 组咬牙排。咬牙咬住纸张后连续完成四色印刷，套印准确。一般在压印滚筒上分布 4 个或 4 个以上印刷色组的橡皮滚筒和印版滚筒的印刷机被称为卫星型胶印机。这种印刷滚筒排列一般用于卷筒纸平版胶印机，单张纸平版胶印机较少采用。

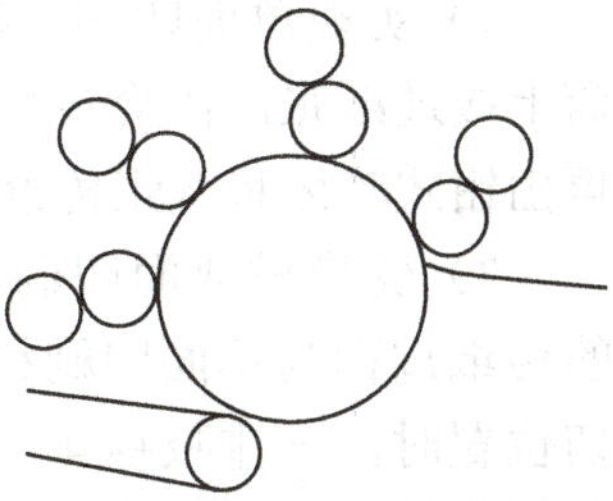

图 6-15 卫星型四色胶印机滚筒排列图

目前单张纸平版胶印机印刷滚筒排列朝三滚筒排列形式方向发展。

2. 双面胶印机

（1）B-B 型单张纸双面胶印机

如图 6-16 所示，没有专用的压印滚筒，两个橡皮滚筒互为另一色组的压印滚筒，印张经过对滚的两个橡皮滚筒，正反两面同时完成印刷。由于两个橡皮滚筒互相对压，所以简称 B-B 型机。在上橡皮滚筒上装有咬牙，由于一次完成双面印刷，正反面套印准确，效率高，适用于书刊、报纸印刷和商业印刷。

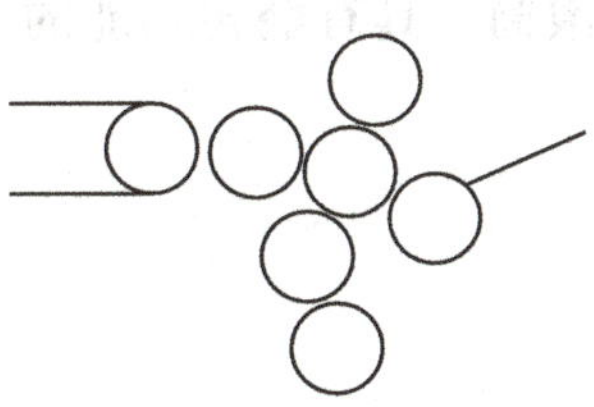

图 6-16 B-B 型单张纸双面胶印机滚筒排列图

这类印刷滚筒排列形式通常以四滚筒型的形式用于卷筒纸平版胶印机。

（2）机组式可翻转双面胶印机

图 6-17 所示为海德堡 Speedmaster 102-4 型机的纸张翻转机构，它是钳式咬牙三滚筒翻转装置。这类装置可使纸张翻转而实现双面印刷，当然也可单面印刷。

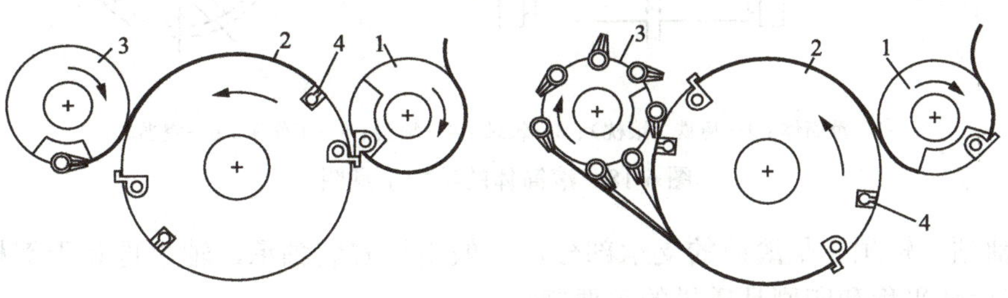

（a）单面印刷示意图　　（b）双面印刷示意图

1—传纸滚筒；2—储纸滚筒；3—翻纸滚筒；4—吸嘴。

图 6-17 钳式咬牙三滚筒翻转装置示意图

1）实现单面印刷。如图 6-17（a）所示，传纸滚筒 1 的咬牙从前一机组的压印滚筒上接过纸张，传给储纸滚筒 2，然后由储纸滚筒 2 把纸张交给翻纸滚筒 3 的钳式咬牙，再由钳式咬牙将纸张传给下一机组的压印滚筒，进行下一色印刷。

2）变换成双面印刷。如图 6-17（b）所示，从前一色组压印滚筒 1 到储纸滚筒 2 的传纸过程与单面印刷相同。但当储纸滚筒 2 咬着纸旋转到纸张的拖梢与翻纸滚筒相切位置时，一排吸嘴 4 已吸住纸尾向后和向两侧绷平纸张，翻纸滚筒 3 的钳式咬牙咬住纸张的拖梢，这时储纸滚筒 2 的咬牙及吸嘴放开纸张，把纸张交给翻纸滚筒 3，然后翻纸滚筒 3 上的钳式咬牙逐渐旋转 180°，从而使纸张翻转。

三、滚筒的基本结构

1. 平版胶印机滚筒的分类

胶印机滚筒按功能可分为印刷滚筒和传纸滚筒。印刷滚筒包括印版滚筒、橡皮滚筒、压印滚筒；传纸滚筒包括递纸滚筒、机组间的传纸滚筒、收纸滚筒。在带翻转装置的三传纸滚筒的胶印机中，第二个传纸滚筒也称储纸滚筒，具有翻转功能的小传纸滚筒也称翻纸滚筒。

2. 滚筒体的结构

滚筒体的结构如图 6-18 所示。

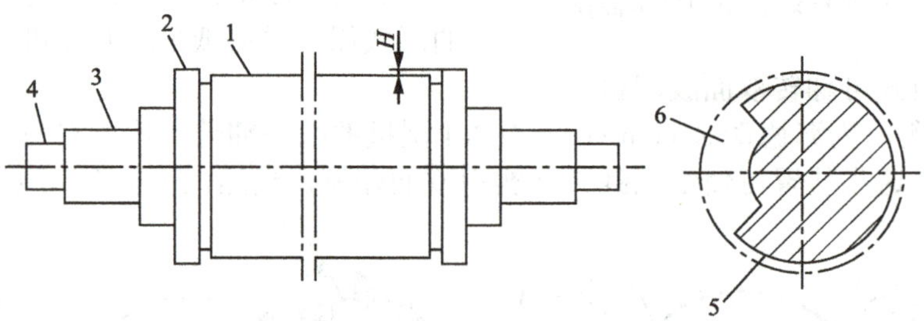

1—滚筒体；2—肩铁（滚枕）；3—轴颈；4—轴头；5—工作面；6—空当。

图 6-18　滚筒体的结构示意图

1）轴颈。轴颈 3 是滚筒的支承部分，一般用于安装轴承，轴承再装于墙板上，是保证滚筒运转平稳和印刷品质量的重要部位。

2）轴头。滚筒的轴头 4 用于安装转动齿轮或凸轮，使滚筒得到动力，因此轴颈和轴头的加工精度要求高。

3）肩铁。肩铁 2 设置在滚筒两侧，也称滚枕或炮边。肩铁的作用：一是作为安装调节滚筒的基准；二是作为调节滚筒包衬的基准；三是可以增加胶印机运转的平稳性。通常滚枕的直径和滚筒齿轮的分度圆直径一样（压印滚筒的滚枕略小些）。材料要求耐磨，一般选 40Cr。

4）滚筒体。滚筒体 1 是直接承担印刷的部位，滚筒体分为空当部位和工作面（也称有效表面）。空当部位根据不同的滚筒用于安装咬纸牙排机构、拉紧橡皮布机构、装卡印版机构。工作面是印刷的部位或用于支撑承印物。滚筒体的材料一般选用铸铁。一般铸铁型号为 HT250。

3. 滚筒齿轮

（1）齿轮精度

因为印刷滚筒转印图文是靠齿轮带动旋转的，所以印刷滚筒传动齿轮精度是决定印刷品质量的关键条件。目前胶印机的齿轮精度等级采用 6-5-5EH，其中：6 表示第Ⅰ公差组的精度等级，即传递运动的准确性；中间的 5 表示第Ⅱ公差组的精度等级，即传动的平稳性；右边的 5 表示第Ⅲ公差组的精度等级，即载荷分布的均匀性；E 表示齿轮齿厚上偏差；H 表示齿轮齿厚下偏差。上述各精度的偏差均可在有关手册中直接查出。

（2）齿轮的压力角

所谓齿轮的压力角是指齿轮齿廓上任意一点的受力方向和运动方向之间所夹的锐角。通常齿轮的压力角是指齿轮分度圆上的压力角。我国规定标准压力角是 20°，而胶印机滚筒的传动齿轮大多采用 14.5°（进口机）或 15°（国产机）的压力角，是非标准压力角。这是为了通过增加齿轮传动的重叠系数，提高胶印机传动的平稳性，减小齿侧间隙，来降低动力消耗，提高印刷品质量，但加工制造成本增加。

（3）齿轮材料及热处理

目前国内生产的滚筒齿轮多采用 40Cr 合金钢材料，齿面经淬火处理，使齿面硬度达到 HRC55 ～ 62，从而保持了滚筒齿轮的高精度，提高了齿轮的使用寿命，可达 20 年左右。

4. 印版滚筒

印版滚筒结构必须解决两个问题：一是印版的装卡；二是印版位置的调整。

（1）印版装卡机构

印版装卡机构的作用是安装印版，大致有 3 种类型，即固定式版夹机构、快速版夹机构和自动装版机构。由于固定式版夹机构现在基本上不常使用，故这里只介绍后两种。

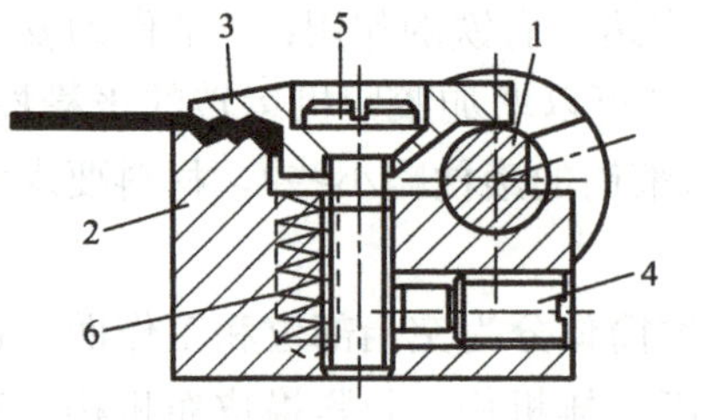

1—缺口轴；2—下版夹；3—上版夹；4—紧定螺钉；5—球头螺钉；6—撑簧。

图 6-19　快速版夹机构

1）快速版夹机构。如图 6-19 所示，将印版插入下版夹 2 和上版夹 3 中间，用拨辊转动缺口轴 1 到图示位置，缺口轴 1 的圆周面顶起上版夹 3 的尾部，由于球头螺钉 5 的作用，上版夹绕球头螺钉 5 转动，使前端钳口部分把印版夹紧。

卸下印版时，只要把缺口轴的平面部位转到与上版夹 3 尾部相对应的位置即可，此时由于撑簧 6 的作用，上版夹 3 会自动绕球头螺钉 5 转动而松开印版。

当印版厚度发生变化，需要改变版夹的夹力时，先松开紧定螺钉 4，然后用球头螺钉 5 进行调节。调好后，应锁紧紧定螺钉 4。

2）自动装版机构。

图 6-20 所示为自动装版机构示意图。

① 夹紧印版咬口边。上版夹 5 固定在印版滚筒上，下版夹 4 是由气缸 3 控制支杆 2 而上下移动的。气缸 3 加压时控制支杆 2 下移而压缩弹簧 1、下版夹 4 也下移，这样上下版夹就打开一个间隙 *X*，可以插入印版咬口边。然后气缸 3 卸压，依靠弹簧 1 的弹力使下版夹上移将印版夹紧。

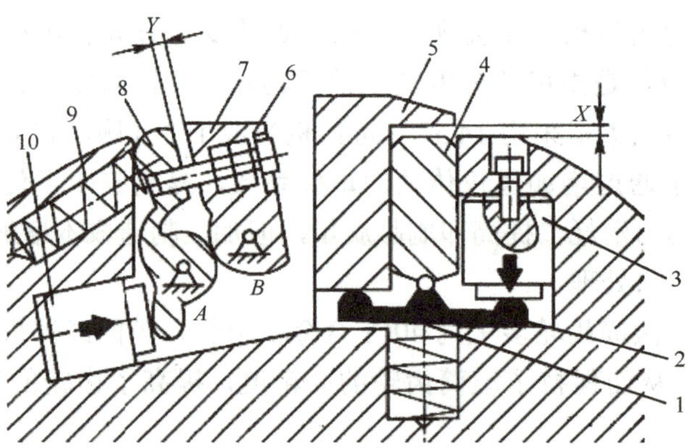

1、6、9—弹簧；2—支杆；3、10—气缸；4—下版夹；5—上版夹；7—拖梢上版夹；8—拖梢下版夹；*X*—咬口张开间隙；*Y*—拖梢张开间隙。

图 6-20　自动装版机构示意图

② 夹紧印版拖梢边。气缸 10 加压（箭头方向），拖梢下版夹 8 绕支点 *A* 逆时针转动，压缩弹簧 9。由于上下版夹依靠扇形齿轮相啮合，所以上版夹 7 绕支点 *B* 顺时针转动而压缩弹簧 6，使上版夹 7 和下版夹 8 之间张开一个间隙 *Y*，将印版拖梢边插入间隙中。然后气缸卸压，上版夹 7 和下版夹 8 分别在弹簧 6、9 的弹簧力作用下，夹紧印版拖梢边。

③ 张紧印版。由于气缸 10 已卸压，整个拖梢边版夹在弹簧 9 的弹簧力作用下，绕支点 A 顺时针转动，使印版被张紧在印版滚筒上。

注意：装印版时先装咬口，拆印版时先拆拖梢。

（2）印版位置调整机构

印版位置的调整，俗称校版，目的是使滚筒上所装的印版能够根据套印的要求进行位置的调节。校版又区分为第一色校版和多色套印校版。第一色校版的目的是使图文转印到纸上的位置符合印刷品规格、工艺设计要求。多色套印校版以第一色印迹为准，使其他各色的规矩线必须同这一色的规矩线重叠，达到图文套印准确。

印版位置调整机构分为拉版机构、印版滚筒周向位置粗调（大量调节）机构、印版滚筒周向和轴向位置微调机构及斜向微调机构。

1）拉版机构实现印版的周向、轴向及斜向拉版（串版）。图 6-21 所示为印版滚筒结构图。

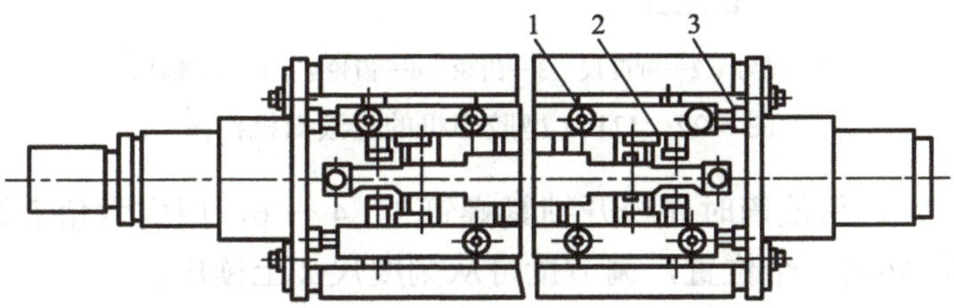

1—版夹轴向位置交接螺钉；2—版夹周向位置调节螺钉；3—螺钉。

图 6-21　印版滚筒结构图

周向拉版时，松开拖梢版夹螺钉 2，再旋紧咬口版夹螺钉 2，使印版向咬口方向移动，印张的咬口就减少，俗称“拉低”；松开咬口版夹螺钉 2，再旋紧拖梢版夹螺钉 2，使印版向拖梢方向移动，印张的咬口就增加，俗称“拉高”。

轴向拉版时，首先放松咬口和拖梢版夹的螺钉 2，松开咬口和拖梢版夹左端螺钉 3，再旋转右端螺钉 3，由于滚枕挡住了螺钉 3，迫使版夹带着印版向左端移动；反之，迫使版夹带着印版向右端移动，实现轴向拉版。

斜向拉版时，可以通过调节版夹左端或右端的螺钉 2，实现印版的斜向拉版（也称串版工艺）。

印版位置的调节量可在“前后”刻度和“左右”刻度上读出。

2）印版滚筒周向位置粗调（大量调节）机构。印版滚筒周向位置粗调俗称借滚筒，就是通过改变印版滚筒传动齿轮与印版滚筒的连接位置，使印张上咬口位置改变，适合因制版过程处理不当而咬口尺寸误差过大的情况。

如图 6-22 所示，印版滚筒齿轮 3 通过 4 只螺钉 1 和齿轮座 4 相固定，齿轮座 4 又和滚筒轴 5 固定在一起。因齿轮 3 上的螺孔为长槽形孔，若松开 4 个螺钉 1，用人工盘动或点动机器，就可以改变齿轮与滚筒的相对周向位置，改变的数值可从固定在齿轮上的刻度尺 2 读出。由于印版滚筒齿轮与橡皮滚筒齿轮的啮合关系没有改变，所以刻度值的变化反映了借动量的大小。

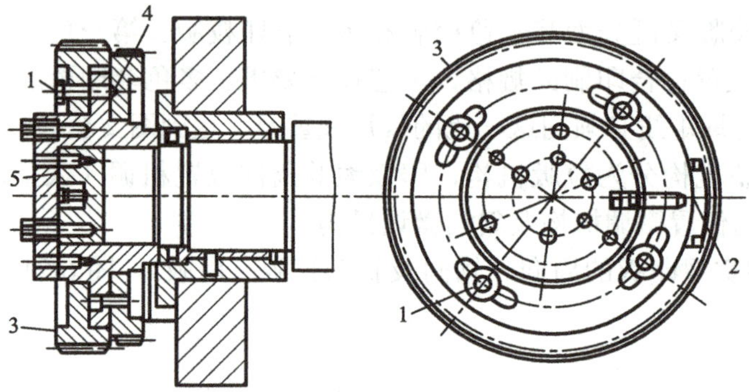

1—螺钉；2—刻度尺；3—齿轮；4—齿轮座；5—滚筒轴。

图 6-22　J2108 型胶印机的借滚筒机构图

如图 6-23 所示，借滚筒时先松开锁紧螺钉 1、4 ～ 6，用内六角套筒扳手转动调节螺钉 3，使滚筒轴转动一个位置，调节量可从刻度尺 2 上读出。

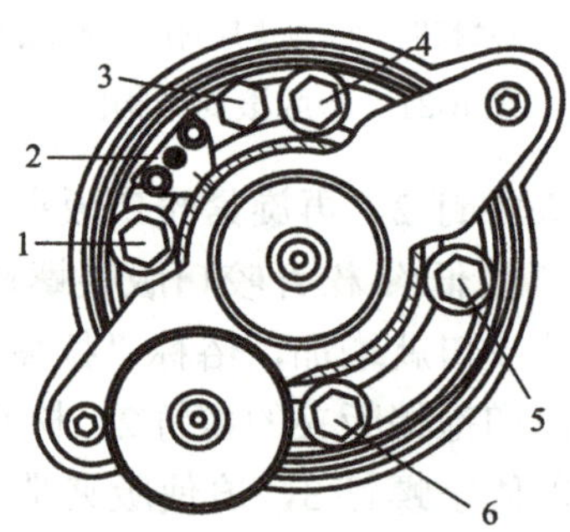

1、4 ～ 6—锁紧螺钉；2—刻度尺；3—调节螺钉。

图 6-23　海德堡胶印机的借滚筒机构图

3）印版滚筒周向和轴向位置微调机构。如果印张两边规线的误差一致且误差较小，则在全自动的胶印机上，周向和轴向套准是通过步进电机带动印版滚筒周向和轴向位置微调机构，使印版滚筒的周向和轴向位置得到调整的。

如图 6-24 所示，周向位置可通过拉动印版滚筒（图中用 P 表示）齿轮做轴向移动来调节，即利用斜齿轮的螺旋角 β 作用，必定使印版滚筒齿轮转过一定的角度，从而带动印版滚筒转过一定角度，实现印版滚筒、橡皮滚筒的微量相对转动，完成周向微量调节。印版滚筒齿轮在圆周方向相对于橡皮滚筒（图中用B表示）转动的弧长：$Y_P = X_P \cdot \tan\beta$ 。

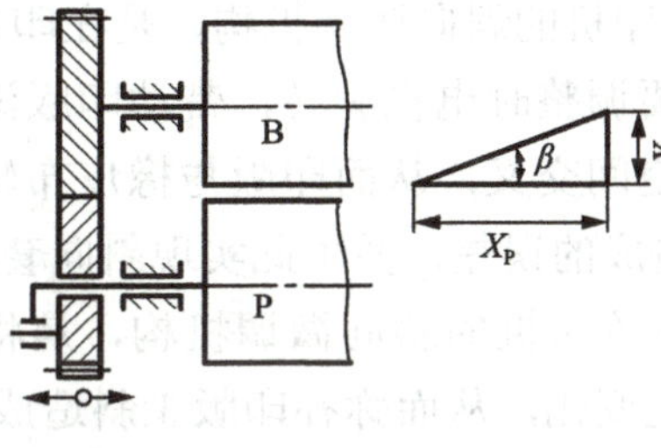

X_P —印版滚筒齿轮轴向移动量；Y_P —印版滚筒齿轮周向移动量。

图 6-24　周向位置调节原理图

如图 6-25 所示，周向微调时使电机 2 旋转，通过齿轮 3 带动双连螺纹齿轮 4 旋转，由于其外螺纹与机架内螺纹相旋合，迫使双连螺纹齿轮 4 在周向旋转的同时也做轴向移动，通过环槽 6 带动印版滚筒齿轮 5 轴向移动。由于印版滚筒齿轮 5 和橡皮滚筒齿轮 7 均为斜齿轮，印版滚筒齿轮 5 在轴向移动时，相对于橡皮滚筒齿轮，周向旋转了一个角度，印版滚筒齿轮 5 通过印版滚筒弯轴带动印版滚筒也旋转同样的角度，即实现了周向微调。

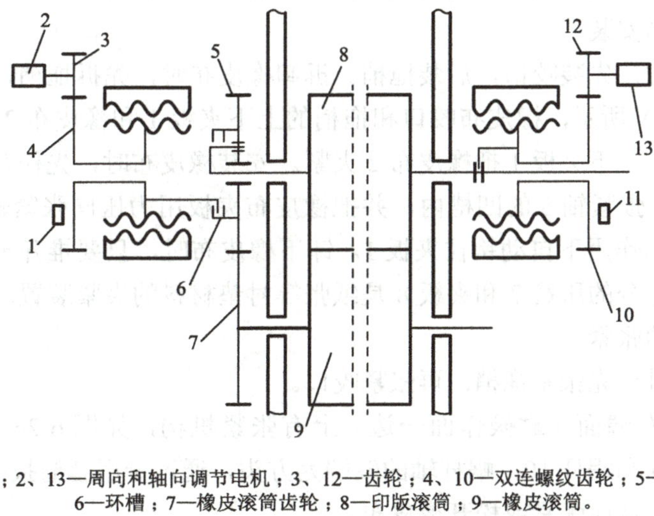

1、11—电位器；2、13—周向和轴向调节电机；3、12—齿轮；4、10—双连螺纹齿轮；5—印版滚筒齿轮；6—环槽；7—橡皮滚筒齿轮；8—印版滚筒；9—橡皮滚筒。

图 6-25　典型 PZ4880 型胶印机印版滚筒周向和轴向位置微调机构原理图

如图 6-25 所示，进行轴向位置调节时，使电机 13 旋转，通过齿轮 12 带动双连螺纹齿轮 10 旋转。由于外螺纹与机架内螺纹相旋合，双连螺纹齿轮 10 在周向旋转的同时也做轴向移动，通过印版滚筒轴上的挡环，带动印版滚筒轴向移动，从而使印版滚筒轴向位置得到调节。

4）斜向微调机构。斜向微调机构也称对角线微调机构。

第一种方法：如海德堡胶印机的斜向微调机构，是在印版滚筒轴端安装了另一个伺服电机及其传动机构，当需要调整时电机旋转，带动印版滚筒运动使其中心线与橡皮滚筒的中心线由平行转变为空间交叉，从而印版与橡皮布轴向上各点在周向的相对位移不等，从而弥补印版歪斜造成的误差，并由此实现斜向套准。

第二种方法：如北人 300 胶印机的斜向微调机构，是将传纸滚筒轴线调斜，使传动侧与操作侧的纸张快慢发生变化，从而弥补印版歪斜造成的误差。当第一组歪斜时，须调第二组传纸滚筒加以补偿。当最后一组歪斜时，仅调最后一组的传纸滚筒补偿。当中间任意一组歪斜时，除调整本组的传纸滚筒进行补偿外，还须调整其次组的传纸滚筒进行反向校正补偿（即歪斜复位），最大调整量小于 ±0.17mm。

采用这些方法，由于两滚筒不平行对印版滚筒轴承是极为不利的，所以这种方法调节范围只能不大于 ±0.2mm。

5. 橡皮滚筒

橡皮滚筒的基本结构就是要满足可靠、方便地装拆橡皮布的需求。安装橡皮布需要两个步骤，首先安装橡皮布，其次把橡皮布张紧在滚筒表面。

（1）橡皮布的安装

安装橡皮布时，先装咬口，后装拖梢。拆卸橡皮布时，先拆拖梢，后拆咬口。

如图 6-26（a）所示，橡皮布咬口和拖梢的上下夹板 1 和橡皮布 2 上设有齿牙，拧紧固定螺钉 3 时，上下夹板 1 把橡皮布 2 夹紧。安装橡皮布时，先松开卡板 4，使夹板 1 上的凸出面嵌入张紧轴 5 的凹槽内，并把橡皮布夹板用力压向张紧轴 5 的配合平面，卡板 4 在压簧 6 的作用下自动钩住夹板 1。卸下橡皮布时，只要推开卡板 4，即可取出夹板。滚筒咬口部分的压簧 7 和夹板 8 是纸张等衬垫材料的夹紧装置。

（2）橡皮布的张紧

张紧橡皮布时，先张紧拖梢，再张紧咬口。

橡皮滚筒体右端面（靠操作面一边）上有张紧机构，如图 6-26（b）所示，张紧轴 5 上装有蜗轮 9 和蜗杆 10，蜗杆轴的轴端为方头，通过专用套筒扳手可以转动蜗杆，使张紧轴 5 转动，从而张紧或松开橡皮布。

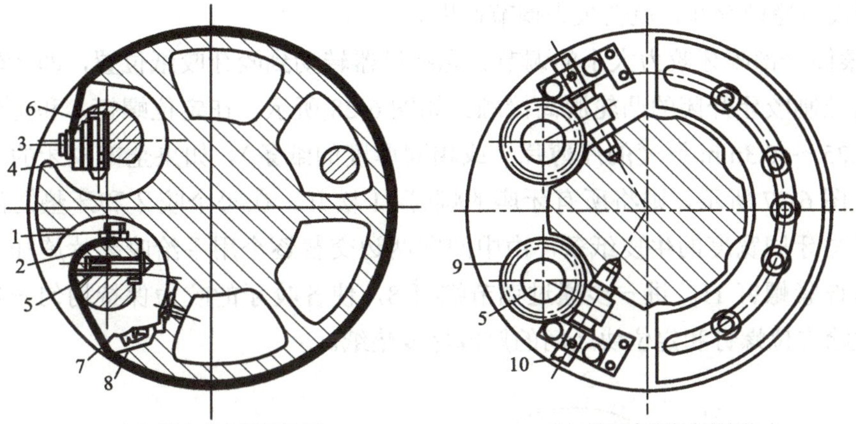

（a）橡皮布安装机构图　　（b）橡皮布张紧机构图

1—上下夹板；2—橡皮布；3—固定螺钉；4—卡板；5—张紧轴；6、7—压簧；8—夹板；9—蜗轮；10—蜗杆。

图 6-26　单张纸平版胶印机橡皮布安装及张紧机构图

6. 压印滚筒

压印滚筒是带纸印刷的，其上必须有咬牙机构；同时，也要有控制咬牙张开与闭合的咬牙开闭控制装置。

（1）滚筒咬牙机构

1）滚筒咬牙的分类。滚筒咬牙根据产生咬力的方式可分为弹簧加压式咬牙和凸轮加压式咬牙。

2）压印滚筒咬牙的结构。如图 6-27 所示，压印滚筒咬牙由牙片 1、牙体 2、牙座 3、压簧 4 以及螺钉等组成。牙体 2 活套在咬牙轴 5 上，牙片 1 通过螺钉 6 和 7 与牙体 2 固定，松开这两个螺钉，可以调节牙片的前后位置。牙座 3 用螺钉 11 紧固在咬牙轴上，当它被牙轴带动顺时针转动时，经过压簧 4 和调节螺钉 8，使牙体 2 同向转动，牙片 1 与牙垫 10 处于闭合咬纸状态。咬力大小取决于压簧 4 的压缩量，故咬力微调可通过转动螺钉 8 改变压簧 4 的压力进行调节。但此时在螺钉 6 与牙座 3 之间一般应有 0.2mm 的空

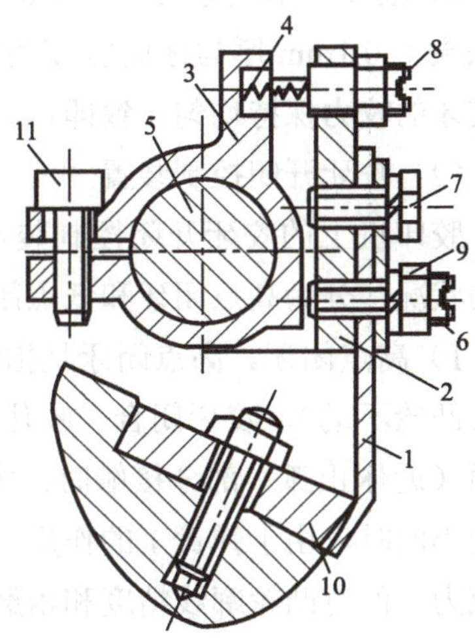

1—牙片；2—牙体；3—牙座；4—压簧；5—咬牙轴；6、7、11—螺钉；8—调节螺钉；9—螺母；10—牙垫。

图 6-27　压印滚筒咬牙结构图

隙，如果没有空隙存在，就会失去调节作用。

3）滚筒全部咬牙咬力大小的调节。先将机器转动到咬牙咬纸位置，即牙轴摆杆上的滚子与控制咬牙开闭的凸轮脱离接触。如图 6-28 所示，在定位螺钉 4 和定位块 2 之间垫入 0.25 ～ 0.3mm 厚度的厚薄片（或相同厚度的纸条）。如果全部咬牙的咬力均须调节，如图 6-27 所示，则将所有牙座的螺钉 11 松开，在每个咬牙和牙垫之间放一张 0.1mm 厚与牙同宽度的牛皮纸条，由中间向两边交替逐个用手给咬牙片施加合适的咬力，然后拧紧螺钉 11。进一步通过调节螺钉 8，使各咬牙的咬力保持均匀一致。调节完毕，撤除定位螺钉和定位块之间的厚薄片或垫纸。

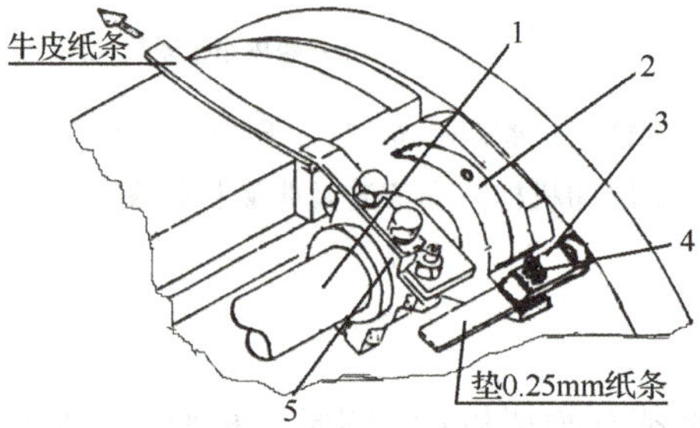

咬纸牙调节方法

1—咬牙轴；2—定位块；3—螺钉支架；4—定位螺钉；5—牙座。

图 6-28　滚筒咬牙咬力调节示意图

4）滚筒个别咬牙咬力大小的调节。将咬力过大或过小的咬牙及两旁的咬牙按上述方法夹上 0.1mm 厚与牙同宽度的牛皮纸条，通过调节螺钉 8，使所调咬牙的咬力与两旁咬牙的咬力保持均匀一致即可。

（2）咬牙开闭控制装置

胶印机上的咬牙开闭控制装置一般采用凸轮机构，根据凸轮控制咬牙张开还是闭合的状况，分为高点闭牙和低点闭牙两种形式。

1）高点闭牙。高点闭牙是指咬牙轴摆杆的滚子与凸轮高面（远休止弧）部分接触时（凸轮不动），咬牙闭合，咬住纸张，凸轮产生咬纸力；而咬牙轴摆杆的滚子与凸轮低面（近休止弧）部分接触时，咬牙张开，放开纸张。如图 6-29 所示，当滚子进入凸轮的小面时，由于弹簧 1 的作用，推动撑杆 2，使咬牙张开。高点闭牙的特点是可以增大咬力，但对凸轮廓线精度和耐磨性有较高要求。

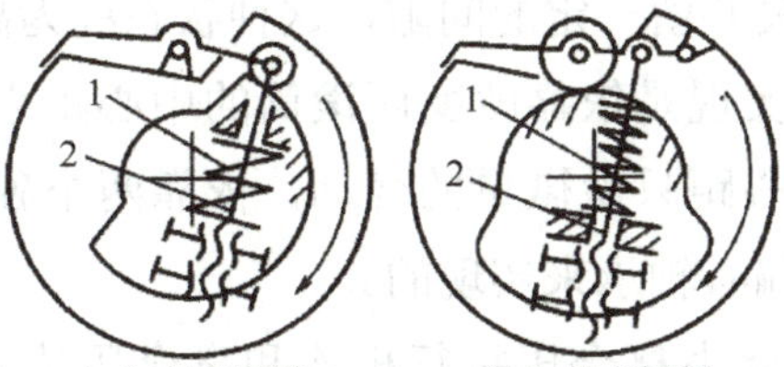

（a）高点闭牙 （b）低点闭牙

1—弹簧；2—撑杆。

图 6-29 咬牙闭合控制机构

2）低点闭牙。低点闭牙是指牙轴摆杆上的滚子进入凸轮低面（近休止弧）部分后，咬牙闭合，弹簧产生咬纸力；而滚子在凸轮的高面（远休止弧）部分移动时，咬牙处于张开状态。低点闭牙的特点是咬牙力靠弹簧控制，咬纸不够牢固，在印刷中有时会发生纸张位移，使套印不准。

7. 其他滚筒

在胶印机中，除了每个色组 3 个基本滚筒（印版滚筒、橡皮滚筒和压印滚筒）外，其他起传递纸张作用的滚筒都应该属于传纸滚筒。按照传纸滚筒的安装部位不同，又可分为以下 3 种。

1）传纸滚筒。传纸滚筒位于多色机的各机组之间，把前一机组印好的纸张传送给后一机组进行印刷，它通常为 1 个滚筒或 3 个滚筒组合进行传纸。

如果是 3 个滚筒组合传纸的翻转装置，则最前面的滚筒称为传纸滚筒，中间的双倍径滚筒称为储纸滚筒，最后的滚筒称为翻纸滚筒。

2）递纸滚筒。递纸滚筒位于输纸台和第一印刷机组之间，把定位好的纸张传送到印刷机组。若是下摆式递纸，则需经一个传纸滚筒（辅助滚筒）再传送到印刷机组。

3）收纸滚筒。收纸滚筒位于最后一个印刷（或上光）机组压印滚筒的旁边，它传动收纸链条咬牙从压印滚筒上接取纸张，最后由这个滚筒的链条上咬牙排把纸张送到收纸堆上。

四、滚筒的离合压和调压机构

滚筒有离压与合压两种情况。印刷时，印版滚筒与橡皮滚筒、橡皮滚筒与压印滚筒相互接触，并产生一定的印刷压力，这种状态称为合压。如果输纸系统停止给纸或发生输纸故障，以及进行准备作业时，印版滚筒与橡皮滚筒、橡皮滚筒与压印滚筒必须及时脱开，印刷压力消失并留一定的间隙，这种状态称为离压。

滚筒离合压和调压的实现是依靠改变两滚筒的中心距来获得的。离合压中心距变化大，调节印刷压力时中心距只做微量的变动，依靠两个独立的动作来完成。离合压与调压机构一般也是利用偏心轴承来实现的。

实现滚筒的离合压主要由离合压执行机构和离合压传动机构（简称离合压机构）完成。

1. 偏心轴承工作原理

如图 6-30 所示，将一个轴置于偏心轴承的内孔中，轴心 O_1 和偏心轴承的转动中心 O 的偏心距为 e。当偏心轴承绕其转动中心 O 转动一个角度 α 时，则轴心 O_1 的位置就会相应变动。

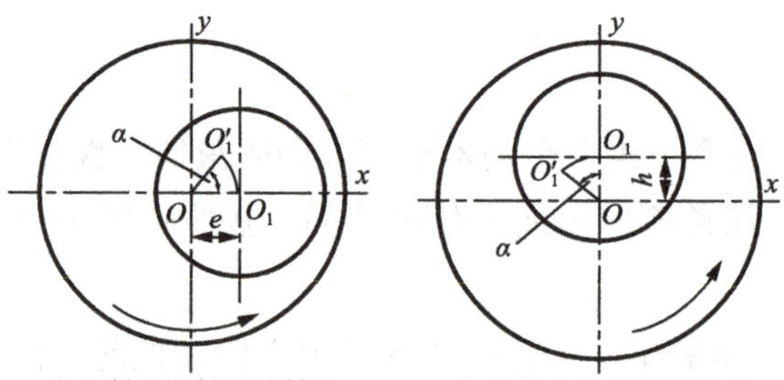

（a）轴心与轴承的转动中心在x轴上的工作原理图　（b）轴心与轴承的转动中心在y轴上的工作原理图

图 6-30　偏心轴承工作原理图

为了方便论述，建立 xOy 坐标系，如图 6-30（a）所示，轴心 O_1 与轴承的转动中心 O 在横坐标 x 上，当轴心 O_1 绕转动中心 O 转动一个角度 α 时，轴心 O_1 纵坐标 y 方向的位移变化量 $y=e\sin\alpha$，轴心 O_1 横坐标方向的位移变化量 $x=e(1-\cos\alpha)$，因为 $y>x$，说明纵坐标方向的位移变化量明显大于横坐标方向的位移变化量。

如图 6-30（b）所示，轴心 O_1 与轴承的转动中心 O 在纵坐标 y 上，当轴心 O_1 绕转动中心 O 转动一个角度时，轴心 O_1 横坐标 x 方向的位移变化量 $x=e\sin\alpha$，轴心 O_1 纵坐标 y 方向的位移变化量 $y=e(1-\cos\alpha)$，因为 $x>y$，说明纵坐标方向的位移变化量明显大于横坐标方向的位移变化量，说明轴心 O_1 在横纵方向的位移变化量不仅与转角和偏心距有关，而且与轴心 O_1 和偏心轴承转动中心 O 的周向相对位置有关。因此，偏心轴承在墙板孔中的位置不是随便排列的。

2. 离合压执行机构

（1）偏心轴承式离合压执行机构

如图 6-31 所示，压印滚筒的中心是固定的，所以压印滚筒轴颈安装标准轴承。印版滚筒轴颈安装偏心轴承，用来调节印版滚筒与橡皮滚筒的中心距（调节压力）；橡皮滚筒轴颈安装双偏心轴承，外偏心轴承用来调节橡皮滚筒与压印滚筒的中心距（调节压力），内偏心轴承用来实现印版滚筒的离合压。调压顺序是先调节橡皮滚筒与压印滚筒之间的压力，再调节印版滚筒与橡皮滚筒之间的压力。

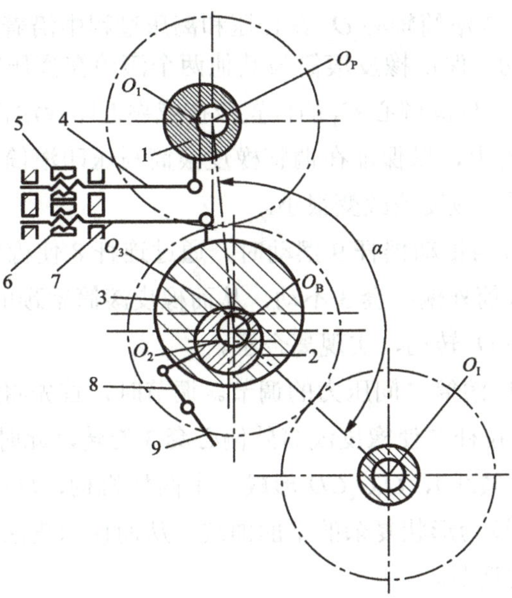

1—印版滚筒偏心套；2—橡皮滚筒内偏心套；3—橡皮滚筒外偏心套；4、7—螺纹拉杆；5、6—调节螺母；8—连杆；9—摇杆（随离合压机构摆动）。

图 6-31 单、双偏心套滚筒调压和离合压机构原理图

1）印版滚筒与橡皮滚筒之间压力的调节。印版滚筒两端的轴颈装在偏心轴承 1 内孔中，偏心轴承的外圆与墙板孔配合，即偏心轴承的外圆圆心与墙板孔心 O_1 是同心，偏心轴承的内圆圆心与印版滚筒中心 O_P 是同心。根据偏心轴承的工作原理，对偏心轴承排列位置的要求应该是：偏心轴承中心 O_1 与印版滚筒轴心 O_P 的连线（偏心距 e）应垂直于两滚筒中心连线 O_PO_B，使偏心轴承的微量转动能较多地改变印版滚筒与橡皮滚筒的中心距。

调节时，旋转调节螺母 5，通过螺纹拉杆 4 使偏心轴承 1 旋转，使得印版滚筒轴心

O_P 以偏心轴承中心 O_1 为中心，以 O_1O_P 为半径转动。

2）印刷滚筒的离合压。橡皮滚筒两端的轴颈处于双偏心轴承中，我们把外面的偏心轴承称为橡皮滚筒外偏心套 3，它装在墙板孔内，而控制印刷滚筒离合压的橡皮滚筒内偏心套 2 则装在橡皮滚筒外偏心套 3 的内孔中，橡皮滚筒轴颈又装在橡皮滚筒内偏心套 2 的内孔中。双偏心套共有 3 个圆心，O_B 为橡皮滚筒内偏心套 2 内孔和橡皮滚筒轴颈的圆心，O_2 为橡皮滚筒内偏心套 2 外圆和橡皮滚筒外偏心套 3 内孔的圆心，O_3 为橡皮滚筒外偏心套 3 外圆和墙板孔的圆心。

对橡皮滚筒内偏心套 2 和橡皮滚筒外偏心套 3 排列位置的要求是：旋转橡皮滚筒内偏心套 2 时，应使得橡皮滚筒轴心 O_B 在合压和离压过程中沿着滚筒排列角 $\angle O_PO_BO_I$ 的角平分线上或附近移动，保证橡皮滚筒与其他两个滚筒在离压时有一定的相近的离压量；橡皮滚筒外偏心套 3 外圆圆心 O_3 的位置应在或靠近印版滚筒圆心 O_P 与橡皮滚筒圆心 O_B 的中心连线 O_PO_B 上，以保证在调整橡皮滚筒与压印滚筒中心距时，印版滚筒与橡皮滚筒的中心距几乎不改变或改变很小。

离合时，离合压机构带动摇杆 9 摆动时，通过连杆 8 使橡皮滚筒内偏心套 2 旋转一定角度，由于橡皮滚筒外偏心套 3 不动，从而橡皮滚筒轴颈的圆心 O_B 绕内橡皮滚筒内偏心套 2 的外圆圆心 O_2 转动，实现离合压。

3）橡皮滚筒与压印滚筒之间压力的调节。调节时，首先将滚筒置于合压位，旋转调节螺母 6，通过螺纹拉杆 7 使橡皮滚筒外偏心套 3 旋转，此时点 O_2 围绕固定的点 O_3 转动（O_3 近似与 O_PO_2 共线），O_3O_2CD 形成一个四杆机构，O_2C 为连杆，O_B 为连杆上一点，点 O_B 的运动轨迹为形状复杂的平面曲线，从而使橡皮滚筒和压印滚筒的中心距改变，实现印刷压力的调节。

偏心轴承式离合压执行机构的特点是结构简单、调节方便、准确可靠，但加工困难。国产机及日本三菱、德国米勒胶印机均采用此机构。

（2）三点悬浮式离合压机构

1）印刷滚筒的离合压。如图 6-32 所示，橡皮滚筒两端带曲线轴套（直套）被 3 个滚子支撑着，偏心滚子 3、8 支撑着曲线钢套。图示位置为合压位置。滚子 5 为用压簧 6 支撑，无论在离压或合压时滚子 5 始终顶着钢套。离压时，由离合压机构带动曲线钢套 4 逆时针旋转，由于压簧 6 的作用，曲线钢套上平面 A 位置先与滚子 3 接触，即橡皮滚筒与压印滚筒先离压，然后才是曲线钢套上 C 凹槽位置与滚子 8 接触，即橡皮滚筒与印版滚筒后离压。同理，合压时，曲线钢套顺时针旋转，橡皮滚筒与印版滚筒先合压，然后才是橡皮滚筒与压印滚筒合压。

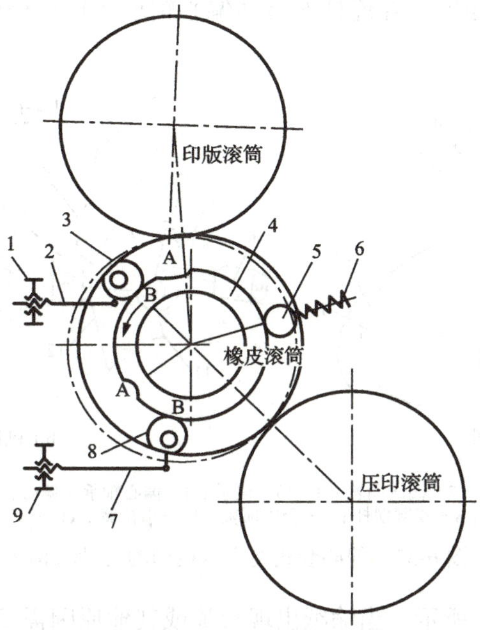

1、9—螺母；2、7—螺纹拉杆；3、8—偏心滚子；4—曲线钢套；5—滚子；6—压簧。

图 6-32　三点悬浮式离合压和调压机构原理图

2）三滚筒间印刷压力的调节。旋转螺母 1，通过螺纹拉杆 2 使偏心滚子 3 转动，可调节橡皮滚筒与压印滚筒之间的压力；旋转螺母 9，通过螺纹拉杆 7 使偏心滚子 8 转动，可调节橡皮滚筒与印版滚筒之间的压力。

三点悬浮式离合压机构降低了加工要求，装配调试也很方便。德国海德堡胶印机均采用此机构。

3. 离合压传动机构

滚筒离合压是依靠离合压执行机构（如偏心轴承式和三点悬浮式）实现的，而离合压执行机构动作的动力来源于离合压传动机构。

一般平版胶印机离合压传动机构有机械式、气动式两种。下面介绍机械式离合压传动机构。

（1）偏心套式离合压机构的传动机构

1）合压。如图 6-33 所示，当需要合压时，控制电路接通，电磁铁 6 通电，其铁芯轴顶出，推动双头推爪 11 绕支点顺时针摆过一个角度，双头推爪 11 的上端爪头正好对准合压顶块 9（滚子 3 装在 9 上）。当合压凸轮 1 由低面转到高面时，推动滚子 3 而使合压顶块 9 逆时针摆动，合压顶块 9 推动双头推爪 11（装在双臂摆杆 8 上），使双臂摆杆 8 逆时针转过一个角度，经连杆 5 带动偏心轴承 4 转至合压（图示位置）。

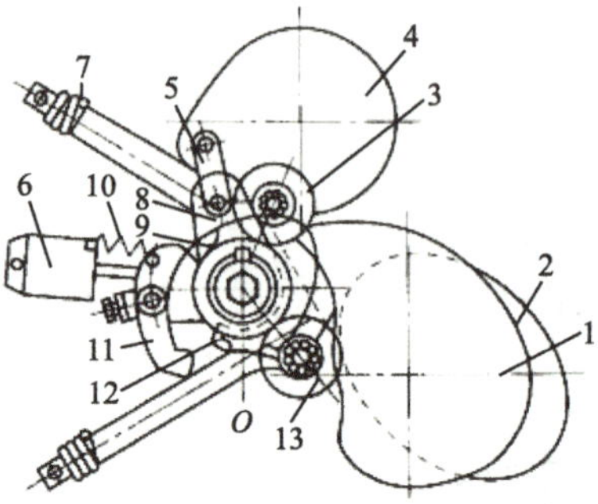

（a）结构图

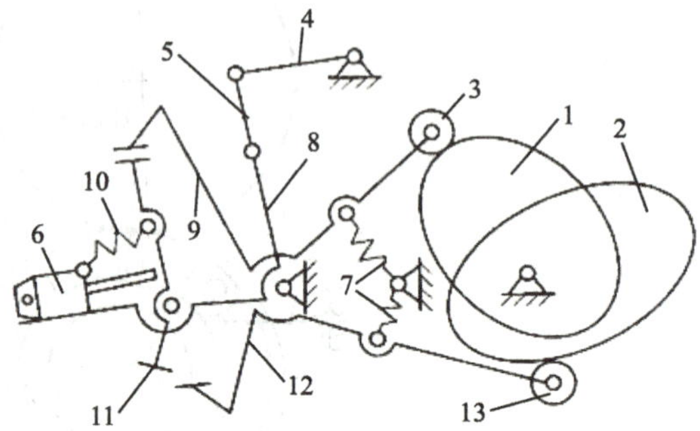

（b）机构简图

1—合压凸轮；2—离压凸轮；3、13—滚子；4—偏心轴承（偏心套）；5—连杆；
6—电磁铁；7—压簧；8—双臂摆杆；9—合压顶块；10—小拉簧；11—双头推爪；12—离压顶块。

图 6-33　偏心套式离合压机构的传动机构图

2）离压。如图 6-33 所示，当输纸出现故障或其他原因需要离压时，控制电路断电。电磁铁 6 断电时，双头推爪 11 在小拉簧 10 的作用下逆时针摆动一个角度，双头推爪 11 的下端爪头顶住离压顶块 12（滚子 13 装在它上面）。当离压凸轮 2 推动滚子 13 时，离压顶块 12 推动双头推爪 11（装在双臂摆杆 8 上），使双臂摆杆 8 顺时针摆动，经连杆 5 带动偏心轴承 4 转至离压位置。

另外，双臂摆杆 8 与离合压轴 O 做固定连接，通过轴 O 及转动面的摆杆和连杆，带动传动面的偏心轴承一起转动。两根压簧 7 的作用是使滚子 13 与离压凸轮 2 及滚子 3 与合压凸轮 1 始终保持接触状态。

（2）三点悬浮式离合压机构的传动机构

如图 6-34 所示，每个色组设有 1 根离合压凸轮轴 3，靠近操作面的轴头上装有合压凸轮 1 和离压凸轮 2，传动面轴头上的齿轮 11，使其与压印滚筒齿轮啮合获得转动。

1）合压。电磁铁 8 通电吸合，通过螺杆 4 和摆杆 5，使棘爪 7 顺时针转动，它的端面与摆杆 6 的撑牙 9 配合。当合压凸轮 1 推动滚子 10，使套在离合轴 O 上的摆杆 6 摆动时，撑牙 9 推动棘爪 7。由于装棘爪的摆杆 12 与离合轴固定，离合轴逆时针转动，经过摆臂 13、拉杆 14，传动橡皮滚筒的曲线钢套 15。同时通过离合轴及另一面的摆臂和拉杆，带动传动面的曲线钢套一起进入合压位置。

2）离压。电磁铁 8 断电，在弹簧 16 的配合下，摆杆 5 推动棘爪 7 脱开撑牙 9，而棘爪 17 的端面与撑牙 18 配合。当离压凸轮 2 推动滚子 19 时，使套在离合轴上的摆杆 20 摆动，撑牙 18 推动棘爪 17，离合轴反向转动相同角度，经摆臂 13、拉杆 14，传动曲线钢套 15 转回离压位置。

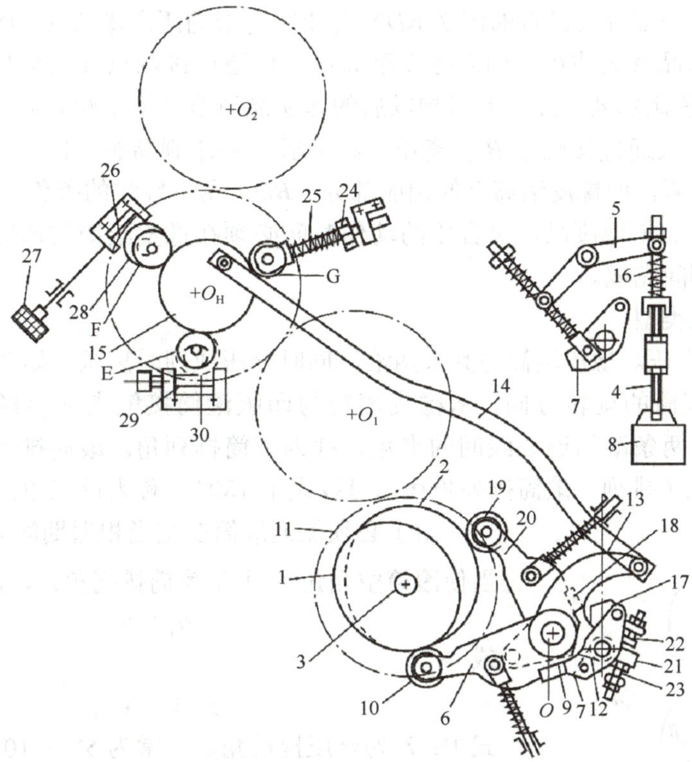

1—合压凸轮；2—离压凸轮；3—离合压凸轮轴；4—螺杆；5、6、12、20—摆杆；7、17—棘爪；8—电磁铁；9、18—撑牙；10、19—滚子；11—齿轮；13—摆臂；14—拉杆；15—曲线钢套；16、25—弹簧；21—定位块；22、23—定位螺钉；24—螺母；26、29—蜗杆；27—调压器；28、30—蜗轮；E、F、G—滚子。

图 6-34　三点悬浮式离合压机构的传动机构图

为了保证橡皮滚筒每次离合时有确定的工作位置，棘爪摆杆上的定位块 21 在滚筒合压时应靠住定位螺钉 22，离压时应靠住定位螺钉 23。

4. 离合压时间和离合压类型

(1) 离合压时间应遵循的原则

滚筒合压及离压时间必须适当，否则会出现废品。如图 6-35 所示，假如橡皮滚筒咬口部分与印版滚筒咬口部分已通过两滚筒接触点 A 后才合压，则印版上有一部分图文（AC'）印不到橡皮布上，第一张印刷品就是“半彩半白”的，而且后面几张印刷品是“半浓半淡”的；假如橡皮滚筒拖梢部分与压印滚筒拖梢部分尚未通过两滚筒接触点 B 就合压，

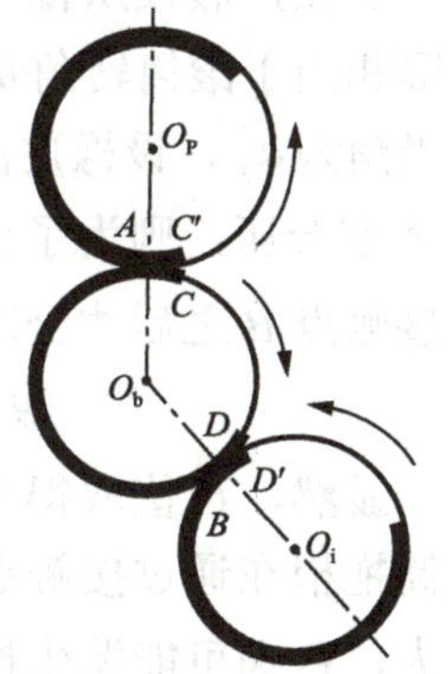

图 6-35　离合压时间示意图

则橡皮滚筒就有一部分（已有的图文 BD）会印在无纸的压印滚筒（ BD' ）上，这时就使以后几张印刷品背面沾污。如果橡皮滚筒在咬口通过接触点 A 后离压，则橡皮布上 AC 段图文的墨色比别处的深，会影响以后的印刷品质量半浓半淡。如果橡皮滚筒与压印滚筒在拖梢尚未通过接触点 B 就离压，则最后一张印刷品有一段（ BD' ）印不上图文印刷品半白半彩，而橡皮滚筒上的相应部分（BD）留下较浓的墨色。

显然，为避免出现废品，离合压的动作时间必须在橡皮滚筒与印版滚筒及压印滚筒的空当相遇期间完成。

（2）离合压类型

1）同时离合压。橡皮滚筒与其余两滚筒同时合压或同时离压，如图 6-36 所示。

沿着橡皮滚筒的旋转方向，从橡皮滚筒与印版滚筒接触点 A 至橡皮滚筒与压印滚筒接触点 B，两条滚筒连心线间的夹角，称为滚筒排列角。滚筒排列角 α 可以小于 180°，称为正三角排列。滚筒排列角 α 也可以大于 180°，称为反三角排列。

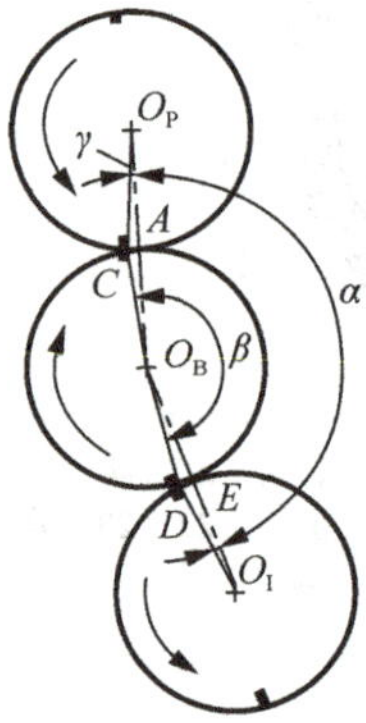

图 6-36　同时离合压示意图

由于必须保证滚筒在空当相遇期间同时离合压，应当使滚筒空当角 α_γ 大于滚筒排列角 α，即

$$\alpha_\gamma > \alpha$$

或

$$\alpha_\gamma \geqslant \alpha + 2\gamma$$

式中：γ 为合压提前角。γ 常为 5°～10°，显然滚筒排列角越大，则滚筒空挡角也越大，而滚筒表面利用系数越小。

2）顺序离合压。橡皮滚筒与印版滚筒先合压，然后与压印滚筒合压，离压的顺序则相反，这种就称为顺序离合压，如图 6-37 所示。

显然，假设从橡皮滚筒与印版滚筒合压到橡皮滚筒与压印滚筒合压所经过的时间间隔相当于滚筒转角 θ_i，橡皮滚筒与印版滚筒合压提前角为 γ，滚筒排列角为 α，滚筒空当角为 α_γ，设橡皮滚筒与印版滚筒在咬口到达接触点 A 前合压，则为了使橡皮滚筒与压印滚筒拖梢在通过接触点 B 之后才合压，应该有

$$\theta_i > \alpha + \gamma - \alpha_\gamma$$

显然，θ_i 值取得大些有利于保证橡皮滚筒与压印滚筒拖梢在通过接触点 B 之后合压。但是 θ_i 值也不能太大，否则可能发生橡皮滚筒与压印滚筒的咬口通过点 B 后才合压，这样仍不能保证此两滚筒在空当相遇

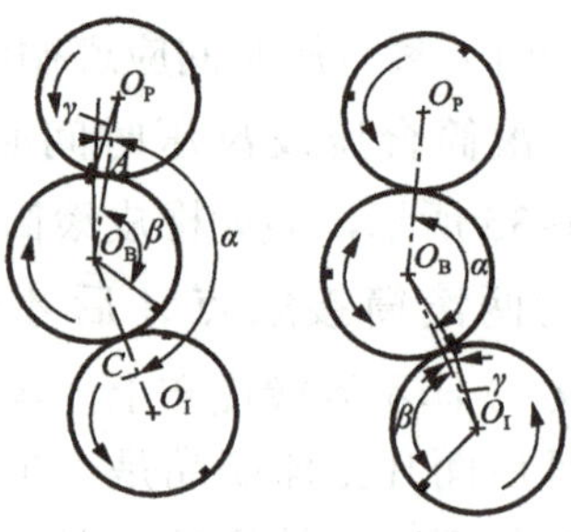

图 6-37　顺序离合压示意图

时合压。所以，应当有

$$\theta_i < \alpha + \gamma$$

综合以上两式得

$$\alpha + \gamma > \theta_i > \alpha + \gamma - \alpha_\gamma$$

五、印版滚筒擦白点装置

擦白点装置也称打墨皮装置。在印刷时，由于绒毛和纸毛粘在印版上，遮盖并影响到图文的完整性和清晰度，在印刷品上表现缺少色数而影响印刷品质量。为了去掉印版上的绒毛和纸毛，常采用印版滚筒擦白点装置。

如图 6-38 所示，导板 2 横跨在两墙板之间，并有滑尺数码，数码与墨斗墨区是完全对应的。导块 3 在导板 2 上滑动。当手把 1 压向印版滚筒时，用耐油橡胶制作的铲块 5 就铲刮印版上的纸毛，它的动作是通过导杆 4 来实现的。

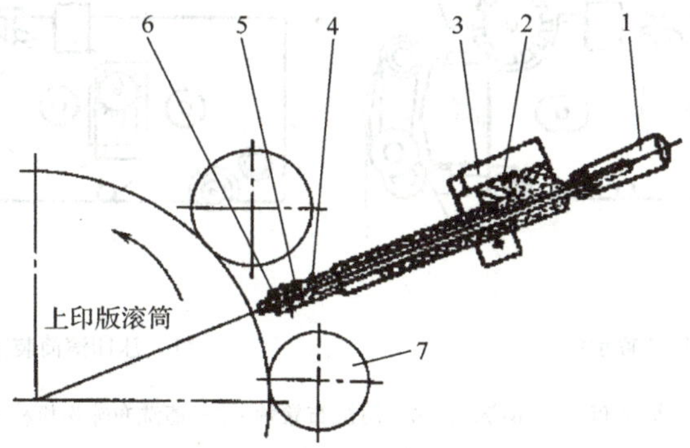

1—手把；2—导板；3—导块；6—压板；4—导杆；5—铲块；7—着水辊。

图 6-38　印版滚筒擦白点装置

印版滚筒擦白点装置可以在印刷时不停机去除印版上的白点，这样可以提高生产效率和生产安全性。

六、橡皮滚筒与压印滚筒清洗装置

现在大多数多色胶印机配备了橡皮滚筒与压印滚筒清洗装置。目前清洗装置的形式很多，现简单介绍海德堡 SM52-4 胶印机的橡皮滚筒与压印滚筒清洗装置。

自动清洗橡皮滚筒操作

1. 清洗橡皮滚筒

如图 6-39（a）所示，首先通过 CP 窗（CP-tronic）中央控制台预先选择好清洗程序及清洗剂和清水的比例。在清洗过程中，清洗液和水按照设置状况被喷到清洗布 2 上。在清洗时，清洗装置上的压布机构 1 将清洗布压到滚筒表面上去；然后压布机构缩回，由清洗布输送机构把干净清洗布输送给压布机构，同时清洗布卷轴 4 和脏布卷轴 6 相应卷过一定角度，再次由压布机构压向滚筒表面。按预先设定好的程序清洗完成。

2. 清洗压印滚筒

如图 6-39（b）所示，当需要清洗压印滚筒时，清洗头 3 向下倾斜一定角度，对准压印滚筒。按预先设定的清洗程序，以清洗橡皮滚筒相同的方法对压印滚筒进行清洗。

自动清洗压印滚筒操作

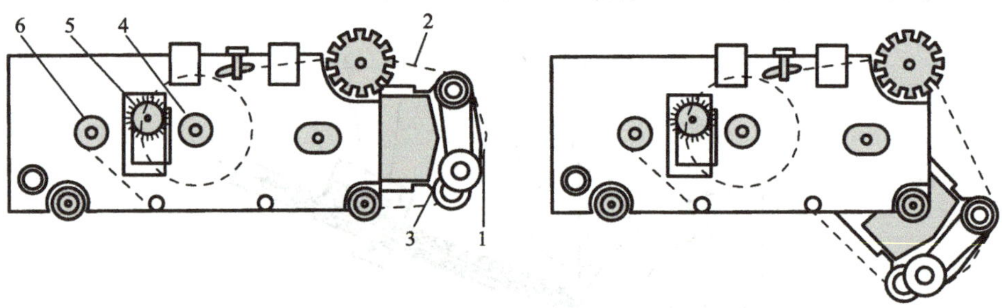

（a）橡皮滚筒装置示意图　　（b）压印滚筒装置示意图

1—压布机构；2—清洗布；3—清洗头；4—清洗布卷轴；5—清洗布输送机构；6—脏布卷轴。

图 6-39　海德堡 SM52-4 型胶印机的橡皮滚筒与压印滚筒清洗装置示意图

3. 清洗剂供给系统

在橡皮滚筒与压印滚筒清洗装置中，配备有清洗剂和清水自动供给系统。清洗剂主要用于清洗油墨，清水主要用于清洗纸粉和纸毛及胶质物等。清洗剂和清水是交替间隔喷射的，清洗剂和清水喷射量的多少可在 CP2000 系统上进行设置。

七、滚筒包衬

在印刷过程中，印版滚筒体表面包裹印版和衬垫；橡皮滚筒体表面包裹橡皮布和衬垫；压印滚筒体表面覆盖承印物。这种在滚筒的金属表面所加装的覆盖物被称为滚筒包衬。

1. 滚筒包衬的作用

滚筒包衬的作用可总结为以下几点。

1）抵消印刷装置及所选用的印版、橡皮布、纸张等印刷材料的厚度给印刷压力带来的各种偏差，保证压印面良好接触。

2）吸收在动载荷作用下产生于印刷装置压印接触区的振动和冲击。

3）改变压缩量以调节印刷压力。

4）完成图文的传递和转印。

滚筒包衬可分为印版滚筒包衬和橡皮滚筒包衬两种。印版滚筒包衬主要由印版及衬垫组成；橡皮滚筒包衬主要由橡皮布及衬垫材料组成。

2. 有关滚筒包衬的术语和功能

滚筒包衬的术语和功能如图 6-40 所示。

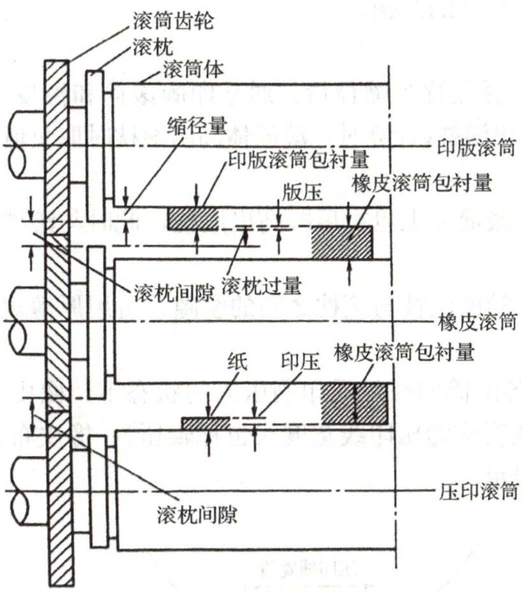

图 6-40　滚筒包衬的术语和功能

（1）滚筒齿轮

滚筒齿轮分别装在印版滚筒、橡皮滚筒、压印滚筒的各侧面并互相啮合带动滚筒旋转。三滚筒的传动齿轮的分度圆直径相等，在标准安装时其节圆直径等于其分度圆直径。滚筒之间中心距的调节利用了渐开线齿轮中心距的可分性。

（2）滚枕

目前胶印机按滚枕接触与否分为两种印刷方式：一种是滚枕接触进行印刷（走肩铁）；另一种是滚枕不接触进行印刷（不走肩铁）。

1）走肩铁的胶印机。合压印刷时，印版滚筒滚枕与橡皮滚筒滚枕相接触，其中心距不可调节；而橡皮滚筒滚枕与压印滚筒滚枕不接触，其中心距可调节，以便适应不同的纸张厚度。

走肩铁的胶印机运转平稳、压印力均匀，可以保证印刷品的质量，但缺乏适应各种不同印刷工艺条件的灵活性。

2）不走肩铁的胶印机。在合压印刷时，各滚筒滚枕都不接触。每对滚筒的中心距均可调节。

不走肩铁的胶印机，在印刷过程中，每当滚筒转至空当时，就会产生振动，影响印刷品的质量，严重的可产生条杠。

目前，国产的胶印机及英国、日本的胶印机都采用不走肩铁的结构，而德国、美国的胶印机大都采用走肩铁的结构。

（3）缩径量

滚筒体与滚枕的半径差称为缩径量。通常印版滚筒和橡皮滚筒的滚筒体低于其滚枕，而压印滚筒体则高出滚枕(计算时，滚筒体高出滚枕时取负值，低于滚枕时取正值)。

（4）滚枕过量

当印版滚筒和橡皮滚筒加上包衬后即高出滚枕，此时与滚枕之差称为滚枕过量。

（5）滚枕间隙

滚枕间隙是指各滚筒的滚枕与滚枕之间的空隙，可用厚薄规测定。

（6）压印线宽度

如图 6-41 所示，各滚筒间在承受印刷压力的状态下，橡皮布被压缩而变形，滚筒相互之间形成的接触宽度称为压印线宽度（也称辊压），橡皮布被压缩的量称为辊间接触压力，单位用 mm 表示。

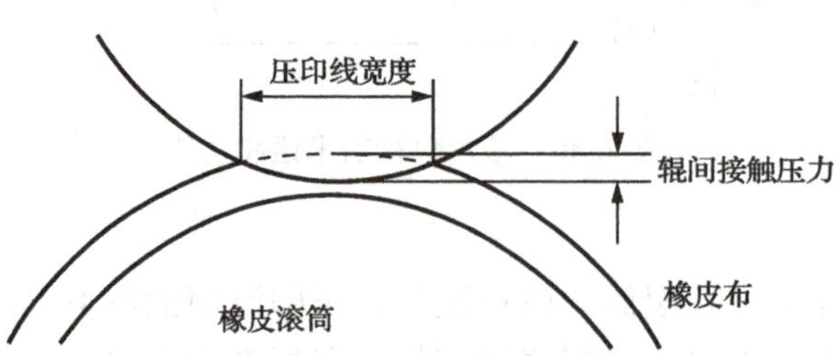

图 6-41　压印线宽度和滚间接触压力

用压缩量 λ 来表示印刷压力既直观又简便，印版滚筒和橡皮滚筒之间的压缩量用 λ_{pb} 表示；橡皮滚筒与压印滚筒之间的压缩量用 λ_{bi} 表示。

3. 包衬尺寸的确定

关于包衬尺寸，目前一般按异径滚筒配置法来确定。各胶印机在其使用说明书中都会对包衬尺寸做出说明，可按其执行。

除此之外，还可按下面的方法进行计算：

滚枕过量 = 包衬量 − 缩径量

包衬完成后的滚筒直径 = 滚枕过量 ×2 + 滚枕直径

印版滚筒底衬量 = 印版滚筒包衬量 − 版材厚度

橡皮滚筒衬垫量 = 橡皮滚筒包衬量 − 橡皮布厚度

印版滚筒与橡皮滚筒之间的滚筒接触压力为

λ_{pb} = 印版滚筒滚枕过量 + 橡皮滚筒滚枕过量 − 印版滚筒与橡皮滚筒滚枕间隙

橡皮滚筒与压印滚筒之间的滚筒接触压力为

λ_{bi} = 橡皮滚筒滚枕过量 + 压印滚筒滚枕过量 + 纸厚 − 橡皮滚筒与压印滚筒滚枕间隙

例题：已知某 B-B 型胶印机印版滚筒与橡皮滚筒的滚枕直径均为 299.8mm，合压后滚枕间隙为 0.2mm，印版滚筒滚枕过量为 0.17mm，橡皮滚筒滚枕过量为 0.14mm。求印版滚筒与橡皮滚筒及两橡皮滚筒之间的滚筒接触压力 λ_{pb}、λ_{bb}。

如果印版滚筒包衬厚度为 0.57mm，橡皮滚筒包衬厚度为 0.14mm，试计算印版滚筒和橡皮滚筒包衬后的直径 D_P、D_b，滚筒体直径 d_P、d_b 及中心距 A。

解：λ_{pb} = 印版滚筒滚枕过量 + 橡皮滚筒滚枕过量 − 合压后滚枕间隙 =0.17+0.14−0.2=0.11（mm）

λ_{bb} = 橡皮滚筒滚枕过量 ×2− 合压后滚枕间隙 =0.14×2−0.2=0.08（mm）

D_P = 印版滚筒滚枕过量 ×2+ 滚枕直径 =0.17×2+299.8=300.14（mm）

D_b = 橡皮滚筒滚枕过量 ×2+ 滚枕直径 =0.14×2+299.8=300.08（mm）

印版滚筒缩径量 = 包衬量 − 滚枕过量 =0.57−0.17=0.4（mm）

橡皮滚筒缩径量 = 包衬量 − 滚枕过量 =2.04−0.14=1.9（mm）

d_P = 滚枕直径 − 缩径量 ×2=299.8−0.4×2=299（mm）

d_b = 滚枕直径 − 缩径量 ×2=299.8−1.9×2=296（mm）

$A=(D_P+D_b)\times0.5-0.11=300$（mm）或 $A=(D_b+D_b)\times0.5-0.08=300$（mm）

4. 滚筒包衬材料

（1）印版滚筒的包衬材料

印版滚筒的包衬通常由印版加底衬组成。底衬材料有牛皮纸、机制板纸、塑料薄膜。根据需要选取一定的厚度。厚度使用千分尺测量。

（2）橡皮滚筒的包衬材料

橡皮滚筒的包衬为橡皮布加衬垫。橡皮布通常有 1.65mm、1.8mm、1.9mm、2.1mm 等不同的厚度，应根据规定的包衬量确定橡皮布和衬垫厚度。胶印机橡皮滚筒的包衬分为硬包衬、中性包衬和软包衬，其区别在于橡皮布下面的衬垫。

（3）各种包衬的组成、特点及所需的印刷压力

各种包衬的组成、压缩量及特点如表 6-1 所示。

表 6-1　各种包衬的组成、压缩量及特点

包衬种类	组成	压缩量（λ）/mm	特点
软包衬	1 张橡皮布 + 毛呢 + 纸	0.2 ～ 0.25	网点易变形，不易出现墨杠
中性包衬	1 张橡皮布 + 夹胶橡皮布 + 纸 或 2 张橡皮布 + 纸	0.05 ～ 0.15	网点还原性好，不易出现墨杠
硬包衬	1 张橡皮布 + 纸（或尼龙布）	0.04 ～ 0.08	网点清晰，易出现墨杠

练习与测试

一、填空题

1. 单面多色胶印机滚筒排列的形式有________、________、________，海德堡机组式单张纸单面多色胶印机的滚筒排列形式为________________。

2. 双面胶印机根据滚筒排列形式可分为________、________。

3. 离合压类型可分为________和________；现代胶印机离合压类型基本上是________。

4. 橡皮布厚度通常有________、________、________等规格。胶印机橡皮布厚度大多为________。

5. 橡皮滚筒包衬可分为________、________、________3 种，其印刷压力分别为________、________、________。

6. 印刷时，相互滚压的两个滚筒的表面速度________________________。

二、判断题（正确的打“√”，错误的打“×”，并将错误的部分改成正确的）

（　　）1. 机组式多色胶印机均为三滚筒直径相等。

（　　）2. 机组式双面胶印机纸张在传送过程中，各滚筒咬纸牙总是咬着纸张的咬口。

（　　）3．印版滚筒周向位置（大量）调节，俗称借滚筒，是通过改变印版滚筒和橡皮滚筒在圆周方向的相对位置，从而改变图文印在纸上的位置。

（　　）4．在单张纸多色胶印机色组之间的传纸形式中，公共压印滚筒咬牙传纸较传纸滚筒咬牙传纸的传纸时间长，有利于提高印刷品的质量。

（　　）5．在胶印机的滚筒中心距调节过程中，应该先调节橡皮滚筒与压印滚筒的中心距，然后调节印版滚筒与橡皮滚筒的中心距。

（　　）6．胶印机印刷时，实现三滚筒之间的离合压是由调压机构来实现的。

（　　）7．要保证相同的印刷压力，软包衬的压缩量应该比硬包衬的压缩量大。

（　　）8．顺序离合压滚筒的空当角必须大于滚筒的排列角。

（　　）9．走肩铁的胶印机三滚筒的中心距均不可调。

（　　）10．不走肩铁的胶印机三滚筒的中心距均可调。

（　　）11．咬纸牙由弹簧产生的咬纸力与由凸轮产生的咬纸力相比更大、更稳定。

（　　）12．公共压印滚筒的方式是在同一压印滚筒上连续印刷两色或多色。

三、选择题

1．下列说法正确的是（　　）。

A．印版滚筒上的印版装卡机构有固定式版夹机构、快速版夹机构、自动装版机构

B．快速版夹机构无法调节印版的轴向位置和周向位置

C．自动装版机构实现印版轴向和周向位置微调，实际上是印版滚筒轴向和周向位置改变

D．印版滚筒周向位置大量调节，俗称借滚筒

E．在 J4104 印版装卡机构中，印版轴向调节常称轴向拉版，周向调节常称周向拉版

2．印刷压力调节机构有（　　）类型。

A．连杆调压器　　B．螺纹调压器　　C．蜗轮蜗杆调压器

D．斜齿轮调压器　　E．凸轮调压器

3．滚筒的利用系数为 0.6，表示（　　）。

A．滚筒的工作部分占整个滚筒的 6/10

B．滚筒的工作部分占整个滚筒的 4/10

C．滚筒的工作部分占滚筒空当部分的 6/10

D．滚筒的工作部分占滚筒空当部分的 4/10

4. 下列说法正确的是（　　）。

A. 平整器的作用是校正印张的弯曲变形

B. 侧理纸机构的作用是给纸张咬口整齐

C. J4104 型胶印机收纸台不能自动根据收纸高度而下降

D. 咬牙开闭控制装置中有低点闭牙和高点闭牙两种方式

E. 现代胶印机离合压类型一般为同时离合压形式

5. 胶印机滚筒两侧滚枕的作用是（　　）。

A. 测量滚筒轴线平行　　B. 测量滚筒中心距和包衬厚度

C. 测量印刷压力　　D. 测量齿轮啮合程度

E. 以上答案都不对

6. 当橡皮滚筒与其余两滚筒同时离合压时，应保证（　　）。

A. 滚筒的空当角大于滚筒的排列角

B. 滚筒的空当角小于滚筒的排列角

C. 滚筒的空当角等于滚筒的排列角

D. 滚筒的空当角与滚筒的排列角无关

7. 采用双倍径压印滚筒的胶印机，其压印滚筒上有（　　）叼纸牙排。

A. 1 套　　B. 2 套　　C. 3 套　　D. 以上答案都不对

8. 单张纸胶印机采用三滚筒等径的印刷装置时，三滚筒传动齿轮的传动比 i=（　　）。

A. 1　　B. 2　　C. 3　　D. 以上答案都不对

9. 单张纸印刷时，在印版和纸张等承印物前端留出的空白边称为叼口。在通常情况下，印版的叼口尺寸为（　　）。

A. 7mm 左右　　B. 30mm 左右

C. 60mm 左右　　D. 以上答案都不对

10. 我们通常所说的“借滚筒”是指（　　）。

A. 印版位置的调节　　B. 印版滚筒的周向调节

C. 印版滚筒的轴向调节　　D. 以上答案都不对

11. 我们通常所说的“校版或拉版”是指（　　）。

A. 印版位置的调节　　B. 印版滚筒的周向调节

C. 印版滚筒的轴向调节　　D. 以上答案都不对

12. 对于平版胶印机来说，下列滚筒没有调压机构的是（　　）。

A. 印版滚筒　　B. 橡皮滚筒

C. 压印滚筒　　D. 传纸滚筒

13．下列滚筒的空当装有咬牙排的是（　　）。

A．印版滚筒　　B．橡皮滚筒

C．压印滚筒　　D．传纸滚筒

14．胶印机滚筒按照其功能可分为（　　）。

A．印版滚筒　B．橡皮滚筒　C．压印滚筒　D．传纸滚筒

E．收纸滚筒　F．翻纸滚筒　G．输纸滚筒

15．三滚筒型平版胶印机的三滚筒是指（　　）。

A．印版滚筒　B．橡皮滚筒　C．压印滚筒　D．传纸滚筒

E．收纸滚筒　F．翻纸滚筒

16．在多色胶印机中，为补偿纸带伸长，橡皮滚筒的包衬选择应为（　　）。

A．第一色稍稍大于理论值　　B．第一色稍稍小于理论值

C．二色以后逐渐增大　　D．二色以后逐渐减小

E．二色以后各值均相等

四、简答题

1．根据典型 PZ4880 型胶印机印版滚筒周向和轴向位置微调机构原理图（图 6-25）回答以下问题。

（1）说明其周向微调工作原理。

（2）说明其轴向微调工作原理。

2．根据压印滚筒咬牙机构图（图 6-27）回答以下问题。

（1）指出图中 1、2、3、5、10 的名称。

（2）说明其咬纸工作原理。

（3）如何调节咬纸力大小？

3．根据三点悬浮式离合压和调压机构原理图（图 6-32）回答以下问题。

（1）说明其离压工作原理。

（2）说明其合压工作原理。

（3）说明橡皮滚筒与印版滚筒及压印滚筒压力调节原理。

4．根据偏心套式离合压机构的传动机构图（图 6-33）回答以下问题。

（1）说明其离压工作原理。

（2）说明其合压工作原理。

5．根据三点悬浮式离合压机构的传动机构图（图 6-34）回答以下问题。

（1）说明其离压工作原理。

（2）说明其合压工作原理。

（3）说明橡皮滚筒与印版滚筒及压印滚筒压力调节原理。

项目七

收纸装置调节

实训任务一　海德堡 CD102 相关部件的调节

1. 任务解读

收纸装置保证印刷品完好地收集在收纸堆上，其设置的好坏直接影响印刷品的质量。

2. 设备、材料及工具准备

1）设备：海德堡 CD102 型胶印机 1 台。

2）材料：已裁切好的纸张 500 张。

3）工具：内六角、外六角扳手各 5 套，胶印机其他常用操作工具 1 套。

每人领取 1 份实训报告，实训结束时，教师根据学生操作过程及效果进行点评；按评分标准进行评分。

3. 操作步骤

（1）导纸过程中的风量调节

导纸板吹风调节气阀位于收纸装置的操作面，纸张上升斜面的保护门后。在带加长收纸的胶印机上，气阀位于操作面上光单元的后面。

1）调节方法。

① 整体调节。

② 在滑动控制器（图 7-1 ②）位置调节。

③ 各吹气嘴在阀门（图 7-1 ①）处调节。

2）打开 / 关闭气阀的方法。

阀门呈水平时为关闭状态（图 7-1 ①），阀门呈垂直时为打开状态（图 7-1 ③）。

阀门上的数字编号（图 7-2）与导纸板上吹风嘴位置相对应。

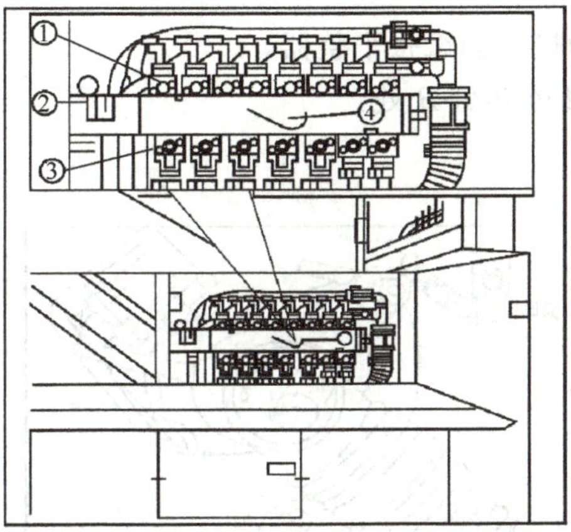

图 7-1　导纸过程中的风量调节方法示意图

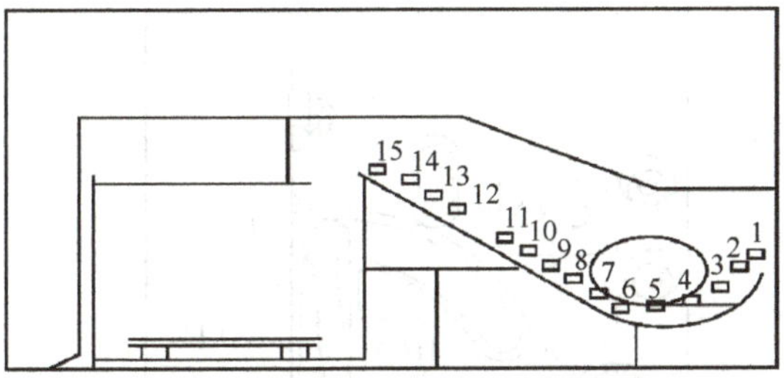

图 7-2　导纸板上吹风嘴位置示意图

（2）纸张平整器吸风的设定

可以使用调节杆（图 7-3 ①）来调节平整器的吸风量。平整器关闭后，控制台上平整器的吸风也自动关闭。

（3）纸张平整器说明

纸张平整器（图 7-4 ①）是由两个相邻的圆杆（图 7-4 ②）组成的。纸张平整器的位置在最后一组印刷单元后面的链轮轴的下面。小心避免由于纸张平整器外罩碰撞引起胶印机的损坏。打开纸张平整器之前，切记将附加护罩从收纸装置上取出。

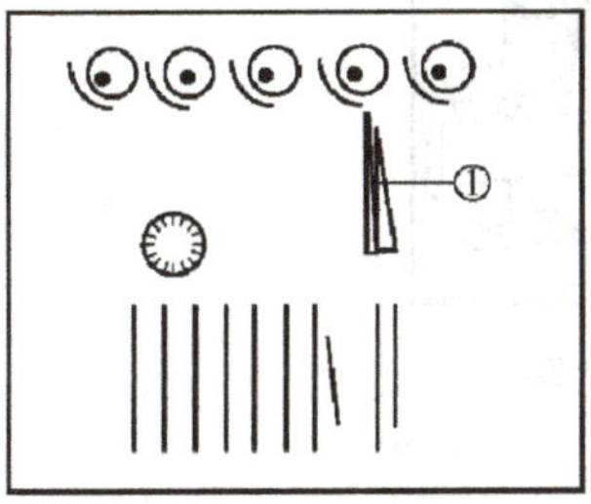

图 7-3　风量调节杆示意图

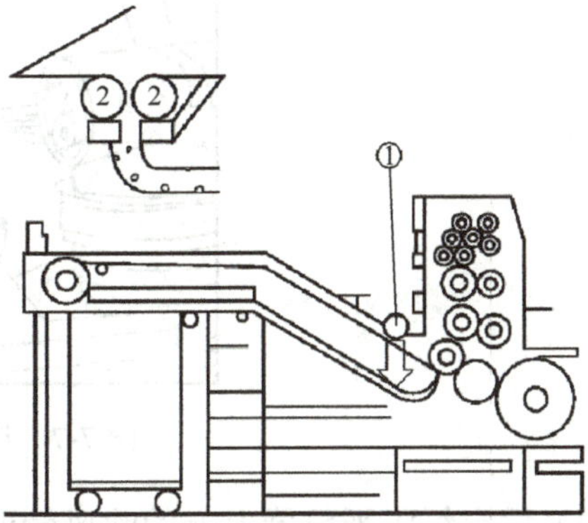

图 7-4　纸张平整器示意图

注意：关闭纸张平整器时，用附加护罩盖好圆杆。

纸张平整器离 / 合操纵杆位于胶印机操作面挡纸板后面与收纸滚筒同高的位置。

1）打开或关闭不带上光单元的 CD102 型胶印机上的纸张平整器啮合时，必须把开关杆（图 7-5 ①）从 *A* 处转到 *B* 处。

2）打开或关闭带上光单元的 CD102 型胶印机上的纸张平整器。

① 啮合时，必须把开关杆（图 7-6 ②）从 *A* 处转到 *B* 处。

② 将开关杆拧紧。

图 7-5　纸张平整器开关杆（不带上光单元）示意图

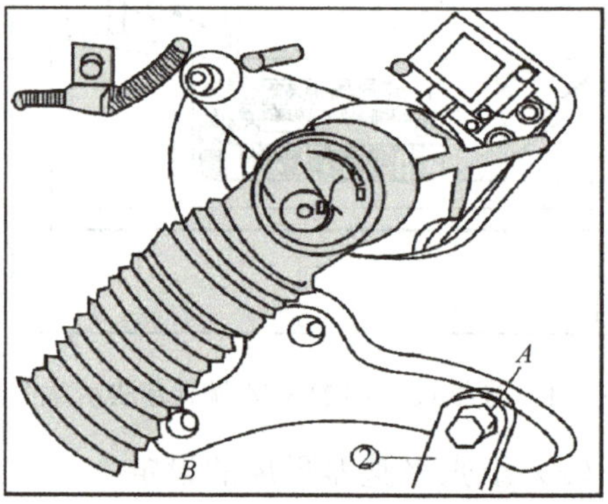

图 7-6　纸张平整器开关杆（带上光单元）示意图

3）打开或关闭带有加长收纸的 CD102 型胶印机上的纸张平整器。啮合时，插上星形手柄（图 7-7 ①），转动星形手柄将其锁紧。

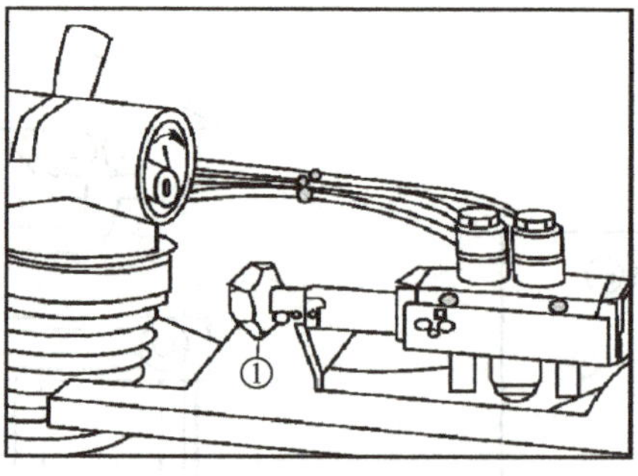

图 7-7　星形手柄位置示意图

4）设定纸张平整器上方的吹风管面。

① 不带上光单元的胶印机。调节吹气管吹气的旋钮（图 7-8 ①）位于纸张平整器

（图 7-9 ①）的上方，操作面上盖板的后面。

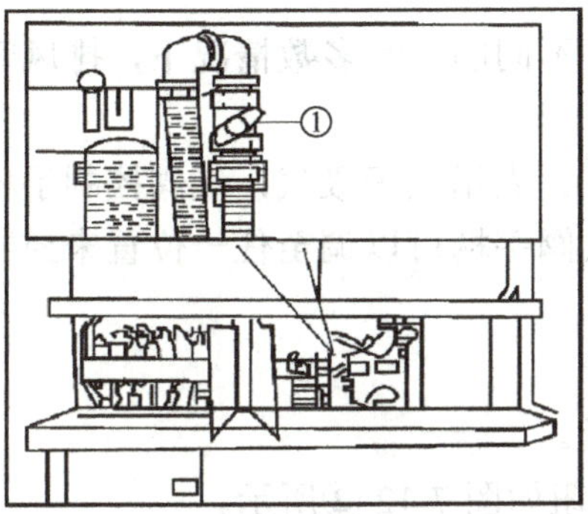

图 7-8　吹气管吹气调节旋钮位置（不带上光单元）示意图

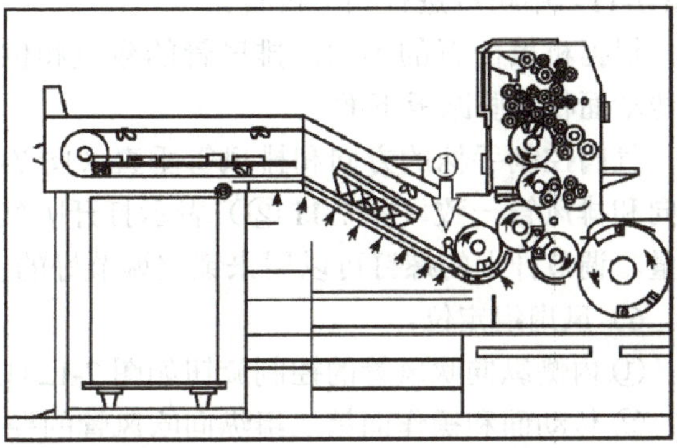

图 7-9　吹气管吹气调节旋钮位置（带上光单元）示意图

② 带上光单元加长收纸的胶印机。调节吹气管吹气的旋钮（图 7-10 ①）位于纸张平整器（图 7-9 ①）上方，操作面上盖板的后面。另外，旋钮（图 7-10 ②）也可以调节导板托架吹气管的吹气。

注意：导板托架吹气管只适用于薄的印张，使用厚的较硬的纸张印刷时必须将吹气管拆下来，以防止挤压纸张。拆卸前，转动旋钮（图 7-10 ②）关闭吹风。

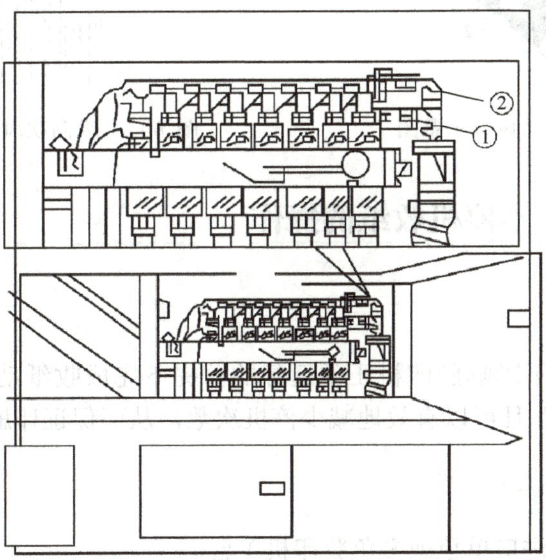

图 7-10　吹气管吹气调节旋钮位置（带上光单元）示意图

5）设定抽气。带上光单元的胶印机在收纸区域配有抽气系统，用于收纸区域的空气抽取。为了使纸张在各区域内达到最佳走纸，可以调节抽气量。在 Y 形排风管（图 7-11）中可以进行调节设置。

根据机器配置的不同，排风管的数量和位置是不同的。大多数情况下，排风管位于传动面收纸脚踏板下面。

气阀控制手柄的方向和排风管垂直（图 7-11 ①）表示关闭吸气，气阀控制手柄的方向和排风管一致（图 7-11 ②）表示打开吸气。气阀手柄可以调至任一位置来控制吸风量。调节杆上的螺钉可以用来锁定调节好的设置。

6）风扇组定位。

① 内侧纵向吹风管的控制旋钮如图 7-12 ①所示。

② 传动面和操作面第二组纵向吹风管的控制旋钮如图 7-12 ②所示。

③ 外侧两个纵向吹风管的控制旋钮如图 7-12 ③所示。

④ 顺时针转动相应的控制旋钮（图 7-11 ①～③），增加吹风量。

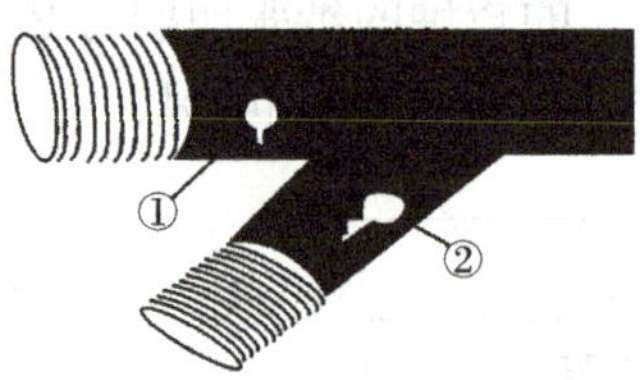

图 7-11　Y 形排风管示意图

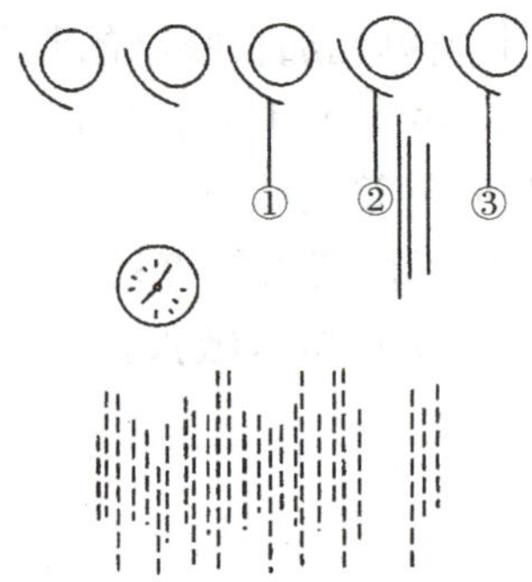

图 7-12　纵向吹风机风量设定示意图

实训任务二　不停机收纸的操作

1. 任务解读

不停机收纸是在不影响胶印机正常运行的前提下完成收纸动作。不停机收纸有利于印刷速度的提高，并且可以有效地减少停机次数，从而保证印刷品墨色的一致性。

2. 设备、材料及工具准备

1）设备：国产或进口单色或多色胶印机 1 台。

2）材料：已裁切好的纸张 500 张。

3）工具：内六角、外六角扳手各 5 套，胶印机其他常用操作工具 1 套。

每人领取 1 份实训报告，实训结束时，教师根据学生操作过程及效果进行点评；按评分标准进行评分。

3. 操作步骤

（1）设定纸堆下降距离

在生产过程中，通常使用纸堆高度传感器（图 7-13 ①）设定纸堆高度。使用叉台或纸台时，接纸器插入纸堆，纸堆下降，形成一个间距。这时叉台或者纸台就可以插入纸堆。

1）纸堆高度传感器的调节。纸前端挡纸器上有 3 个传感器支撑架。纸堆高度传感器可以安装在被称为“12B69”的两支撑架（图 7-14 ①②）的任一个上面。

注意：带有十字头螺钉的传感器（图 7-14 ③）已随机设好，无须再调。纸堆高度传感器决定主纸堆从哪个高度开始下降。传感器位置下调，主纸堆下降高度也会随之下调（但是下降距离不变）。

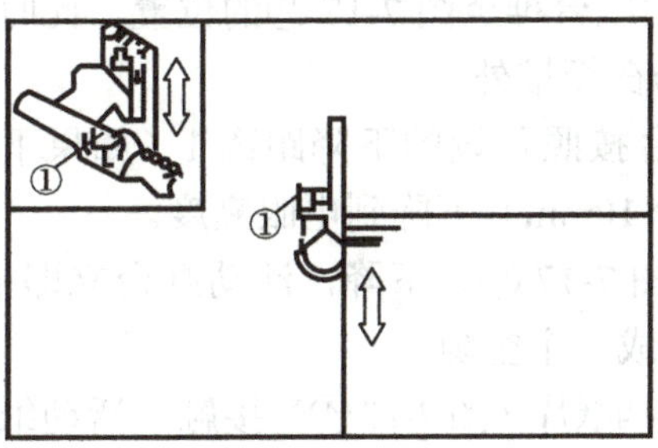

图 7-13　纸堆高度传感器示意图

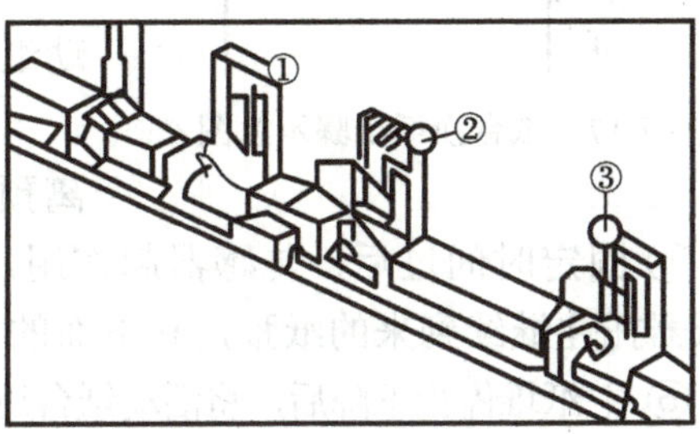

图 7-14　配有传感器的纸前挡纸器示意图

调节纸堆高度传感器的方法：

① 松开十字头螺钉（图 7-13 ①）。

② 将纸堆高度传感器向上或向下移动。

③ 拧紧十字头螺钉。

2）纸堆侧面电眼的（图 7-15）调节。使用电眼可以将纸堆降低至一个精确高度。如果通过控制台将下降距离设置为低于 10mm，主纸堆就会精确下降至电眼高度，电眼的高度是可以调节的。

调节电眼高度的方法：

① 将接收器和传送器面板上的紧固螺钉（图 7-16 ①）松开。

② 将接收器和传送器调节至需要的高度。

③ 拧紧螺钉。

图 7-15　纸堆侧面的电眼示意图

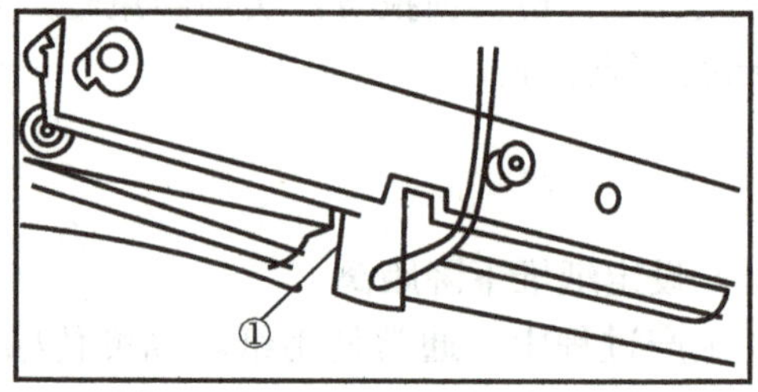

图 7-16　接收器和传送器面板上的紧固螺钉示意图

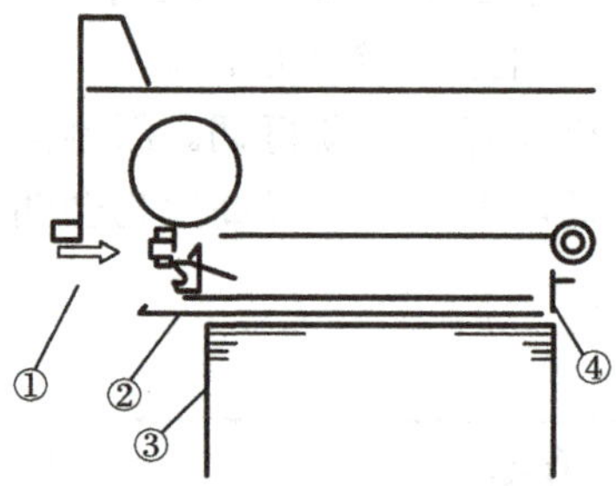

图 7-17　纸台换纸步骤示意图

（2）纸堆更换的步骤

换纸时使用活动叉台或者活动纸台，决定换纸时有不同的步骤。

1）不停机收纸活动纸台换纸步骤。

① 安装好活动纸台。

② 将活动纸台推至图 7-17 ②的位置。此时，活动纸台外侧仍在纸堆外。

③ 主纸台按照预设的下降距离 1（如果下降距离预设为低于 10mm）下降到电眼高度。

④ 固定时间过后，传感器起作用，纸堆（图 7-17 ③）下降，活动纸台立即插入，接纸器托住继续到来的纸张，和下面的主纸堆形成一个空隙。

⑤ 主纸堆停止下降后，将活动纸台迅速插入与挡纸片（图 7-17 ④）接触，活动纸台代替主纸台自动上升。

⑥ 主纸台按照下降距离 2 的设置值下降（下降距离 2 已事先在控制台上设置好，一般下降到最低位置）。

⑦ 将主纸堆拉走后，让主纸台上升，直到活动纸台略微抬起，脱开活动纸台导轨。

⑧ 拉出活动纸台并放下。

⑨ 活动纸台上的副纸堆同时落到主纸台上。

2）不停机收纸活动叉台的换纸步骤。

配有不停机收纸活动叉台的换纸步骤如下：

① 抬起堆纸架。

② 将堆纸架推至开关（图 7-18 ②）处，此时纸架外侧仍在纸堆外。

③ 纸台按照下降距离 1 的设置值（如果下降距离 1 预设为低于 10mm）下降至电眼高度。

不停机换纸操作步骤

④ 主纸堆下降后，固定时间过后传感器变得清晰（图 7-19 ③），活动叉台立即插入。接纸器接住继续到来的纸张，和下面的纸张形成一个空隙。

⑤ 纸堆停止后，将活动叉台迅速插入与挡纸片（图 7-17 ④）接触，活动叉台代替主纸台自动上升。

⑥ 主纸堆降至最低位置，将主纸堆拉走后，插入新的主收纸台。

⑦ 将主收纸台上升，直至其移至活动叉台下方。

⑧ 拉出活动叉台并放下。

⑨ 副纸堆如果同时下降，则会落到主纸台上。

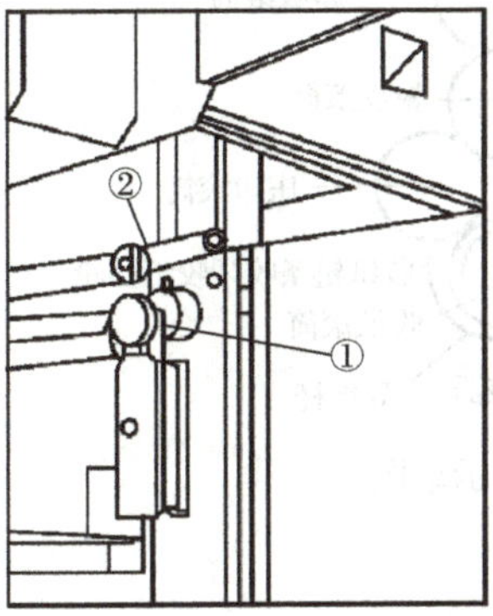

图 7-18　堆纸架开关示意图

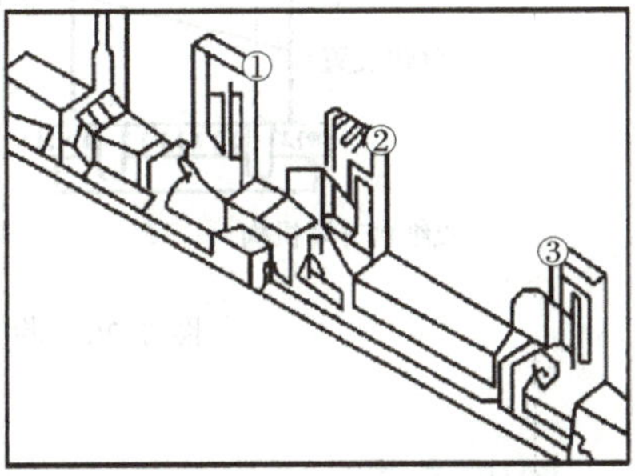

图 7-19　带有传感器的纸张前端挡纸器示意图

知识链接

一、收纸装置的构成

收纸是胶印机完成一个印刷过程的最后一道工序。把纸张从压印滚筒咬牙接过来，输送到收纸台上，并理齐和堆积成垛的装置称为收纸装置。现在主要采用链条收纸装置。

链条收纸装置有低台链条咬牙收纸和高台链条咬牙收纸两种形式。低台链条咬牙收纸的收纸台设置在压印滚筒下方，其收纸堆高度一般不超过 600mm。它的主要优点是占地面积小，机器结构简单；缺点是停机换纸台次数多，取样不便，须蹲下操作。

高台链条咬牙收纸的收纸台的收纸堆高度可达 900mm 以上，为了不停机操作，有的机器上还装有副收纸板等副收纸装置。

无论哪种链条咬牙收纸装置都主要由收纸滚筒、收纸链条咬牙咬纸凸轮、收纸链条及导轨（包括链轮及链条松紧调节机构）、收纸链条咬牙排（以下简称收纸链排）、收纸链条咬牙放纸凸轮、纸张减速机构（吸气轮减速机构和橡胶圈纸张制动器）、理纸机构（侧理纸机构和前齐纸机构）、收纸台升降机构和其他辅助装置（气垫装置、喷粉装置、干燥装置、纸张平整器、导纸杆、风扇或吹风管）等组成，如图 7-20 所示。

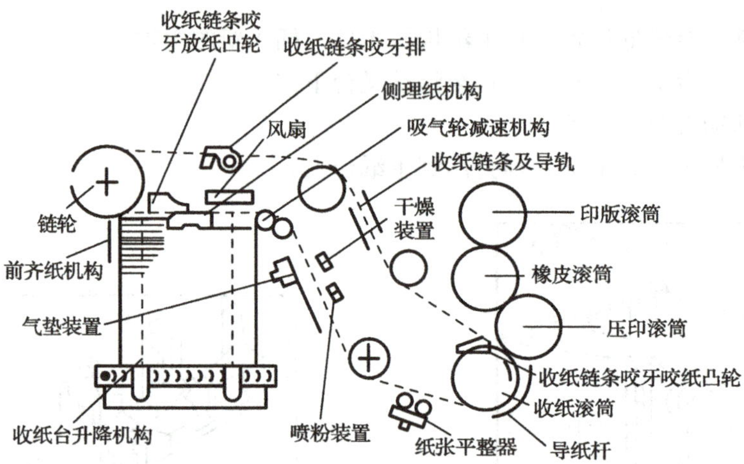

图 7-20　收纸装置的构成部分示意图

二、收纸滚筒

1. 收纸滚筒的作用

收纸滚筒通过收纸链条咬牙，把印张从压印滚筒咬牙上接过来，并防止印刷品蹭脏。

2. 收纸滚筒的种类

收纸滚筒目前主要有星形轮收纸滚筒和按键式支承轮收纸滚筒等。

（1）星形轮收纸滚筒

如图 7-21 所示为海德堡 SM52-4 收纸滚筒主要结构图。朝着机器操作面顶住弹簧 3 推动星形滚轮杆 1，取出传动面的孔内的星形滚轮杆，并且将其从支撑盘 2 的凹槽内将这些星形滚轮杆取出，再取下星形轮 6。松开固定螺栓 4、5 可将中间及两侧的支撑盘取出来。

（2）按键式支承轮收纸滚筒

如图 7-22 所示，凸块 1 受到弹簧 2 向上的撑力，它在伸出时受到支承轮体 3 的外轮圈的限制。当揿下凸块 1 时，凸块 1 与支承轮体 3 上的斜面间产生相对滑动，弹簧 2

受压缩，凸块 1 下移到其上的小凸起被支承轮体 3 上另一凸起轮圈所限制为止。具有弹性的塑料薄片 4 能向外退让，如需使揿下的凸块 1 伸出，可将凸块 1 向塑料薄片 4 一方扳动，凸块 1 的凸起便离开支承轮的凸起轮圈，在弹簧的作用下伸出至正常位置。

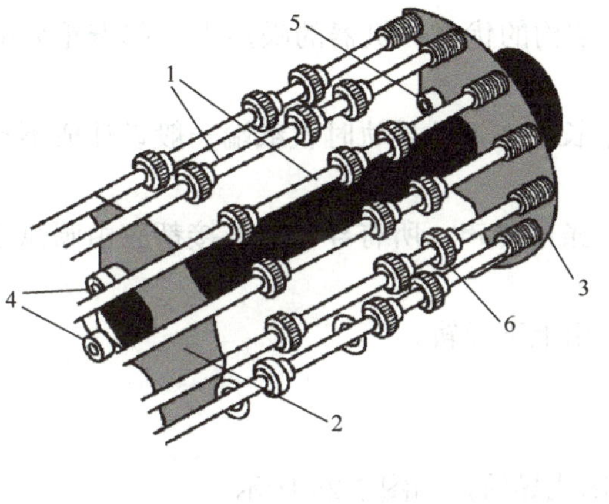

1—星形滚轮杆；2—支撑盘；3—弹簧；4、5—固定螺栓；6—星形轮。

图 7-21　海德堡 SM52-4 收纸滚筒主要结构图

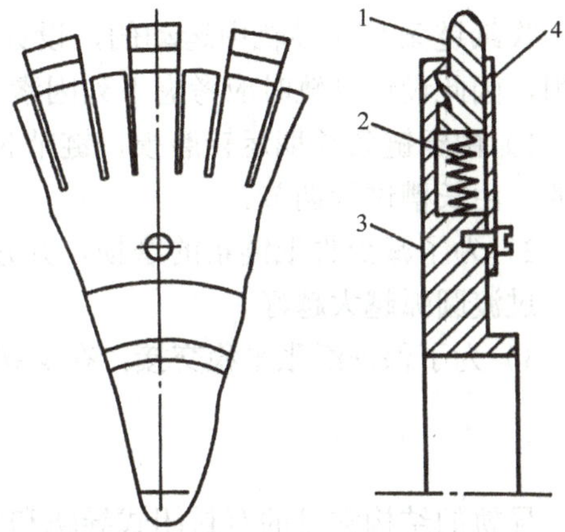

1—凸块；2—弹簧；3—支承轮体；4—塑料薄片。

图 7-22　按键式支承轮收纸滚筒结构图

这种按键式支承轮收纸滚筒既可以移动支承轮在轴上的位置，以便使支承轮的表面与印张上没有图文或图文很少的某一窄长区接触，还可按下某些凸块，使印张周向上有较厚油墨的地方不接触到支承轮的表面。

三、收纸链条咬牙咬纸凸轮

1. 收纸链条咬牙咬纸凸轮机构

如图 7-23 所示，收纸链条咬牙咬纸凸轮 3 被支承在凸轮支架 2 上，支架 2 空套在收纸滚筒轴 1 上。当收纸滚筒轴 1 旋转时，支架 2 相对静止不动，凸轮 3 用螺钉紧固在支架 2 上。凸轮 3 上的长孔可用于调节闭牙时间的早晚。

2. 收纸链条咬牙咬纸时间调节

调节时，盘车让收纸链条咬牙处在压印滚筒和收纸滚筒中心连线前 1.5° 左右，此时控制咬牙张闭的咬牙轴端滚子应脱离凸轮 3。

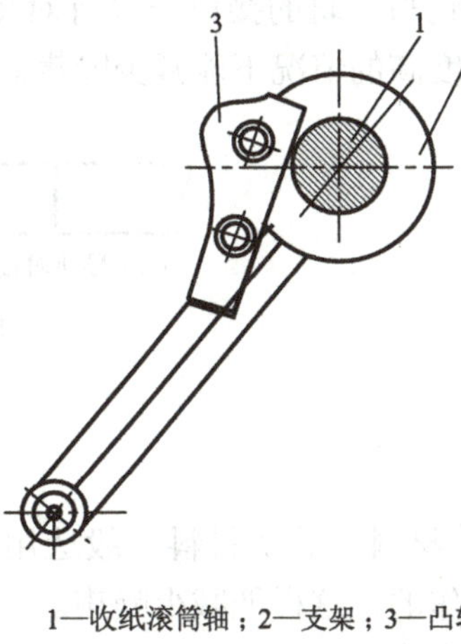

1—收纸滚筒轴；2—支架；3—凸轮。

图 7-23　收纸链条咬牙咬纸凸轮机构图

四、收纸链条及导轨

1. 对导轨的要求

收纸链条是在导轨中运动的，设计导轨结构的优劣对机器的噪声大小起着重要的作用，因此设计导轨时应考虑下列因素。

1）由于链条长期运转磨损，链节长度增长，在设计导轨时收纸端一般设计成不封闭的，由长槽进行调节。

2）为了减少收纸链条的磨损，并减少链条的噪声，所有导轨的连接都应由圆弧连接。过渡圆弧越大越好。

3）为了保证纸张平稳交接，在交接处采用上下导轨。

2. 导轨的结构

导轨的结构常见的有封闭式导轨和非封闭式导轨，如图 7-24 所示。

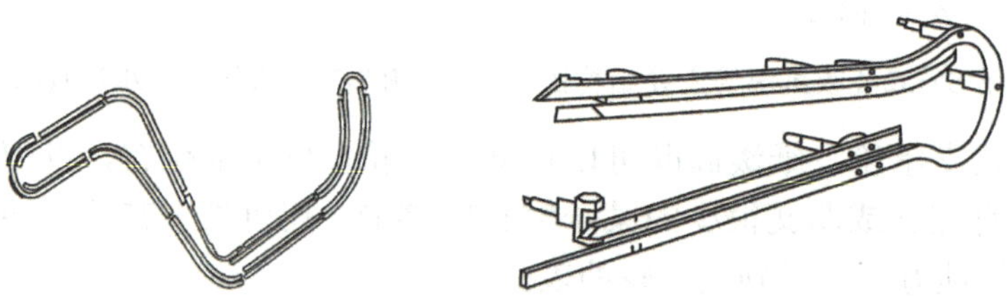

（a）封闭式导轨　　（b）非封闭式导轨

图 7-24　导轨的结构

导轨与导轨的接口一般有对接和搭接两种形式，如图 7-25 所示。导轨搭接形式在安装精度高的情况下能减少噪声。

（a）导轨对接形式　　（b）导轨搭接形式

图 7-25　导轨接口形式

3. 导轨的材料和安装

1）材料。导轨材料一般选用 45 号钢。海德堡胶印机上面一根导轨是用夹布胶木材料制作的，这样能减少噪声。

2）导轨的安装尺寸。在全部循环导轨中，导轨实际的尺寸与链条相比是有旷量的，以 J2108、J2203 型胶印机为例，链条的滚子直径为 16mm，而两导轨的距离用安装工具检查是否能平行并全部通过，工具柱的直径为 $16.3^{+0.05}$mm，如图 7-26 所示。

导轨是用成型钢制成的，厚度为 $13_{-0.2}$mm，而链条内链板的宽度为 15.5mm，旷量为 2.5mm。

为了保证导轨和链轮接口处反转也能平滑通过，要求有过渡导轨伸入链轮中，反转时挑起链条，如图 7-27 所示。

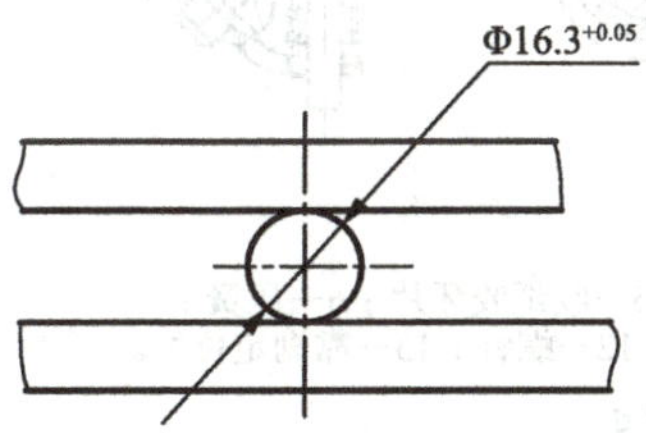

图 7-26　导轨安装检查工具

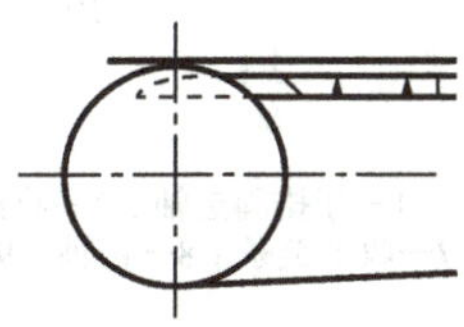

图 7-27　过渡导轨示意图

五、收纸链排

1. 收纸链条

收纸链排的两端铰接在两根套筒滚子链上，分别由固定于收纸滚筒轴的两个链轮传动。收纸链条的长度取决于收纸线路的长短，收纸路线的长度与收纸链排的数量有关。

设链条节距为 t，链条的节距决定于载荷大小，如 J2108 型机链条的节距为 25.4mm；z 是收纸链轮的齿数，则每两排咬牙之间的距离至少为 zt。同时还要考虑两排咬牙之间的距离必须大于最大纸张长度 100mm，以保证纸张在收纸台上堆积时，不发生碰撞和依次顺利地完成堆积。再根据机器的尺寸确定链条咬牙的排数 k，则链条长度 $L=k[zt+(50\sim100)]$。

2. 收纸链排结构

（1）收纸咬牙的张开和闭合

如图 7-28 所示为 J2108 型机收纸链排结构图。每个链排由两根轴 1、2 支撑着，收纸咬牙轴 2 上面装有 12 个收纸咬牙，该轴在杆 10、滚子 9、凸轮控制下做往复转动，从而使咬牙张开和闭合，牙排固定轴 1 是空心管子用销钉分别固定在传动侧和操作侧轴座 3 上。两端轴座 3 是用销轴 8 和两边的链条连接的，其中上销轴 8 直接连在轴座 3 上，下销轴 8 上装有滑块，滑块是浮放在轴座槽内的，在链轮上转向时使滑块在轴座槽内有微量的滑动。工作时，通过凸轮与滚子 9，传动收纸咬牙轴 2，使咬牙张闭。

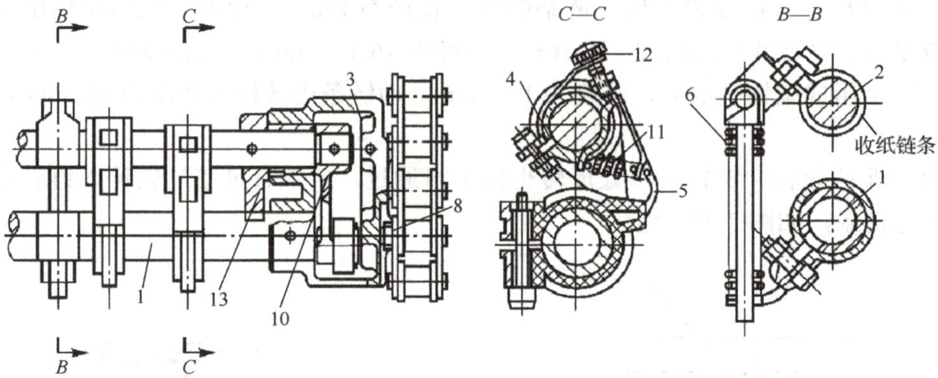

1—牙排固定轴；2—收纸咬牙轴；3—轴座；4—座；5—收纸咬牙片；6—压簧；7—收纸链条；8—销轴；9—滚子；10—杆；11—拉簧；12—螺钉；13—靠刹定位块。

图 7-28 收纸链排结构图

（2）咬牙力的调节

收纸咬牙轴 2 是靠两根压簧 6 撑着的，收纸咬牙力的大小取决于压簧 6 的压缩量，调节时先调节压簧 6 的压缩量，保证压簧 6 有一定的撑力，使靠刹定位块就紧压在牙排固定轴 1 上；然后在靠刹定位块 13 与牙排固定轴 1 之间插入 0.2mm 厚度的纸，接着在一排牙上让每个收纸咬牙都夹上 0.08 ～ 0.1mm 纸片，调节螺钉 12 使这些纸条都要带着劲才能拉出，调节完后取出靠刹定位块 13 与牙排固定轴 1 之间的 0.2mm 厚度的纸垫。

（3）收纸链排的发展

控制咬牙咬力的弹簧改为扭簧；咬牙轴改为空心钢管，减轻了重量；收纸链排咬牙牙垫的材料改为耐磨塑料。

3. 链条松紧的调节

收纸链条运行一段时间后会有松动，这就必须重新调整，否则会出现噪声，甚至出现收纸故障。

（1）链条松紧调节结构

如图 7-29 所示，收纸台上方的从动链轮 6 的轴心位置是可调节的。轴装于滑块 2 的孔内，滑块 2 装在机架 3 的长槽内，可在槽内移动，可通过固定螺母 1，与机架相固定。拉杆 7 右端和链轮轴 4 固定。左端有螺纹，与调节螺母 8 相连。

（2）链条松紧调节操作

如图 7-29 所示，松开固定螺母 1，转动调节螺母 8，通过拉杆 7 的移动带动滑块 2 在机架槽内移动，链轮也随之移动，使得两链轮之间的中心距改变，链条松紧得到调节。对于没有上导轨的收纸链条装置，在链条中间部位，以能用人力提起 8 ～ 15mm 为合适。最后，必须拧紧固定螺母 1，将链轮轴 4 牢牢地与机架固定。两侧各有链条松紧的调节机构，要求两根链条的松紧一致。

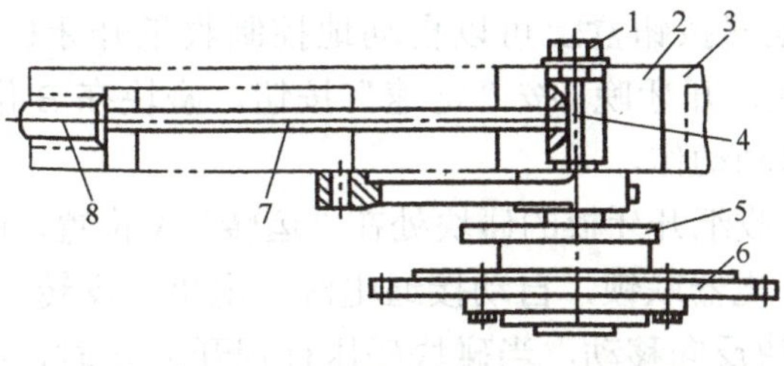

1—固定螺母；2—滑块；3—机架；4—链轮轴；5—链轮座；6—从动链轮；7—拉杆；8—调节螺母。

图 7-29　链条松紧的调节示意图

六、收纸链条咬牙放纸凸轮

胶印机在不同的生产速度下，收纸咬牙运动速度是不同的。速度越高，咬牙放纸后，纸张惯性越大，越难收齐纸张。因此，印速高时，收纸咬牙应早放纸；反之，应迟放纸。放纸的早晚是由收纸咬牙放纸凸轮控制的。

1. 放纸凸轮的位置实现放纸早晚

如图 7-30 所示为胶印机收纸链条咬牙放纸凸轮机构（又称跟踪开牙板机构）图。当三相异步电机 1 以 1400r/min 旋转时（60W），电机上齿轮 2 齿数为 22，齿轮 3 和齿轮 2 的齿数是相同的，丝杆的螺纹 M16，螺距 t=2mm，收纸链条咬牙放纸凸轮的移动速度为

$$V = n\times\frac{t}{60} = 1400\times\frac{2}{60}\approx 46.67(\text{mm/s})$$

由于收纸开牙板（凸轮）的位置得到改变，从而改变了放纸的早晚。移动时支撑在花键轴 6 上，花键轴 6 既是支承导轨又是导向导轨。为了增加收纸开牙板的稳定性，在收纸开牙板上增设了一个导块 7，导向导块是固定不动的。

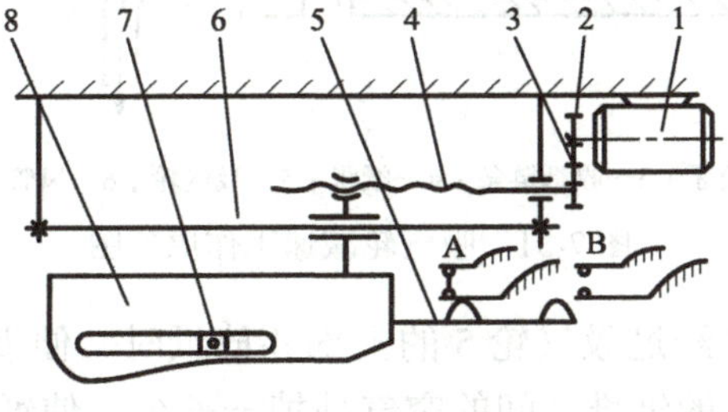

1—电机；2、3—齿轮；4—丝杆；5—碰块；6—花键轴；7—导块；8—收纸开牙板（凸轮）。

图 7-30　胶印机收纸

2. 放纸凸轮实现自动跟踪

自动跟踪就是在电器按钮盒上可以自动地控制收纸开牙板的位置，低速运转时，碰块在“运转”A位置，开牙晚；按“定速”按钮，碰块在B位置，从而实现收纸开牙板具有速度跟踪的自动动作。

机器在运转时，即收纸开牙板的碰块处在“运转”A位置，晚开牙；当正常印刷时，按“定速”按钮，由于电器联锁，自动接通电源，电机1反转，通过齿轮2、3及丝杆4，收纸开牙板8及碰块反向移动，当碰块碰压行程开关B时，经电器联锁，电机1停止转动。由此可见，调节碰块的相对位置，可使收纸开牙板处于所需要的位置。

七、纸张减速机构

现代高速单张纸胶印机收纸链排速度已达3.4m/s（15 000张/h），如果纸张以这样的高速度冲向前齐纸板，纸张前边缘很易受冲击而皱折，也很难让纸张堆放整齐，因此必须设置印张减速机构。现主要介绍吸气轮减速机构和橡胶圈纸张制动器。

1. 吸气轮减速机构

如图7-31所示，吸气轮5不断地以较慢的速度（设计时保证其线速度在1m/s以下）与纸张运动同向转动，吸嘴装在风管6上是固定不动的，为防止磨损吸嘴通常采用夹布胶木，而吸气轮用黄铜或塑料做成，吸气轮表面钻有许多小孔，当吸气轮转动时，对着吸嘴上面的小孔就吸住纸张，其余小孔不吸纸。

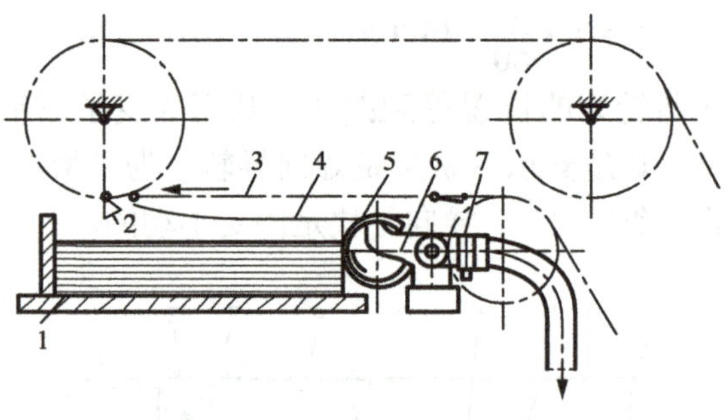

1—收纸台；2—咬牙；3—收纸链条；4—纸张；5—吸气轮；6—风管；7—风量调节阀。

图7-31　吸气轮减速工作原理图

当咬牙2带着纸张4经过吸气轮5的上部并放纸时，便吸住纸张尾部，使其减速，同时把纸张与收纸台1上的纸堆之间的空气抽掉一部分，使纸张平稳地落在纸堆上。

国产胶印机大都采用这种吸气轮减速机构。

2. 橡胶圈纸张制动器

如图 7-32 所示为海德堡 SM52-4 型胶印机橡胶圈纸张制动器结构图。在吸气元件 2 上有许多小孔与吸气气管相通。在吸气元件 2 上有一槽口 3 用于装导纸杆 4 和尼龙导纸线 5。尼龙导纸线 5 两端吊一铁砣 6，以便使尼龙导纸线 5 绷紧。橡胶圈 1 由旋转轴 7 带动而与纸张同方向运动。

收纸链条咬牙带着纸张从导纸杆 4、尼龙导纸线 5、吸气元件 2 上经过，当收纸咬牙到达输纸台而放纸时，由吸气元件吸住纸张尾部，把纸张收齐在收纸台上。

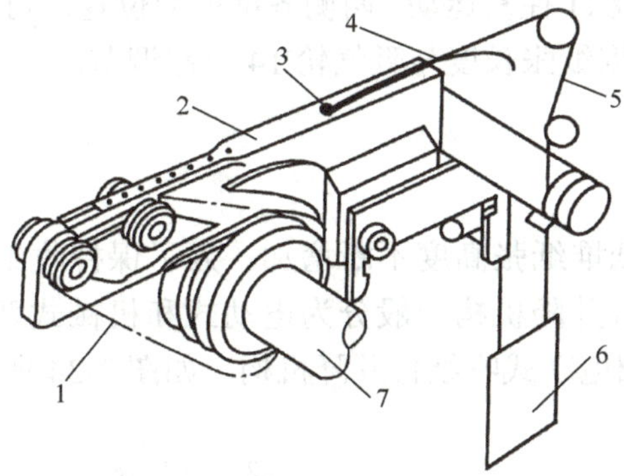

1—橡胶圈；2—吸气元件；3—吸气元件槽口（低于表面）；4—导纸杆；5—尼龙导纸线；6—铁砣；7—旋转轴。

图 7-32 海德堡 SM52-4 型胶印机橡胶圈纸张制动器结构图

八、理纸机构

理纸机构也称齐纸机构。经减速后的纸张落在纸堆上，依靠设在收纸台前后和两侧的理纸机构理齐，这样才能整齐地堆积于收纸台上。如图 7-33 所示为 J2108 和 PZ4880 型等胶印机的理纸机构结构图。一块固定侧齐纸板，一块活动侧齐纸板 11，后齐纸板 13 固定在吸气轮 14 的座架上，前齐纸板 7 做小幅度摆动。

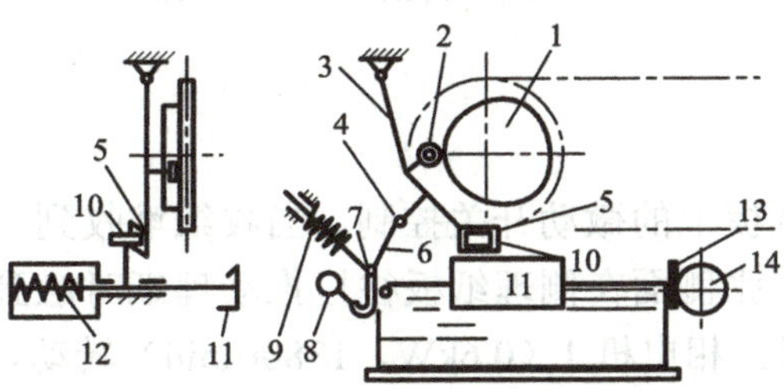

1—凸轮；2、4、10—滚子；3—摆杆；5—斜块；6—挡杆；7—前齐纸板；8—手柄；9—压簧；11—侧齐纸板；12—撑簧；13—后齐纸板；14—吸气轮。

图 7-33 理纸机构结构图

1. 前齐纸机构

在链轮旁，有一个凸轮1，经滚子2使摆杆3摆动。摆杆3上的滚子4推动挡杆6，使前齐纸板7前后摆动，对张纸进行整齐。压簧9使挡杆6与滚子4保持接触。手柄8下转时，可使前齐纸板倾倒，便于操作人员从纸台上取样检查。

2. 活动侧齐纸板理齐纸张

侧齐纸板11的撑簧12，使滚子10靠在斜块5上。因此，摆杆3上的斜块5摆动时，推动滚子10，使侧齐纸板11往复运动。两侧齐纸板的位置，可根据纸张宽度进行调节。后齐纸板13的位置，根据纸张长度与吸气轮14一起调节。

九、收纸台升降机构

在印刷过程中，收纸堆纸张高度不断增加，为了保持收纸堆高度位置不变，收纸台应能自动升降。收纸台升降机构一般分为电动式和机械式两种。现代单张纸胶印机采用电动式。这里只介绍电动式收纸台升降机构，如图7-34所示。

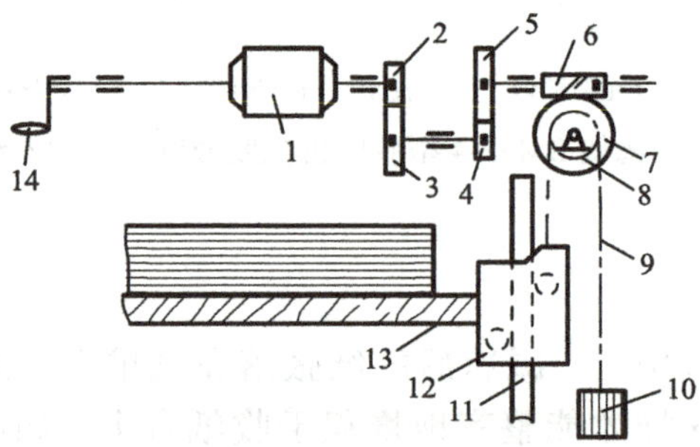

1—电机；2～5—齿轮；6—蜗杆；7—蜗轮；8—链轮；9—收纸台升降链条；10—重物；11—导轨；12—滚子；13—收纸台；14—手柄。

图7-34　电动式收纸台升降机构图

1. 收纸台自动下降

自动下降依靠侧齐纸板上的微动开关控制，当收纸堆收到一定高度后，收纸堆的上面部分刚堆集起来的纸张侧面在侧理纸板往里推动理纸时触到其上的微动开关，接通继电器，使收纸台升降三相电机1（0.6kW，1380r/min）转动，电机转动时带动齿轮2～5，使蜗杆6旋转，蜗杆6带动蜗轮7旋转，升降链轮轴与蜗轮轴是同一根轴，通过链轮8使收纸台升降链条9带动收纸台13下降，每次下降15～20mm。当收纸台下降后，微动开关停止触动时，电机马上停止转动。收纸台升降速度不能太快，在 1.8m/min 上下为适宜，由设计保证。

为了保证收纸台升降时的自锁能力，在收纸台升降机构传动系统中设计有一对单头蜗杆蜗轮机构，有自锁能力。这样，无论收纸台上有多少纸，收纸台都不会自动下降。

2. 收纸台连续升降

收纸台收满纸垛后要更换纸台，须将收纸台连续升到所需高度或连续降到地面。在收纸操纵按钮上设计有点动升或点动降按钮，如果按着点动按钮，收纸台就会连续升或连续降。点动按钮和侧齐纸的微动开关路线串联在一起，都可触动电机旋转，而且它们是相同的传动系统。

3. 收纸台手摇升降

当工厂临时停电或遇其他特殊情况，需要收纸台降下来，把收纸堆拉走时，可以用人工摇动手柄 14 使电机轴旋转，此时同样带动齿轮 2 ～ 5 旋转。为了手摇安全起见，设计有机动和手动互锁机构，也就是说，当手柄 14 插入孔中时，电路自动切断了收纸升降电机的电源，机动和手动起到互锁作用。

十、其他辅助装置

在收纸过程中还需要其他辅助装置。

1. 气垫装置

纸张由收纸咬牙传送至收纸台的过程中，其背面与托纸板接触，容易使纸的背面蹭脏，气垫装置的主要作用是防止纸张飘动而使纸张背面蹭脏。现代胶印机将托纸板改为气垫托板，如图 7-35 所示，在纸张的传送路线下方，设置数排气垫托板。从进气口 1 通入压缩空气，经狭窄的出气口 3 吹出高速气流，气流方向与纸张运动方向相反。翼形板 4 与纸张之间形成气垫。根据流体力学原理，纸张 2 会吸附于翼形板旁，既不会随意飘动，又不会与翼形板接触，以避免纸张背面蹭脏。

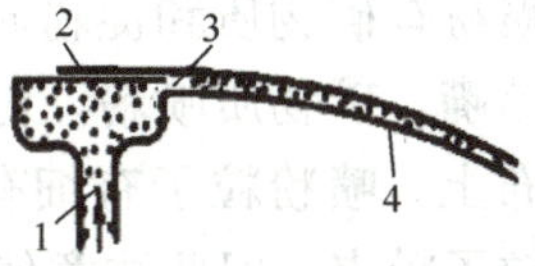

1—进气口；2—纸张；3—出气口；4—翼形板。

图 7-35　气垫装置结构图

2. 喷粉装置

高速胶印机印刷铜版纸一类产品时，纸张进入收纸台时油墨尚未干燥，一经堆积，造成纸张与纸张之间粘连，使纸张画面损坏或纸张背面粘脏。为此，一些多色平版胶印机的收纸台上方装有喷粉装置，在纸张表面喷上一层极薄的粉末，使油墨与印刷品背面不发生直接接触。

（1）喷粉装置的喷粉过程

如图 7-36 所示，喷粉装置通常由风扇 1、电磁阀 2、喷粉管 7、喷粉料斗 8 及电机 9 等组成。在喷粉料斗内放入粉末，它和压缩空气一起从喷嘴喷出，散在印张上。这种方法使用了多个可以调节角度的喷嘴。为了提高喷粉效果，还装有粉末加热装置。该装置的缺点是，粉末会飞散到收纸部分和胶印机周围，若喷嘴调节不当，则粉末常易形成条状喷出。

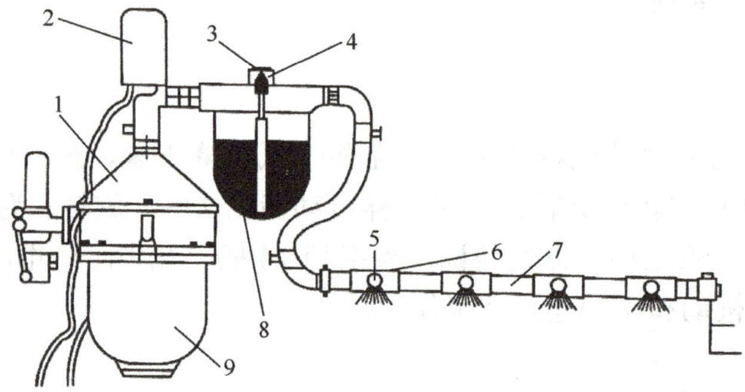

1—风扇；2—电磁阀；3—粉末调节旋钮；4—喷粉料斗固定旋钮；5—粉末喷嘴；6—喷嘴开关；7—喷粉管；8—喷粉料斗；9—电机。

图 7-36　喷粉装置结构图

（2）喷粉的种类

喷粉有矿物质和淀粉质两种。淀粉质喷粉，不易留在橡皮布上，但是会因湿气而堵塞喷嘴。矿物质喷粉，对防止背面蹭脏效果很好，然而在印第二色时，就容易粘在橡皮布上。喷粉粒子有细有粗，一般情况下，使用细粒子粉末；印刷纸板和厚纸时使用粗粒子粉末，但要注意使用粗粒子喷粉，在后加工须进行上光复膜时容易发生故障，最好在后加工工序前进行除粉。

3. 干燥装置

用喷粉方法解决粘脏，给胶印机的维护保养和清洁工作带来许多不利因素。所以理想的办法是在纸张到达收纸台之前使油墨基本凝固。例如，采用紫外线干燥油墨、电子束干燥油墨，并在纸张送往收纸台的路线上设置紫外线干燥装置或电子束干燥装置，这样就能在极短的时间内使油墨干固，收纸台可多收一些纸张。有些新型胶印机采用此系统替代喷粉。

4. 纸张平整器

要使纸张整齐地堆积，要求纸张本身平整，否则，最好的齐纸机构也难理齐。在印刷过程中，经过滚压，纸张由压印滚筒咬牙从橡皮滚筒上揭下来时，形成曲率很大的弯折圆角，引起弯曲变形，当变形后的不平整的纸张落在收纸台上时，使纸台中央凸起，不易齐整。为此，现代高速平版胶印机在收纸咬牙传送纸张的路线中，设置纸张平整器。

如图 7-37 所示，纸张平整器利用强吸风把纸张拉向一个开口（两圆辊之间形成的开口），使纸张在运动过程中被拉直理平，消除原有的内应力。纸张平整器安装在收纸滚筒的下方，当纸张将要由收纸链排带其进入直线运动时，将纸张吸住拉直。这样，纸张在收纸台上放下时是平直的，使收纸台上的纸堆平整。

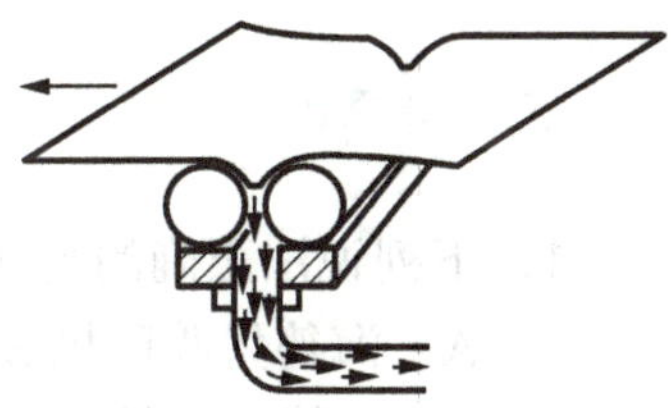

图 7-37　纸张平整器示意图

5. 导纸杆

在传纸滚筒和收纸滚筒上都安装有 3 个导纸杆，对纸张运动起导向作用。导纸杆可以沿横向位置移动，还可以从传动侧拆下来，如图 7-38 所示。

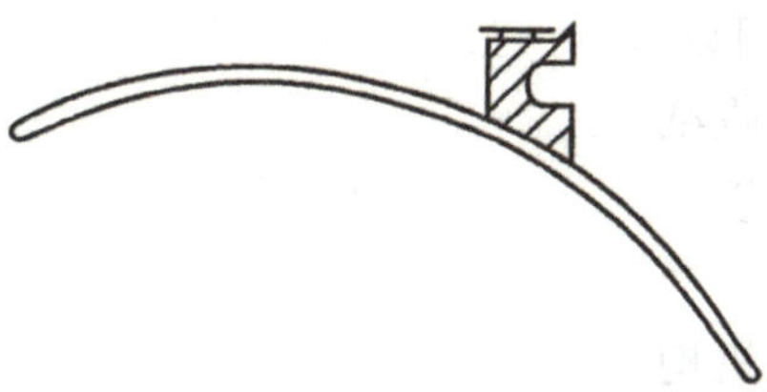

图 7-38　导纸杆示意图

6. 风扇和吹风管

如图 7-20 所示，胶印机收纸台上方还装有风扇或吹风管，目的是帮助把纸吹向收纸台上堆齐。

练习与测试

一、填空题

1．气垫装置的作用是 ______________________________。

2．喷粉装置的作用是 ______________________________。

3．导纸杆一般安装在 __________ 滚筒和 __________ 滚筒上。

4．收纸滚筒的种类目前主要有 __________ 和 __________ 两种。

5．印张平整器的作用是 ______________________________。

6．理纸机构主要由一块固定侧齐纸板、一块 ________、________ 和后齐纸机构组成。

7．印张减速机构通常有 ________ 和 ________ 两种形式。

二、判断题（正确的打“√”，错误的打“×”，并将错误的部分改成正确的）

（　　）1．喷粉装置的作用是让纸张平整。
（　　）2．侧齐纸机构在齐纸过程中是固定不动的。
（　　）3．吸气轮减速机构的作用是当收纸链排放纸时对纸张有一个向后的吸拉力。

三、选择题

1．下列说法正确的是（　　）。
A．海德堡胶印机 SM52-4 能自动实现印版滚筒轴向位置和周向位置的微调
B．在橡皮滚筒橡皮布装卡中，橡皮布的张紧是依靠蜗轮蜗杆机构实现的
C．海德堡胶印机 SM52-4 橡皮滚筒的离压和合压是依靠偏心轴承来实现的
D．J4104 机橡皮滚筒与印版滚筒、压印滚筒之间压力的调节是依靠转动偏心轴承来完成的
E．收纸链条咬牙在压印滚筒处咬纸和收纸台放纸时间早晚不能调节

2．在某些机器的收纸部件中采用副收纸板装置，可以（　　）。
A．使印刷质量提高　　B．在不停机时收纸
C．调节收纸台的位置　　D．提高印刷速度

3．（　　）需要使用吹气。
A．喷粉装置　　B．吸气轮减速机构
C．印张平整器　　D．收纸台升降机构

4．低台收纸方式的单张纸单色平版胶印机一般共有（　　）咬牙排。
A．1 套　　B．2 套　　C．3 套　　D．以上答案都不对

5．印刷速度降低，链条咬牙放纸时刻应（　　）。
A．提早开牙　　B．延迟开牙
C．不需要改变　　D．以上答案都不对

四、简答题

按理纸机构结构图（图 7-33）说明理纸机构的工作原理。

项目八

智能控制系统设置与操作

实训任务一　认识智能控制系统 CP2000 操作界面

1. 任务解读

海德堡胶印机在 CPC 系统的基础上配备了全面控制、监测和诊断胶印机用的全数字化电子显示系统，即 CP 窗。CP 窗是一个模块化的集中控制、监测和诊断系统。CP 窗使胶印机的所有功能全部数字化，如预选值和实际值用数字输入，并能重新存储或重新显示。CP 窗的核心是一组高容量的计算机，它运用密集的传感器和脉冲发生器网络提供信息和传输指令，在中央控制台等离子显示器上显示出与作业有关的全部信息，并在屏幕上显示错误信息，以便操作人员进行修正。几台高性能的计算机全部集中在一个开关柜内，彼此之间以尽可能直接的方式相互通信，控制系统采用 16 位模块化处理机，与胶印机中密集的传感器、制动器和电机网络交互作用。在胶印机上配备了这种全数字化的控制装置后，胶印机的功能大大加强，成为真正的全自动胶印机。

2. 设备、材料及工具准备

1）设备：海德堡 CD102 型胶印机 1 台。

2）材料：已裁切好的纸张 500 张、四色 CTP 版 1 套、四色胶印油墨 1 套等。

3）工具：内六角、外六角扳手各 5 套，胶印机其他常用操作工具 1 套。

每人领取 1 份实训报告，实训结束时，教师根据学生操作过程及效果进行点评；按评分标准进行评分。

3. 操作步骤

（1）熟悉 CP2000 操作界面

CP2000 操作界面替代了原有的控制系统 CP 窗操作面板。原来使用的 CP 窗和 CPC1-04 组合为一个 CP2000 控制台（图 8-1）。

图 8-1　CP2000 控制台实物图

控制台有一个带触摸式屏幕的显示器。如果要操作控制台或输入数据，只须轻轻按下屏幕上相应的按键符号，无须键盘或鼠标。

当机器电源打开后，CP2000 操作界面自动显示在中控台上。不可以单独开启 CP2000。在飞达（输纸）和收纸部位各有一个机器信息显示器（machine information display，MID）。每个机组都有一个控制面板，可进行部分功能的操作。

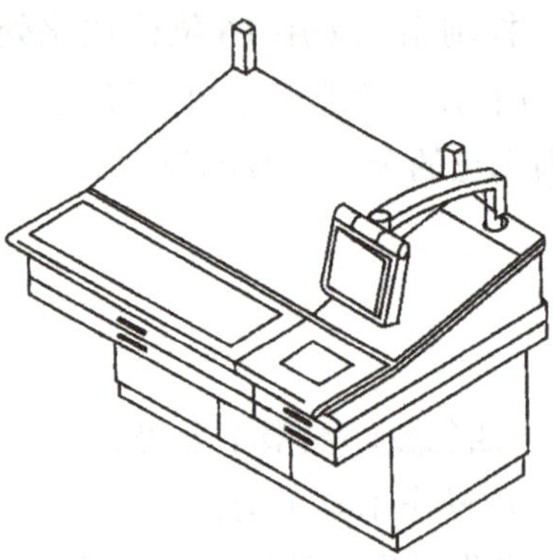

图 8-2　CP2000 控制台示意图

CP2000 控制台（图 8-2）是用来控制机器的中控面板，它包括以下部分。

1）触摸屏。操作人员可通过触摸屏对机器输入各种指令和更改机器各项设置。

2）启动面板。启动面板上有生产、停车、走纸等指令按键。

3）墨区调节面板。此面板用于设置墨量。

4）放置样张的平台。

（2）CP2000 控制台上的指令控制按键

CP2000 控制台包括如图 8-3 所示的指令按键。

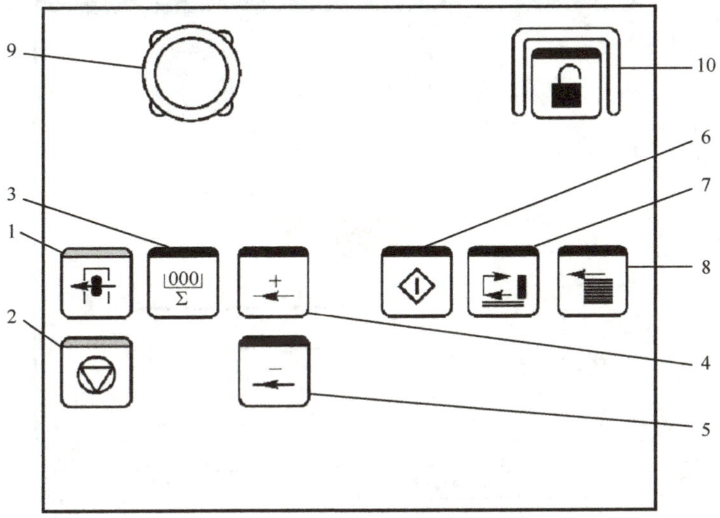

1—生产开始（按键呈绿色）；2—停车（按键呈红色）；3—废纸计数器开 / 关（开启时，按键灯亮）；4—加快印刷速度；5—减慢印刷速度；6—运行；7—输纸打开 / 关闭（打开时，按键灯亮）；8—走纸（打开时，按键灯亮）；9—紧急停车；10—锁死控制面板（锁死后，按键亮）。

图 8-3　CP2000 控制台指令按键示意图

输纸和收纸处也有这些指令按键（除了锁死控制面板按键）。

屏幕和面板须经常清洗，清洗屏幕或面板时，可使用国产清洗液或无气味的酒精。为防止损坏屏幕，禁止使用浓度高的清洗剂。清洗屏幕或面板时可先关闭触摸功能。

（3）CP2000 型控制系统结构

1）显示屏结构和操作方法。接通机器电源，CP2000 操作界面出现在屏幕上。它包括菜单栏（图 8-4 ①）和主页（图 8-4 ②）两个部分。

菜单栏在显示屏上为固定格式，不管主页上显示何种状态的菜单，菜单栏总显示在屏幕上方。菜单栏包括两行内容。

第一行包括下列按键：印刷工作（图 8-4 ③）；印刷机状态显示（图 8-4 ④）；印刷机错误信息（图 8-4 ⑤）；调出帮助菜单（图 8-4 ⑥）。

第二行包括下列按键：计数器（图 8-4 ⑦）；速度（图 8-4 ⑧）；走纸（图 8-4 ⑨）；印刷功能（图 8-4 ⑩）；油墨 / 润湿液（图 8-4 ⑪）；套准（图 8-4 ⑫）；清洗（图 8-4 ⑬）。

菜单栏的菜单选项构成 CP2000 操作界面的第一等级。

按下菜单栏上的按键后，主页上出现副菜单（图 8-4 ②），并构成 CP2000 操作界面的第二等级。按下相关按键，可选择操作功能，机器预设或输入数据。功能按键被选中后发亮。

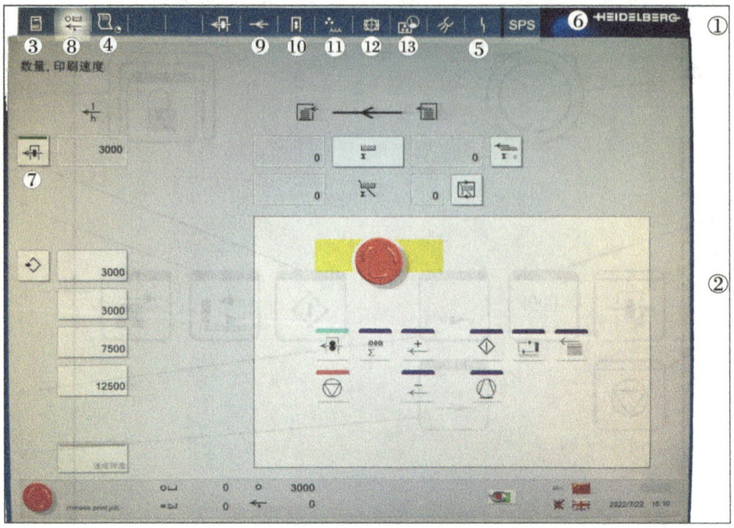

图 8-4　CP2000 控制台系统结构

退出子菜单有3种方法：如果有确认键或删除键，则可使用这两个键实现退出功能；按下返回键，可显示前一页；按下菜单栏中的任何一键，可退出子菜单。

走纸⑨到清洗⑬这 5 个按键特别重要，它们是高档胶印机界面操作的基础，必须引起操作人员的高度重视。

海德堡 CD-102（6+1LX）型胶印机菜单栏上的两行内容并成一行内容，仅形式上做了调整。

2）数字键。屏幕上显示了数字键，通过操作这些数字键，可以输入各种不同的数值，如印刷数量。

① 使用数字键输入数值（图 8-5 ②），显示屏上将显示此数值（图 8-5 ①）。

② 删除输入内容按取消键（图 8-5 ③），显示屏上数值变为 0，视窗依旧呈打开状态，可输入新数值。

按下确认键（图 8-5 ④），视窗关闭，输入的数值传送至 CP2000。若要放弃整个操作过程，则按下删除键（图 8-5 ⑤），视窗关闭。

有个别子菜单中印刷机组菜单后面有一个“SUM”（汇总）按键，标记为 Σ。通过“SUM”按键，操作人员可同时选中几个印刷单元（在“胶印机设置”子菜单中对印刷机进行预选）并激活其功能。

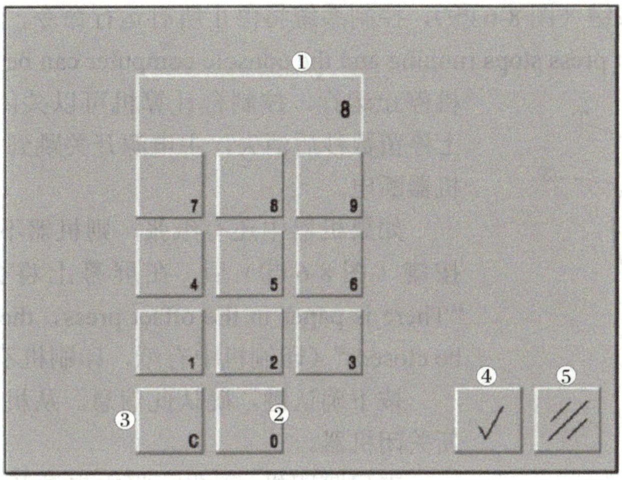

图 8-5　数字键

3）关闭胶印机电源。为了安全关闭控制台的计算机，必须通过触摸屏上的“关闭印刷机”按键来关闭胶印机。否则，可能会导致软件损坏。

① 按下菜单栏上的“故障”按键（图 8-6 ①），然后按下“维修”按键（图 8-6 ②），显示屏上出现“维修”菜单。

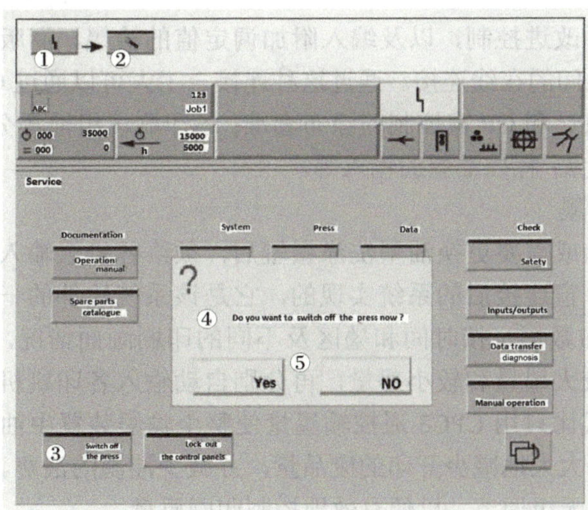

图 8-6　关闭计算机电源按键

② 按下“关闭印刷机电源”按键（图 8-6 ③），如图 8-6 ④所示的对话框出现在屏幕上。

③ 按下 Yes 按键（图 8-6 ⑤），控制系统将停止所有运行命令，在屏幕上将出现下列注释："The offset press stops running and the console computer can be shut down."（印刷机停止运行，控制台计算机可以关闭。）此注释在屏幕上停留数秒后消失，主电源开关跳到 + 位置(图 8-7 ①)，机器断电。

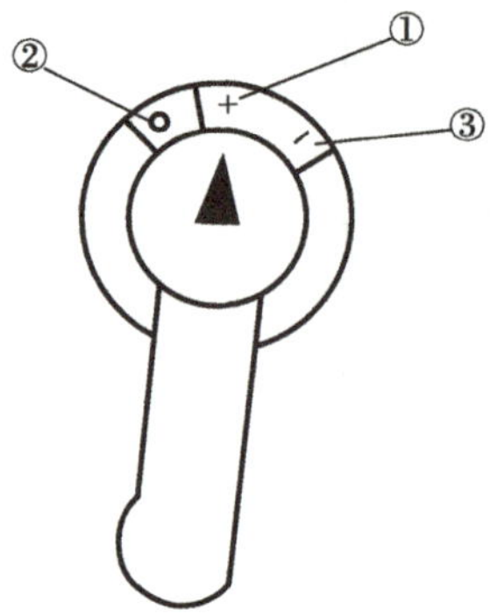

图 8-7　重启印刷机按键示意图

如果机器中还有纸张，则机器不能关闭。按下 Yes 按键（图 8-6 ⑤）后，在屏幕上将会出现下列注释："There is paper in the offset press，the offset press cannot be closed."（印刷机中有纸，印刷机不能关闭。）

按下确认键，确认此信息。从机器中取走纸张，重新关闭机器。

重启胶印机：首先，将主电源开关从 + 位置转动到 o位置。

实训任务二　运用 CP2000 调节胶印机

1. 任务解读

海德堡公司为了改进控制，以及编入附加调定值的输墨、润版及涂布的顺序，实现了 CPC 和 CP 窗之间的在线连接。通过这种连接，工人可以通过 CP 窗控制台的操作实现以下功能：由 CPC 和 CP 窗控制的涂布套准；各印刷机组油墨分布的自动传送；通过 CPC1 设定润版液量；程控油墨的输入等。

（1）输入程控油墨

在印刷作业开始或需要更换油墨洗涤墨辊后，须给各机组输入新油墨。这种油墨输入是由 CPC 和 CP 窗连接后的系统实现的，它是该系统软件的一个功能。它可根据 CPC 存贮的油墨分布数据，按时间和墨区及不同的印刷画面情况，通过 CP 窗的计算机计算出所需要的较大墨量和较小墨量，再分别自动输入各印刷机组的墨斗中。采用程控油墨输入的方式比只用 CPC3 遥控输墨量使整个输墨装置中油墨均匀和饱和更为优异。这种方式能够大大地减少开印的废品量，并减少油墨的浪费。另外，用 CP 窗可进行监控及供墨量的无级调节，以便有效地控制印刷质量。

（2）设定润版液量

在印刷过程中，计算机从 CPC3 印版装置经由 CPC1 光笔得到的油墨分布数据，由 CP 窗控制的油墨输入程序能针对特定作业自动使润版液配合印刷图像的需要，以最短的时间达到水墨平衡。该程序还能调节与稳定润版和输墨装置，以保证印刷质量的稳定性，结束了水墨平衡依靠人为经验校正的历史。

（3）控制涂布量

海德堡公司研制了 Speedmaster 涂布装置，它是 Speedmaster 胶印机的最后一个机组，是一个完全独立的印刷机组。该涂布机组是由 CPC 和 CP 窗控制与监测的。和其他印刷机组一样，Speedmaster 涂布装置可以通过自动调节速度补偿式涂布盘辊的速度来控制涂布液的供应量。海德堡 Speedmaster 涂布装置涂料流往印张的行程较短，操作十分简便，并可自动清洗。

综上所述，海德堡胶印机 CP 窗和 CPC 连接后，实现的全自动印刷控制过程如下：

1）自动控制印刷作业的准备工作。油墨预调定、预选择，程控油墨量输入，给墨量与套准遥控装置，润版液量输入，自动套准控制，印刷纸张尺寸与厚度输入，输纸与收纸装置预调，印张传送控制，中心控制及功能诊断等。

2）正式印刷的控制工作。纸张输送到位控制、橡皮滚筒监控、自动套准控制、光谱彩色测定与灰色平衡、中心控制与诊断、自动橡皮布清洗等。

3）更换作业的控制工作。橡皮布自动清洗、墨辊自动清洗、滚筒压力遥控调节、输纸装置与收纸装置自动调节、前规侧规自动调节、自动装版、以校样的测量条为基准值来操纵光谱质量控制等。

4）为提高胶印机利用率的控制工作。功能与维修诊断、自动集中润滑、预防性维修、可互换印刷电路板、电话维修服务等。

总之，海德堡胶印机实现了全自动印刷，并由 CP 窗监控整个胶印机，保证了印刷过程的稳定性，提高了产品质量，降低了废品率，从而提高了胶印机的生产效率。

2. 设备、材料及工具准备

1）设备：海德堡 CD102 型胶印机 1 台。

2）材料：已裁切好的纸张 500 张、四色 CTP 版 1 套、四色胶印油墨 1 套等。

3）工具：内六角、外六角扳手 5 套，胶印机其他常用操作工具 1 套。

每人领取 1 份实训报告，实训结束时，教师根据学生操作过程及效果进行点评；按评分标准进行评分。

3. 操作步骤

（1）输纸台调节

在印刷 / 印刷材料菜单中输入纸张厚度，输纸台高度会自动设置好。纸张厚度小于 0.1mm 时，每次提升 0.5mm；纸张厚度为 0.1 ～ 0.5mm 时，每次提升 5 张纸的厚度；纸张厚度超过 0.5mm 时，每次提升 2.5mm。

再次更改设置的操作如下：

① 按下走纸按键（图 8-8 ①），纸张行程菜单出现在显示屏上。

② 按下输纸堆按键（图 8-8 ②），显示屏上显示输纸堆菜单。

③ 使用“+”和“-”按键（图 8-8 ③）来设置所需的提升增量（调整范围：自动确认值至 2.5mm）。

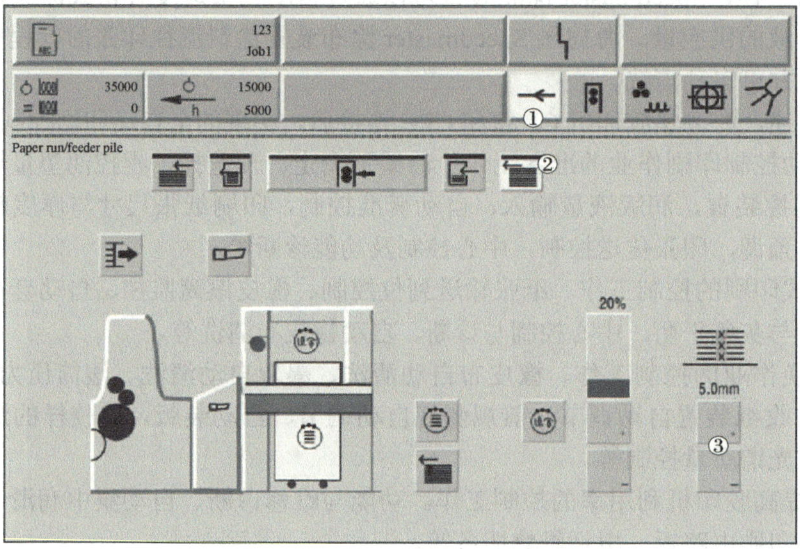

图 8-8　堆纸台调节

（2）进纸调节

1）斜张控制。打开电源后，斜张控制自动设置为自动模式。通过图 8-9 所示的显示屏可切换自动控制和手动控制。建议打开所有自动操作。

① 按下走纸按键（图 8-9 ①），打开走纸菜单。

② 按下输纸按键（图 8-9 ②），打开输纸菜单。

③ 打开或关闭纸张到达（图 8-9 ④）或斜张（图 8-9 ③）自动控制装置。

④ 手动调节使用箭头键调节到纸和斜张校正至适宜数值。尽量保持盖板的笔直，调整范围为 ±10mm。

2）纸张校正。打开电源后，纸张校正默认为自动操作。

① 按下走纸按键（图 8-10 ①），打开走纸菜单。

② 按下输纸堆按键（图 8-10 ②），打开纸堆菜单。

③ 按下纸张校正自动操作按键，打开或关闭纸张校正自动操作（图 8-10 ③）。

如果手动操作纸张校正，则使用控制台上的控制箭头移动主纸堆和副纸堆。

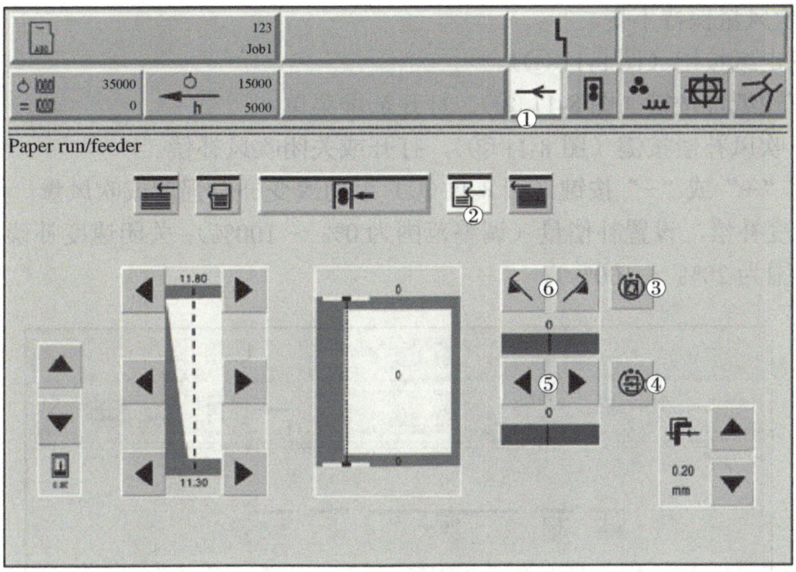

图 8-9　纸张到达前规调节

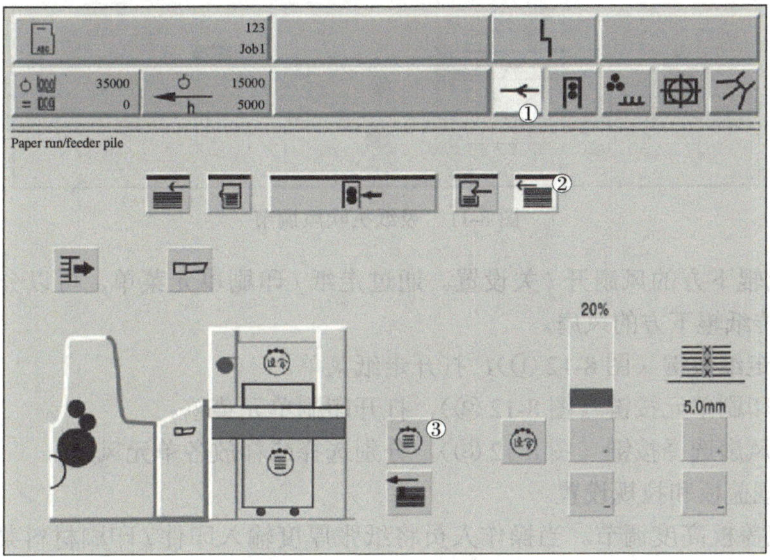

图 8-10　纸张自动校正

（3）吹风设置

1）吸纸头吹风设置。在机器预设时，吹风会自动调整好。在此设置值是可以更改的。打开：随着速度的增加，吹风量也会增加。

关闭：吹风量保持不变。

① 按下走纸按键（图 8-11 ①）。

② 按下输纸堆按键（图 8-11 ②），打开纸堆菜单。

③ 按下吹风补偿按键（图 8-11 ③），打开或关闭吹风补偿。

④ 使用“+”或“-”按键（图 8-11 ④）手动改变补偿强度或吹风量。

打开速度补偿，设置补偿量（调整范围为 0% ～ 100%）；关闭速度补偿，设置吹风量（调整范围为 20% ～ 100%）。

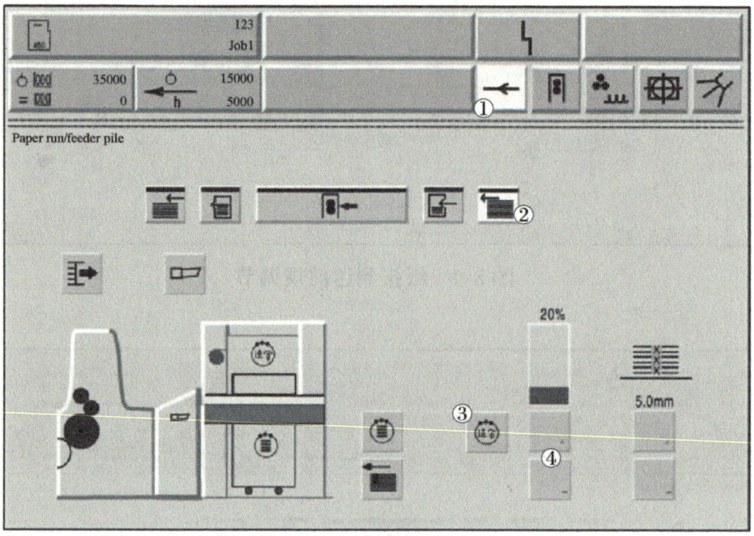

图 8-11　吸纸头吹风调节

2）传纸辊下方的风扇开 / 关设置。通过走纸 / 印刷单元菜单，可以分别打开或关闭每一单元传纸辊下方的风扇。

① 按下走纸按键（图 8-12 ①），打开走纸菜单。

② 按下印刷单元按键（图 8-12 ②），打开印刷单元菜单。

③ 按下风扇选择按键（图 8-12 ③），分别选择或释放各单元风扇。

（4）拉规盖板和拉规设置

1）拉规盖板高度调节。当操作人员将纸张厚度输入印件 / 印刷材料菜单中时，拉规盖板高度也随之自动设置好。若要更改此设置，则按以下操作。

① 按下走纸按键（图 8-13 ①），打开走纸菜单。

② 按下输纸按键（图 8-13 ②）。

③ 使用箭头键（图 8-13 ③）设置拉规盖板高度，调整范围为 0.10 ～ 1.90mm。

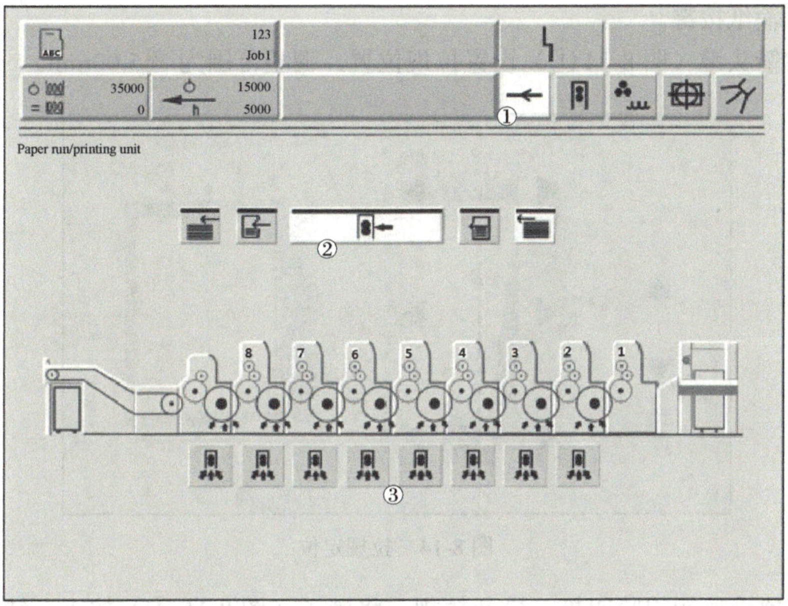

图 8-12　印刷单元传纸辊下方的风扇调节

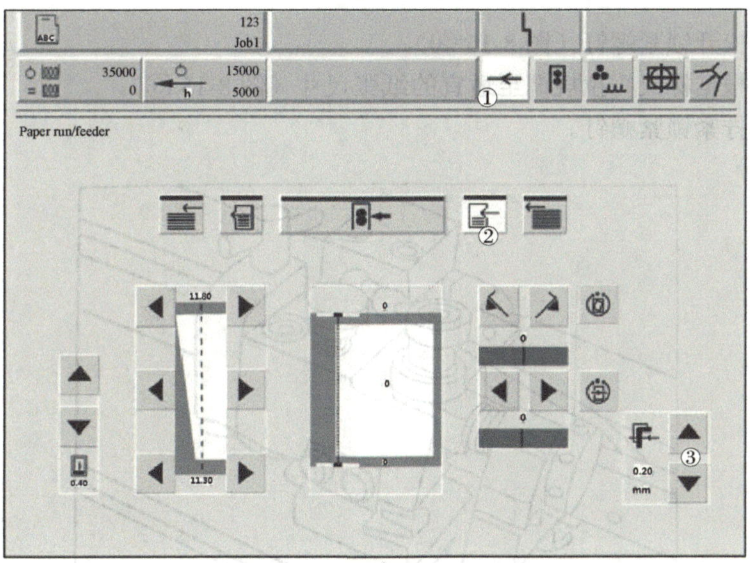

图 8-13　拉规盖板高度调节

2）拉规定位。对于带有预设功能的胶印机，当操作人员将纸张厚度输入印件 / 印刷材料菜单中，拉规位置自动预选。若要更改此设置，则按以下操作。

① 按下走纸按键。

② 按下输纸按键。

③ 使用箭头键（图 8-14 ①）设置拉规位置，调整范围为 ±5.00mm。

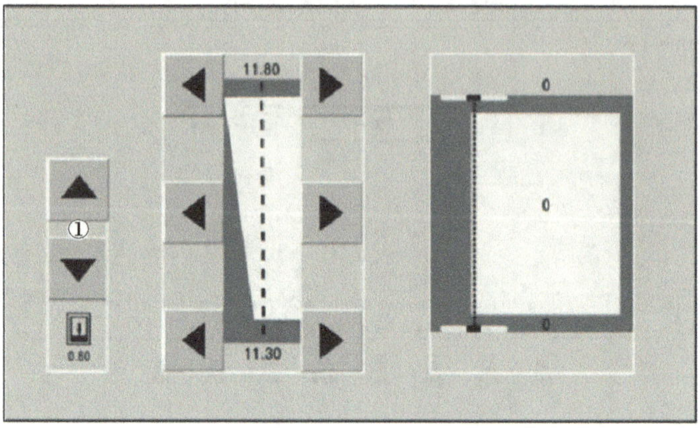

图 8-14　拉规定位

对于无预设功能的胶印机，松开拉规，将销子（图 8-15 ①）按下，转动，直至完全咬合。

粗调：

第一步：松开锁紧螺钉（图 8-15 ②）。

第二步：根据标尺将拉规调至适宜的纸张尺寸（图 8-15 ③）。

第三步：拧紧锁紧螺钉。

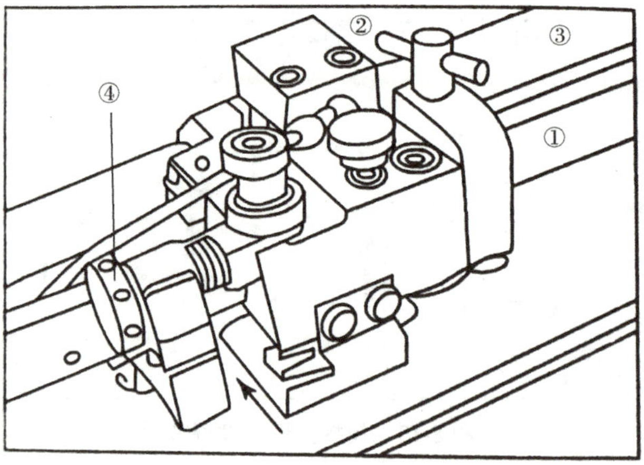

图 8-15　拉规粗调与精调示意图

精调：

在操作面有一调整轮可对两侧的拉规精调（图 8-15 ④）。调整范围从中心位置至两侧大约 2.5mm。

不管在哪一侧上版，都首先用扳手向右转动调节轮，使纸张移向操作面；然后向左转动调节轮，将纸张移向传动面。

当机器运行或盘车时，不工作的拉规应留在原位，禁止取出印刷区域。

（5）套准调节

1）套准设置。在套准功能菜单中，可以从对角、圆周、横向各角度来调节套准。在此菜单下还可打开自动套准控制，前规和拉规也随之设置完毕。

提示：只有当机器运行时才可定位伺服电机。

2）套准调节。

① 按下菜单栏上的套准功能按键（图 8-16 ①），打开套准功能菜单。

② 通过印刷单元按键（图 8-16 ②）选择印刷单元。

③ 使用数字键输入新的套准数值，这个数值将会被加到以前的设置中。调节范围：对角套准为 ±0.15mm；横向和圆周套准为 ±1.9mm。

④ 按下选中的套准按键：传动面对角套准（图 8-16 ③）；操作面对角套准（图 8-16 ④）；圆周套准（图 8-16 ⑤）；横向套准（图 8-16 ⑥）。

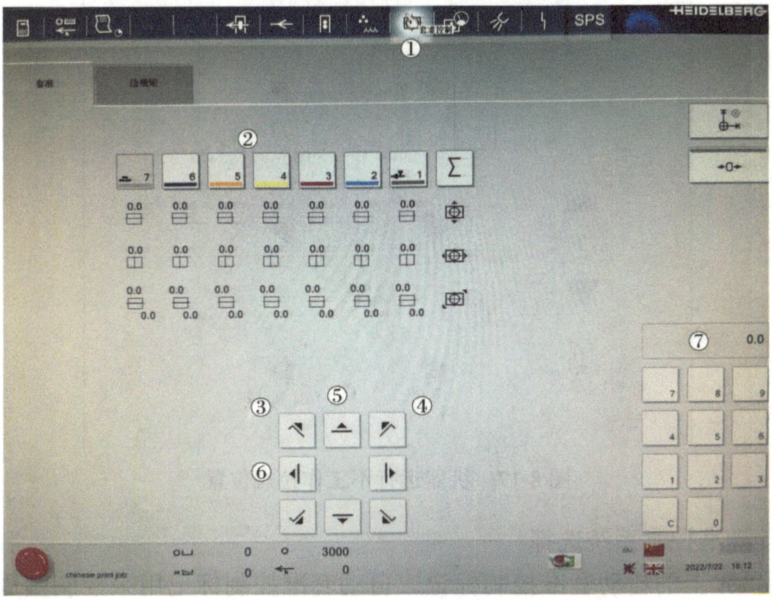

图 8-16　套准调节

根据输入的数据，机器设置好相应的套准，显示屏（图 8-16 ⑦）返回 0.01 的标准数值。

注意：按下套准按键后，所选印刷单元的套准只能由显示屏上的数值来调整和改变。

套准显示屏（图 8-16 ⑧）展现了未来印刷在纸上的效果图。同时，以 mm 为单位的调整数值也会显示在效果图的上方或下方。

调整程序的色彩显示含义：黑色为套准设置合适，套准保持不变；白色为套准值变化，红色为错误，套准设置停止。

3）前规设置。

① 在套准功能菜单中按下拉规按键（图 8-17 ①）。

② 使用箭头键（图 8-17 ②）设置前规：第一行的两个箭头按键为传动面的设置；第二行的两个箭头按键为传动面和操作面的设置；第三行的两个箭头按键为操作面的设置，显示屏上的数字表示拉规从原位移动了多少毫米。

③ 使用箭头键（图 8-17 ③）设置拉规：<0 为拉规在上版位置移动量超出了基本位置；=0 为拉规位于基本位置；>0 为拉规沿上版反方向移动量超出了基本位置。

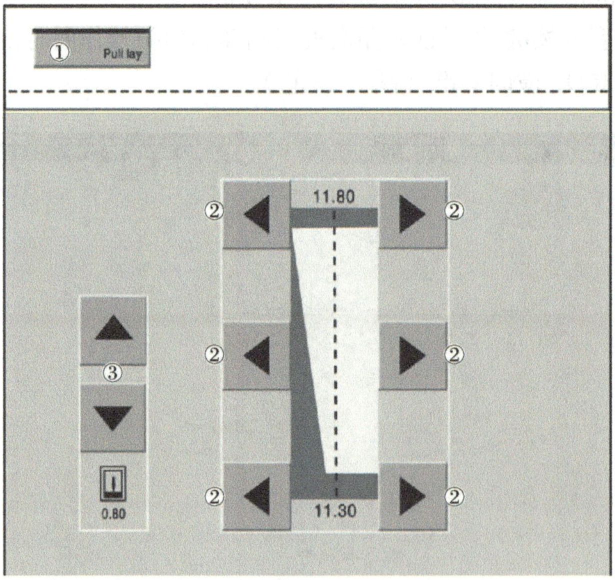

图 8-17　机器运行不工作拉规位置

（6）自动套准控制系统选择

1）印刷纸张上的自动套准控制标记。自动套准控制标记用来控制圆周、横向和对角套准（图 8-18 ①），自动印刷在纸张上。自动套准控制标记为各印刷单元精确的套准控制提供了相关信息。

图 8-18　自动套准标记

2）自动套准控制系统菜单。在自动套准控制系统菜单中，操作人员可以选择套准控制的印刷单元，设定标准颜色，决定是否使用参考数值，或是存入手动设置值，如图 8-19 所示。

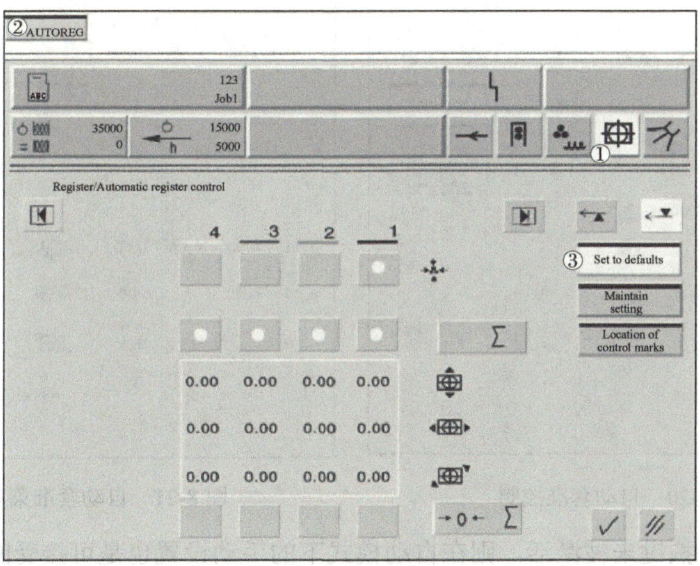

图 8-19　自动套准控制系统

① 按下菜单栏上的套准功能按键（图 8-19 ①），打开同名菜单。

② 按下套准功能菜单上的自动套准按键（图 8-19 ②），打开自动套准控制菜单。

在此菜单下已默认设置确定值（图 8-19 ③）。

③ 选择标准颜色。操作人员应首先决定以何种色版作为参考标记来进行印刷，套印的调整必须与这个颜色总体保持一致。通常情况下，“黑色”被用来作为参考标记。假如参考标记是用另外一个色版，就要选择正确的颜色按键（用箭头键）。

提示：所选的标准颜色必须包含参考颜色，这对测试很重要。

④ 选择印刷单元。按下印刷单元组群按键（图 8-20 ②），选择所有印刷单元的自动套准控制。如果各单元分别选择自动套准控制，或选择几个印刷单元的自动套准控制，只须按下或释放相应的印刷单元按键（图 8-20 ③）。

提示：如果没有选择作为标准颜色的印刷单元，那么无法打开自动套准控制。

⑤ 按下确认键（图 8-20 ④）来确认所有的设置，使用删除键来取消所有的设置，退出本菜单，返回套准功能菜单。

菜单包括以下功能：调整③至“0”（图 8-21 ③）；所有的套准被调至“0”位，此时已不能进行精调；印刷单元可以逐一选择，只须按下相应的印刷单元按键（图 8-21 ④）。

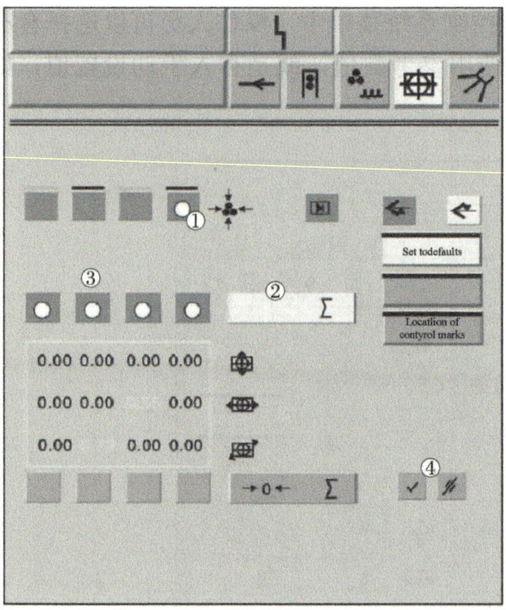

图 8-20　自动套准控制

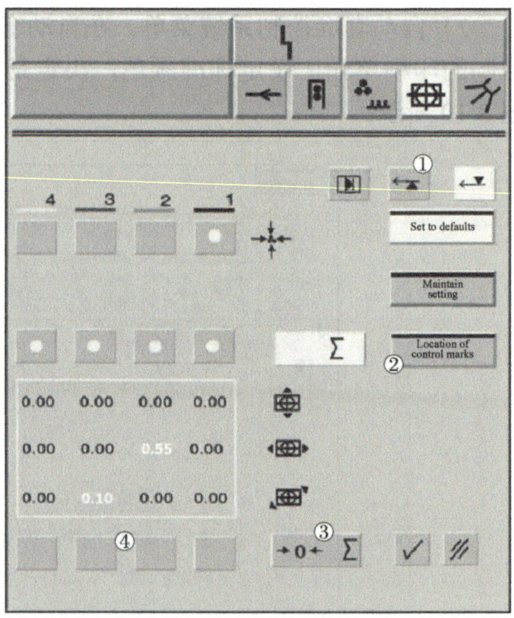

图 8-21　自动套准菜单功能

注意：如果按键未被激活，则在自动模式下的手动设置也是可接受的，并另存为新的设置点。

通过按下自动套准控制标记的位置（图 8-21 ②）按键，可以打开自动套准控制或自动套准控制标记的位置菜单。在此菜单下，操作人员可以输入印刷纸张自动套准控制标记的区域位置。

普通印刷和翻转印刷之间的转换（图 8-21 ①）选择翻转装置前方和后面的自动套准控制系统。

3）套准数值显示。显示屏（图 8-22 ①）列出了手动输入的精调值：第一行数字为圆周套准参考数值（图 8-22 ②）；第二行数字为横向套准参考数值（图 8-22 ③）；第三行数字为斜角套准参考数值（图 8-22 ④）。

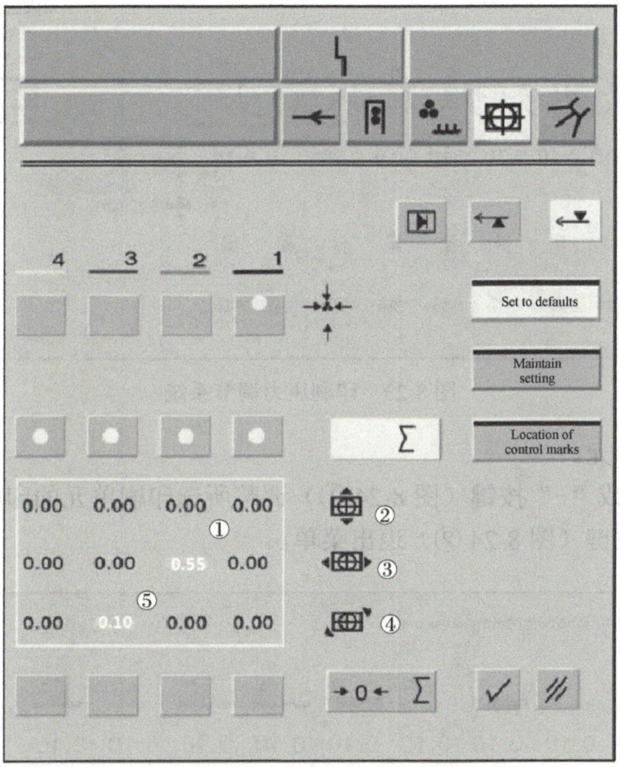

图 8-22　套准数值显示

在控制程序和参考数值更新过程中，这些数值用高亮表示（图 8-22 ⑤）。控制程序操作完毕，套准数值设定后，这些数值会变为黑色。

（7）印刷压力调节

1）印刷压力整体调节。印刷压力已由工作菜单中的预设功能自动设置好。

第一种方法：

① 按下印刷功能菜单中的印刷压力调整组群按键（图 8-23 ①），打开印刷压力菜单（图 8-24）。

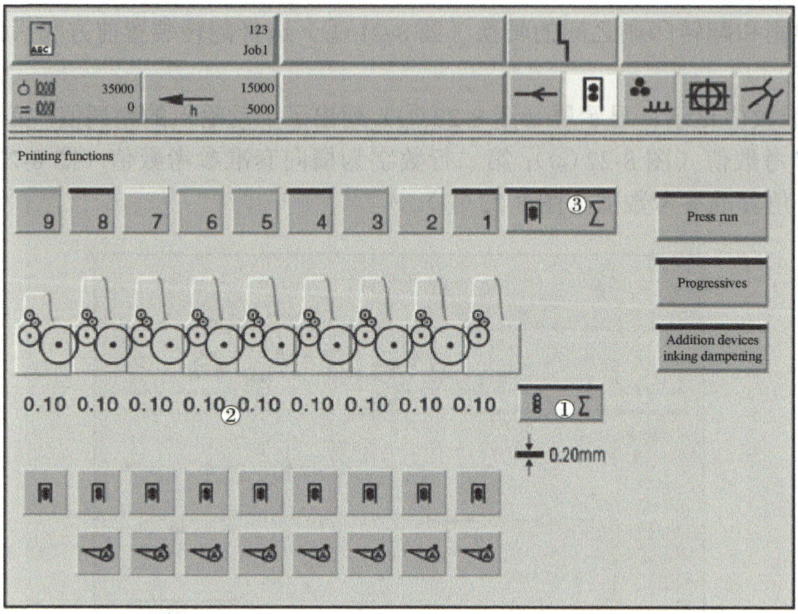

图 8-23　印刷压力调节系统

② 选择印刷单元。

③ 使用“+”或“-”按键（图 8-24 ①）调整所选印刷单元的印刷压力。

④ 使用返回按键（图 8-24 ②）退出菜单。

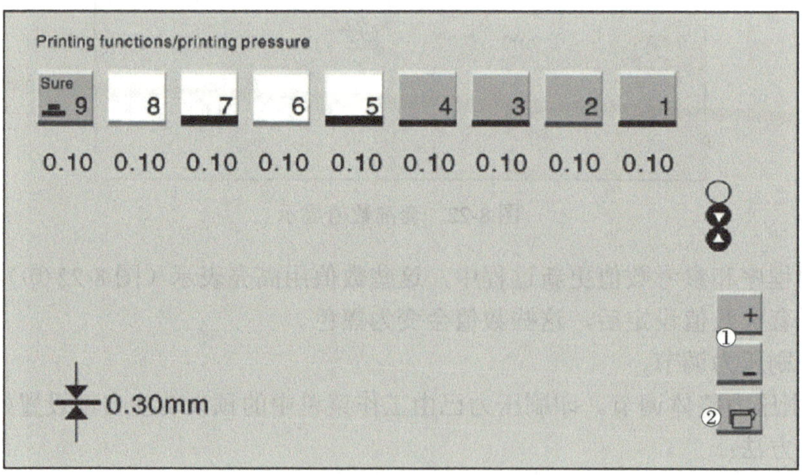

图 8-24　印刷压力菜单

第二种方法：

① 按下印刷功能菜单中的印刷单元组群按键（图 8-25 ①），打开预览菜单。

② 按下印刷压力调整组群按键（图 8-25 ②），打开如图 8-24 所示的菜单。

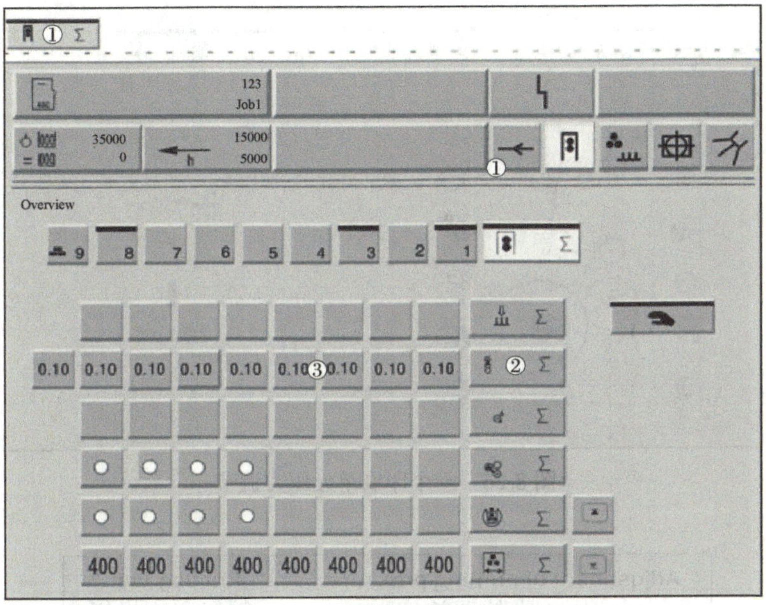

图 8-25　印刷压力预览菜单

③ 选择印刷单元。

④ 使用“+”或“-”按键（图 8-24 ①）调整所选印刷单元的印刷压力，按下返回按键(图 8-24 ②)确认。视窗关闭，设置好的印刷压力显示在相应印刷单元(图 8-23 ②)下方的菜单中。

2）每一印刷单元印刷压力调节。

第一种方法：

① 在（印刷单元）菜单中选择一个印刷单元，打开如图 8-26 所示的菜单。

② 使用“+”或“-”按键（图 8-26 ①）来更改印刷压力。

第二种方法：

① 在预览菜单的印刷压力调整中选择要调整的印刷单元所对应的按钮，将该印刷单元菜单打开（图 8-27）。

② 使用“+”或“-”按键（图 8-27 ①）来调整印刷压力，使用返回按键（图 8-27 ②）退出菜单。

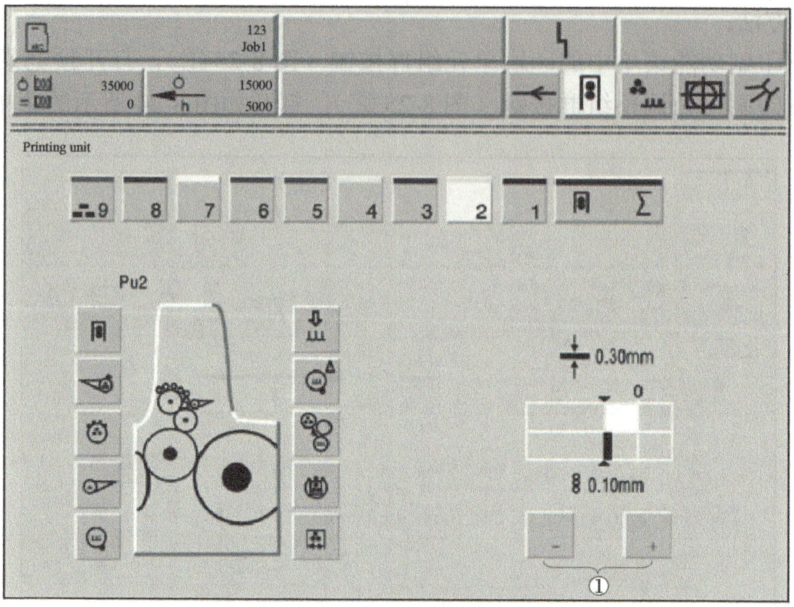

图 8-26　一个印刷单元压力调节

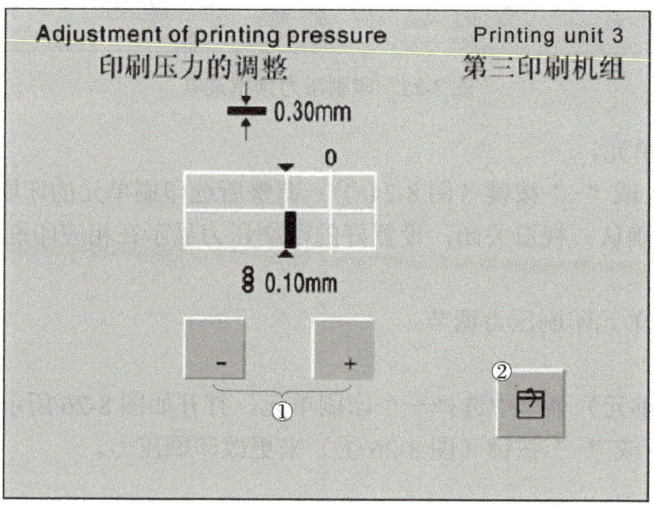

图 8-27　预览菜单中一个印刷单元压力调节

（8）合压 / 离压

1）通过预选使印刷单元分别合压 / 离压。

第一种方法：

① 按下菜单栏中的印刷功能按键（图 8-28 ①），打开印刷功能菜单。

② 按下合压或离压中的一个按键（图 8-28 ②），使所选中的印刷单元合压或离压。

第二种方法：

① 在印刷功能菜单中选择一个印刷单元（图 8-28 ③），打开如图 8-29 所示的菜单。

② 按下合压 / 离压按键（图 8-29 ①）。

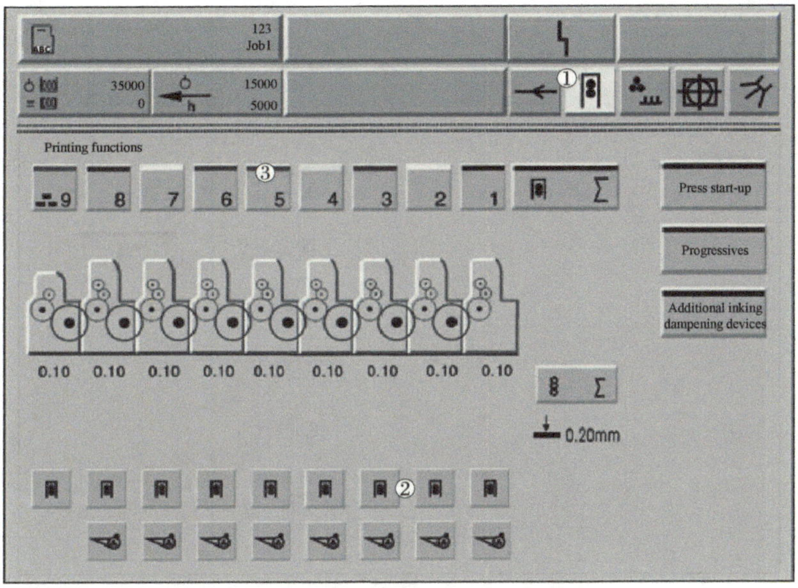

图 8-28　印刷合压 / 离压控制

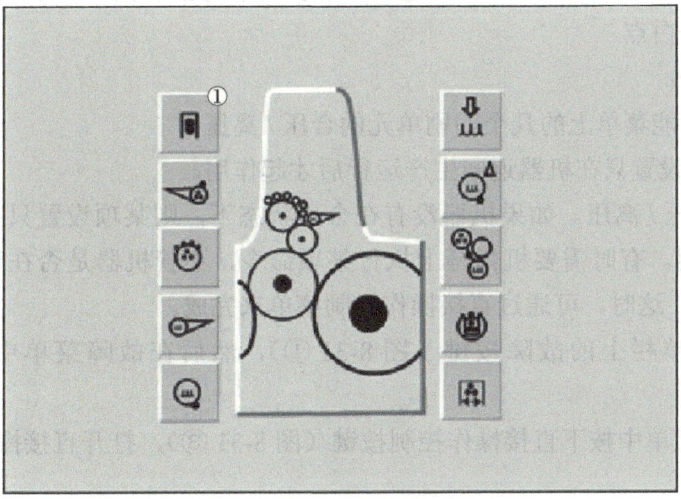

图 8-29　一个印刷单元的合压 / 离压

2）通过预选使几个印刷单元同时合压／离压。

第一种方法：

① 按下印刷功能菜单中的印刷单元组群按键（图 8-30 ①），打开印刷功能／预览菜单（图 8-30）。

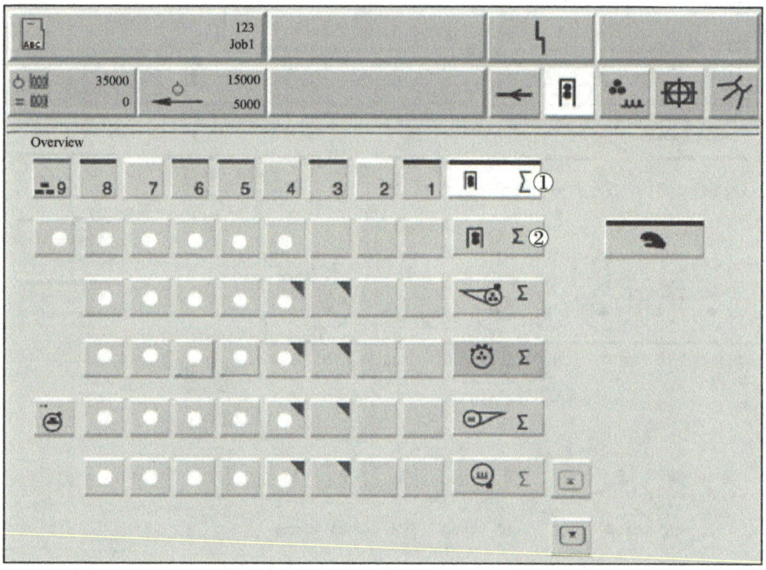

图 8-30　印刷单元同时合压／离压

② 按下合压／离压按键（图 8-30 ②），所有印刷单元同时合压／离压。机器合压时，按键上显示一个白点。

第二种方法：

按下印刷功能菜单上的几个印刷单元的合压／离压。

提示：所有设置只在机器返回生产运行后才起作用。

3）手动合压／离压。如果机器没有在合压状态下，则某项设置只在机器返回生产运行后才起作用。有时需要机器马上执行某项命令，不管机器是否在运行状态（如预上墨、预润版）。这时，可通过直接操作控制菜单来完成。

① 按下菜单栏上的故障按键（图 8-31 ①），然后在故障菜单中按下维修按键（图 8-31 ②）。

② 在维修菜单中按下直接操作控制按键（图 8-31 ③），打开直接操作控制菜单。

③ 使用印刷单元按键（图 8-31 ④）选择印刷单元，使之合压 / 离压。按下返回按键（图 8-31 ⑤）退出菜单。

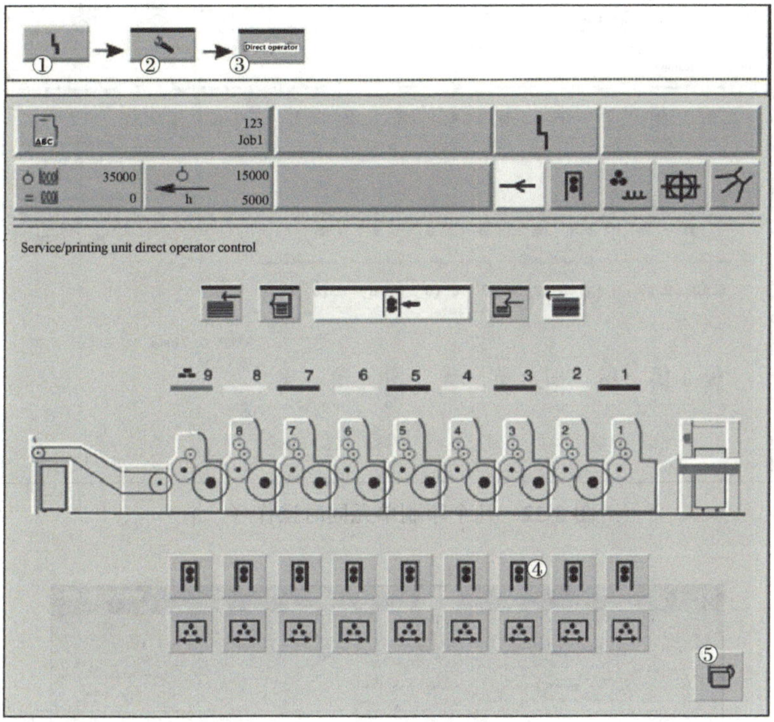

图 8-31　手动合压 / 离压

（9）传墨辊和着墨辊使用

1）传墨辊和着墨辊合压 / 离压。

第一种方法：几个印刷单元同时操作。

① 按下菜单栏上的印刷功能按键（图 8-32 ①），打开印刷功能菜单。

② 使用传墨辊合田离压按键(图 8-32 ②)，使选择的印刷单元的传墨辊合压 / 离压。

第二种方法：

① 按下菜单栏上的印刷功能按键（图 8-33 ①），打开印刷功能菜单（图 8-32）。

② 按下印刷单元组群按键（图 8-33 ②），打开预览菜单（图 8-33）。

③ 在传墨辊（图 8-33 ③）和着墨辊（图 8-33 ④）一行中，按下所操作的印刷单元的相应按键。

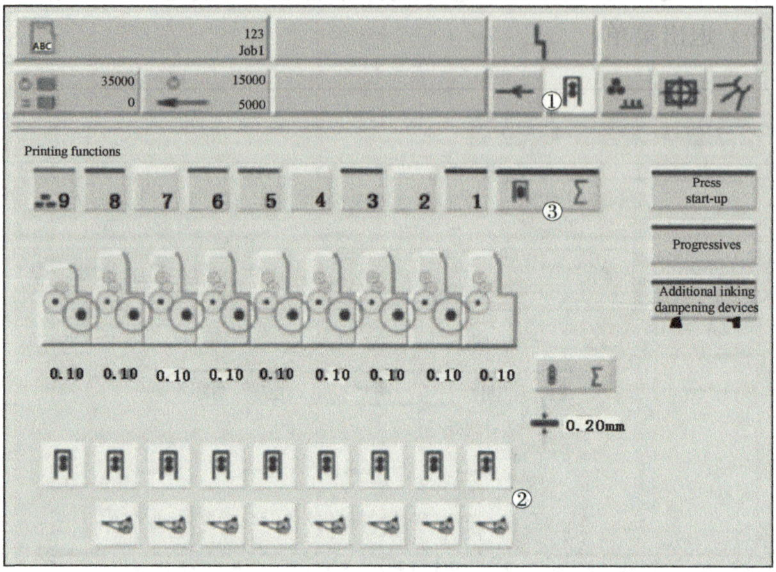

图 8-32　几个印刷单元同时操作（一）

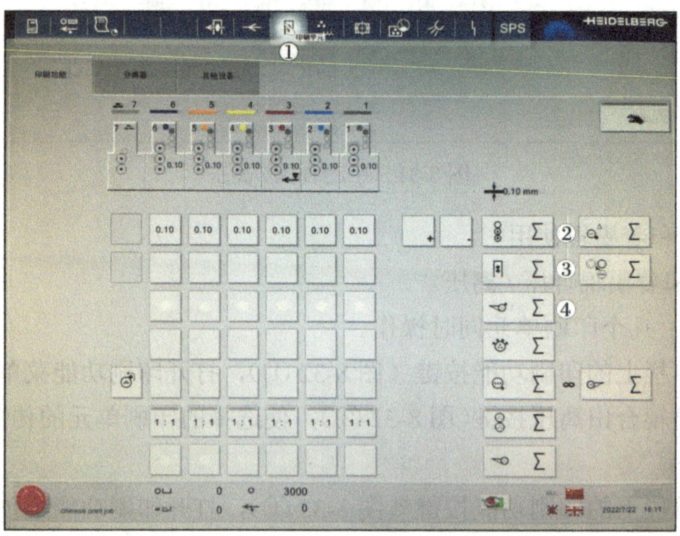

图 8-33　几个印刷单元同时操作（二）

单独操作某一印刷单元的操作步骤如下：

① 按下菜单栏上的印刷功能按键（图 8-34 ①），打开印刷功能菜单。

② 选择一个印刷单元（图 8-34 ②）。

③ 传墨辊：按下传墨辊合压 / 离压按键（图 8-34 ③）。

④ 着墨辊：按下着墨辊合压 / 离压按键（图 8-34 ④）。

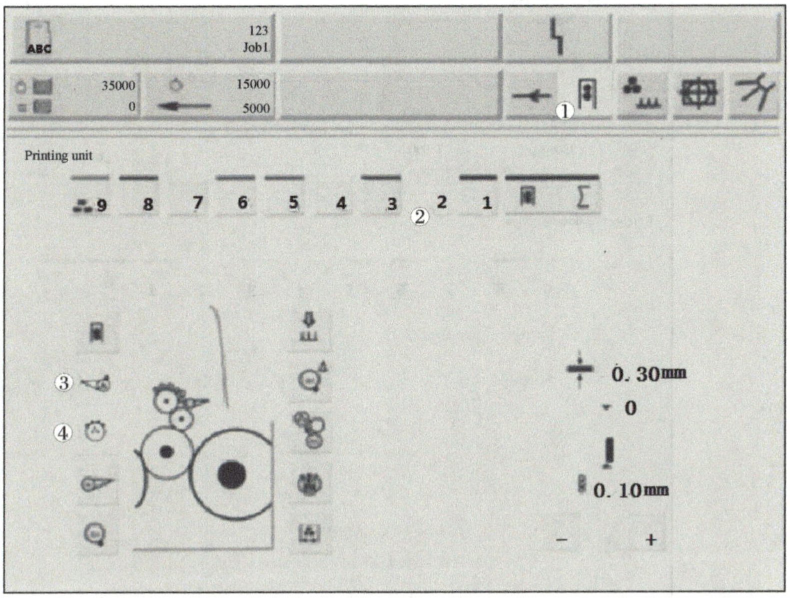

图 8-34　单独操作某一印刷单元

以上所有设置只在机器返回生产运行后才起作用。

如果机器不在生产状态下，传墨辊或着墨辊只有在机器返回印刷状态下才能进行操作。但是有时需要使传墨辊或着墨辊马上合压（如预上墨、预润版时），在这种情况下，可通过直接操作控制菜单来操作。操作步骤如下：

① 按下预览菜单中的直接操作控制按键（图 8-35 ①），打开直接操作控制菜单。

② 按下所选单元的传墨辊合压 / 离压（图 8-35 ②）或着墨辊合压 / 离压按键（图 8-35 ③），激活相应设置。在预览菜单中，右上角有一灰色按键，按动此键，可以手动预设。

③ 按下返回按键（图 8-35 ④）退出菜单。

2）墨斗辊速度调节。

在墨量 / 润湿液量菜单中，操作人员可以对每一印刷单元分别设置墨量。墨斗辊转动的角度由印刷单元按键来表示。在印刷单元按键上方，还以 % 表示注入的墨量多少。设置好墨量后，胶印机通过墨斗辊的速度来进行调整。

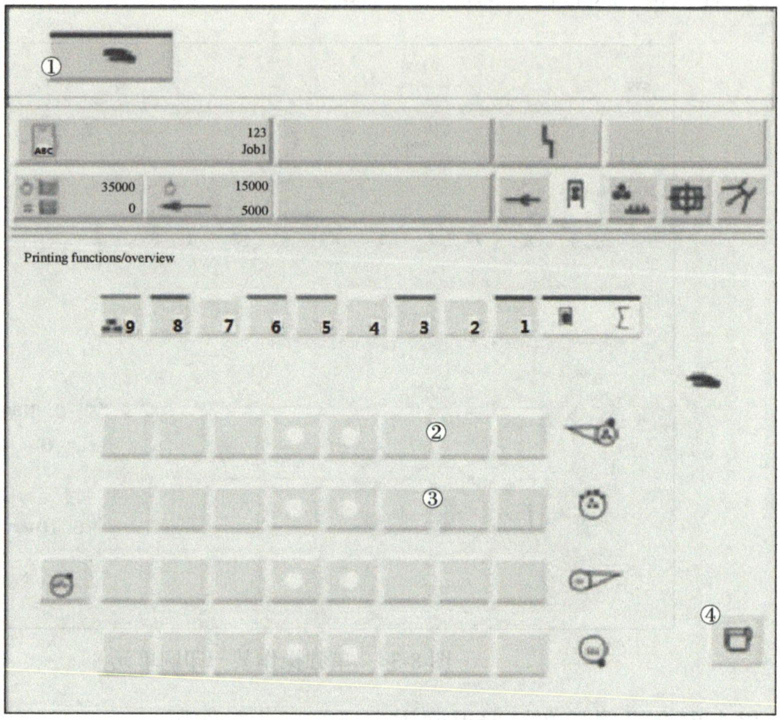

图 8-35　直接操作控制

改变某一印刷单元的墨量的操作步骤如下：

① 按下菜单栏上的墨量 / 润湿液量按键（图 8-36 ①），打开同名菜单（图 8-36）。

② 使用数字键（图 8-36 ②）输入更改值（如 20%）。

③ 使用印刷单元下方的“+”键增加墨量，或使用“-”键减少墨量（图 8-36 ③）。现有数值将会加上或减去新输入的数值，形成新的墨量。

同时改变几个印刷单元的墨量的操作步骤如下：

① 按下菜单栏上的墨量 / 润湿液量按键（图 8-37 ①），打开同名菜单（图 8-36）。

② 使用数字键（图 8-37 ②）输入更改值（如 20%）。

③ 按下墨量组群按键（图 8-37 ③）。

④ 使用印刷单元组群按键下方的“+”键增加墨量，或使用“-”键减少墨量（图 8-37 ④）。现有数值将会加上或减去新输入的数值，为所有印刷单元设置新墨量。

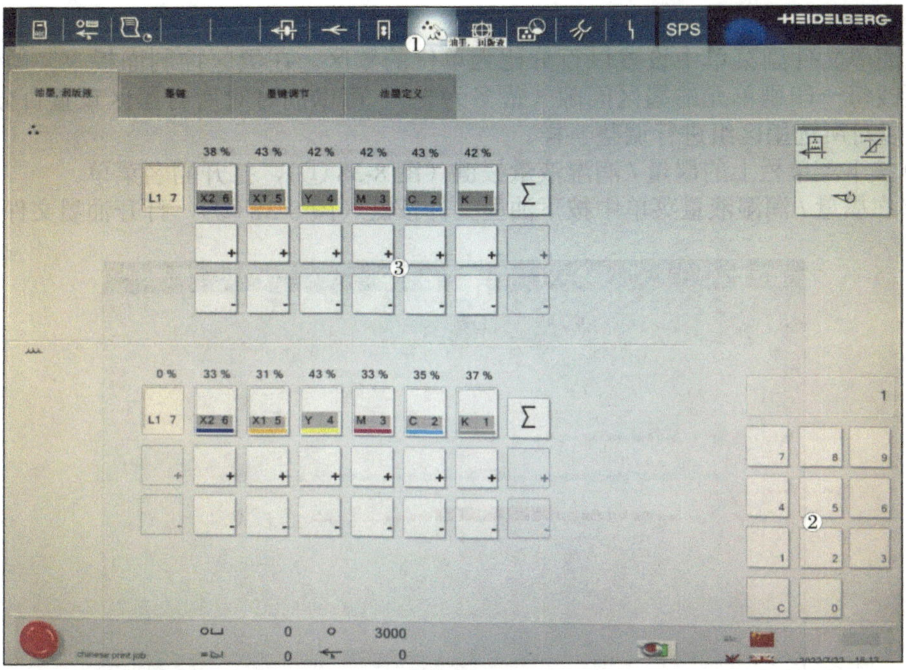

图 8-36　墨斗辊速度调节

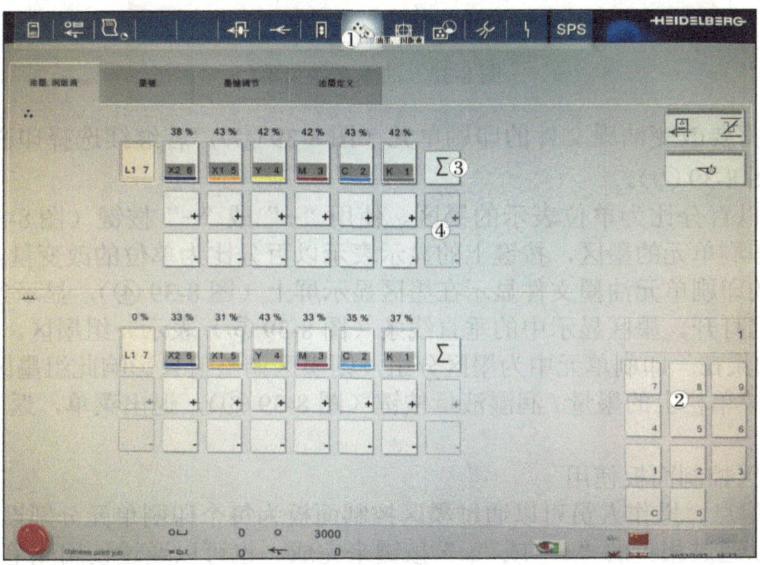

图 8-37　同时改变几个印刷单元的墨量

（10）油墨文件菜单使用

在油墨文件副菜单中设置以百分比为单位的墨区。在墨区控制面板上，操作人员可以更改每一印刷单元的墨区间隙（最多为笼），可以同时对所有墨区设置百分比值，正如可以对所选墨区组进行调整一样。

① 按下菜单栏上的墨量 / 润湿液量按键（图 8-38 ①），打开同名菜单。

② 在墨量 / 润湿液量菜单中按下油墨文件按键（图 8-38 ②），打开油墨文件菜单。

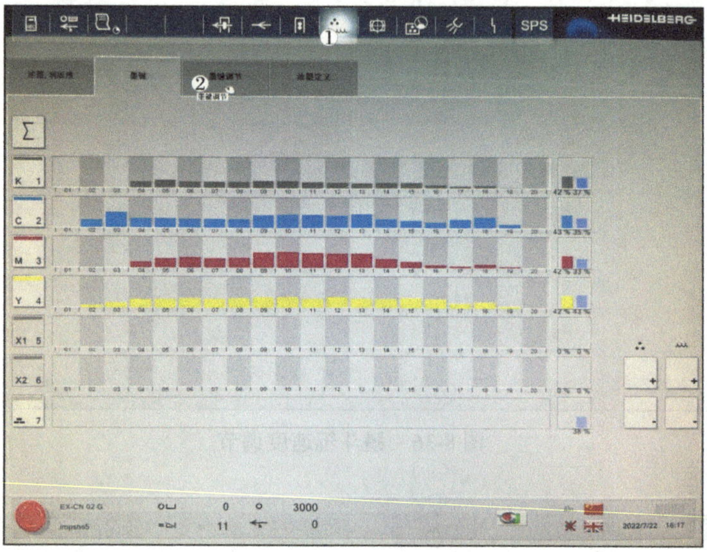

图 8-38　油墨文件菜单

③ 选择将要改变油墨文件的印刷单元（图 8-39 ①），若继续选择印刷单元，则使用箭头键（图 8-39 ②）。

④ 设置以百分比为单位表示的墨区。使用“+”或“-”按键（图 8-39 ③），打开或关闭所选印刷单元的墨区，按键上的显示表示以百分比为单位的改变量。

所改变的印刷单元油墨文件显示在墨区显示屏上（图 8-39 ④），显示条表示相应的油墨计量辊已打开。墨区显示中的垂直线条（图 8-39 ⑤）表示一组墨区。

提示：如果在一印刷单元中为墨区分组，则墨区调整值只影响此组墨区。

⑤ 按下菜单栏上的墨量 / 润湿液量按键（图 8-39 ⑥），退出菜单，返回至墨量 / 润湿液量菜单。

（11）墨区控制面板使用

1）基本信息。操作人员可以通过墨区控制面板为每个印刷单元分别设置油墨文件，这些设置可以通过相关的“+”或“-”按键来完成，也可以通过使用光笔来输入数值。油墨文件通过不同的指示灯显示在墨区显示屏上。

首先打开 CP2000 控制台上的墨量 / 润湿液量菜单，然后选中直接操作控制按键（图 8-40 ①），才可进行墨区的调节。如果控制台上已打开别的菜单，那么墨区的调节只有在墨区控制面板上来完成。

图 8-39　墨区显示屏

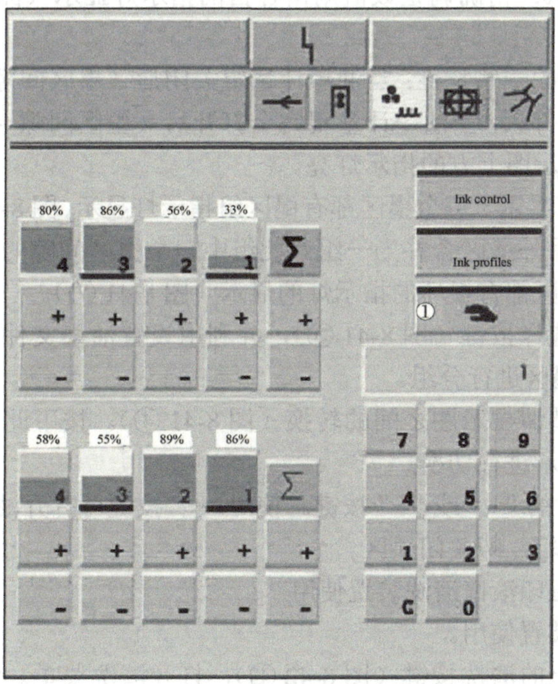

图 8-40　墨区控制面板基本信息

2）墨区显示（图 8-41）。

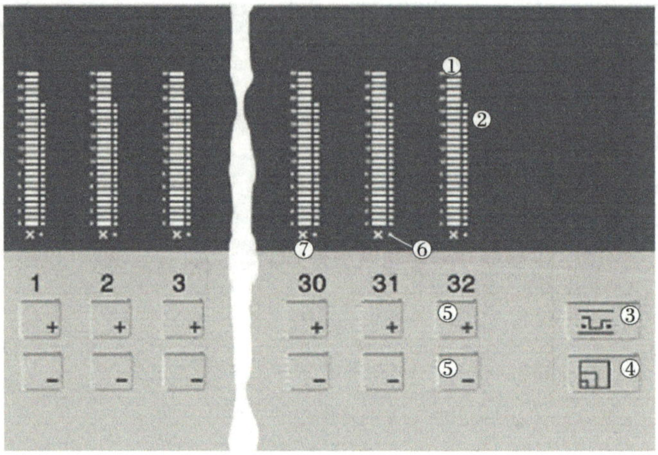

图 8-41　墨区显示

每个墨区上均有 25 个粗略显示灯和 20 个精确显示灯来表示油墨文件，油墨文件的设置范围为 0% ～ 100%。设置好的油墨文件以条状显示图（图 8-41 ①）来显示粗调整数值，其增量为 4%。精确调整数值则由各自的指示灯显示（图 8-41 ②），其增量为 0.2%。

油墨文件显示图的一些特性：当油墨计量辊关闭后（墨区间隙 =0%），精调和粗调显示图 I 上的指示灯都灭；当油墨计量辊完全打开后（墨区间隙 =100%），粗调显示图上的指示灯和精调显示图上方的指示灯亮。

① 墨区组指示灯显示。每个墨区都有墨区组指示灯显示(图 8-41 ⑥)。此灯亮起(绿点)，表示此墨区与另外墨区合并为一组。此组中一个墨区间隙的改变也会影响到其他墨区的间隙。每个墨区都有损坏的指示灯的显示（图 8-41 ⑦）。

② 按下墨区组选择按键（图 8-41 ③），并利用设置油墨文件的“+”或“-”按键（图 8-41 ⑤），可对墨区进行分组。

③ 粗调显示和精调显示图之间的转换（图 8-41 ④）。按下此按键，操作人员可以对粗调显示和精调显示进行切换。

④ 设置油墨文件的“+”或“-”按键。使用“+”按键可打开油墨计量辊，使用“-”按键可关闭油墨计量辊，即关闭墨区。

（12）橡皮布和压印滚筒清洗装置使用

1）橡皮布清洗装置使用。

① 按下菜单栏上的清洗按键（图 8-42 ①），打开清洗菜单。清洗菜单可以分别设置每一印刷单元的橡皮布、压印滚筒和油墨单元的清洗。功能按键上的第一行至第三

行的绿色指示灯表示清洗液量，数字 1 ～ 4 标志所选清洗程序。

② 清洗所有橡皮布，按下 SUM（组群）按键（图 8-42 ②）。逐一清洗橡皮布，使用印刷单元按键（图 8-42 ③）分别选取一个或多个印刷单元。

③ 按下确认键（图 8-42 ④），开始清洗程序。

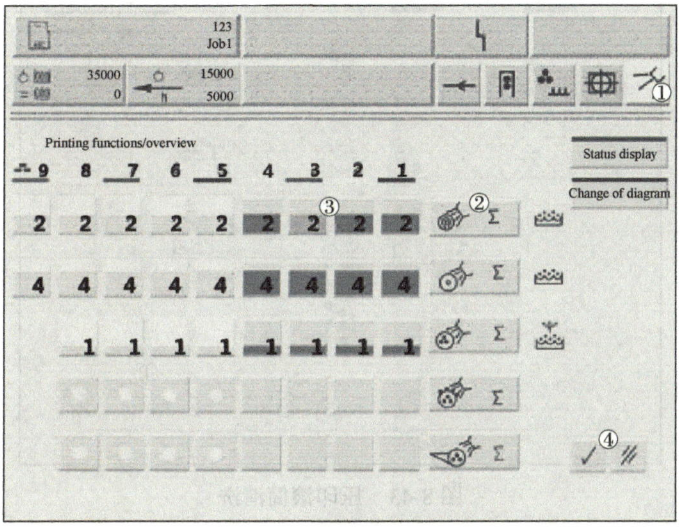

图 8-42　橡皮布清洗装置

2）压印滚筒清洗。

① 按下菜单栏上的清洗按键（图 8-43 ①），打开清洗菜单。

② 使用印刷单元按键（图 8-43 ②）或组群按键（图 8-43 ③）选择一个或多个印刷单元。

③ 按下确认键（图 8-43 ④）确认，开始压印滚筒清洗程序。

（13）遥控串墨辊调节

1）横向串墨调节。

① 按下菜单栏上的故障按键（图 8-44 ①），打开故障菜单，然后按下维修按键（图 8-44 ②）。

② 按下维修菜单中的直接操作控制按键（图 8-44 ③）。

③ 使用串墨辊时间设定按键（图 8-44 ④）打开或关闭所选印刷单元的横向串墨。

提示：按键不亮表示关闭横向串墨，按键亮表示打开横向串墨。

④ 按下返回按键（图 8-44 ⑤）退出菜单。

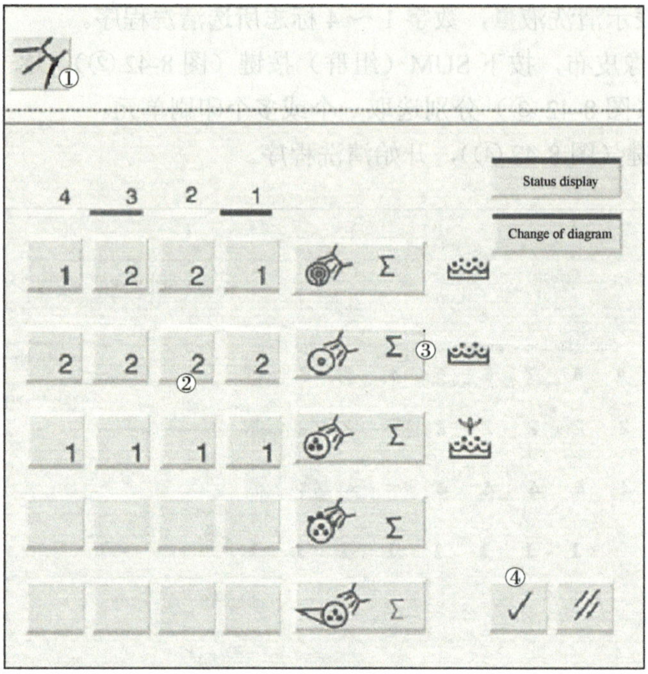

图 8-43　压印滚筒清洗

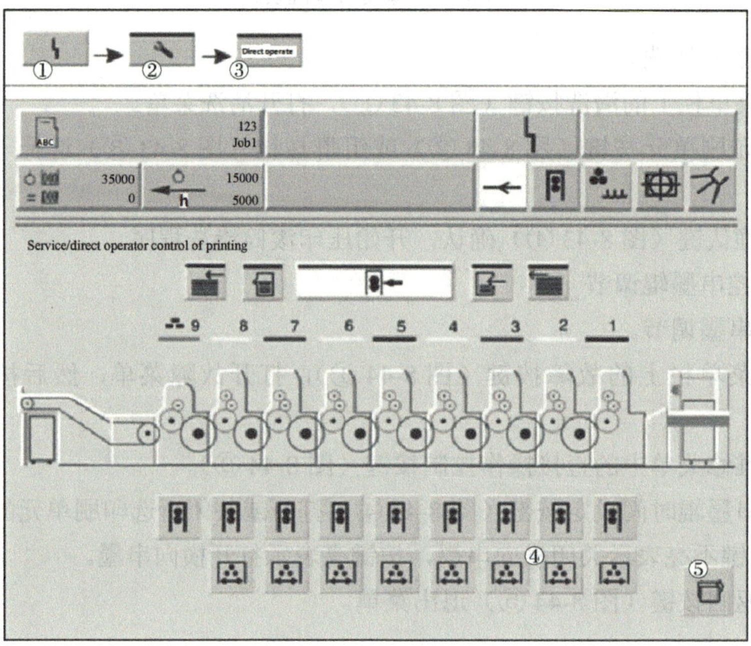

图 8-44　串墨辊调节

2）每一印刷单元的串墨相位设置。

① 按下菜单栏上的印刷功能按键（图 8-45 ①），打开印刷功能菜单，再选择需进行设置的印刷单元按键（图 8-45 ②）。

② 在印刷单元菜单中按下串墨辊时间按键（图 8-45 ③），打开串墨辊时间菜单。

③ 使用箭头键（图 8-45 ④）设置印刷纸张上的横向串墨相位。串墨相位以带颜色的条形图（图 8-45 ⑤）表示。预设值为 400。

④ 按下返回按键（图 8-45 ⑥）退出本菜单。

提示：按下印刷单元按键，打开预览菜单，也可从中提取串墨时间菜单。

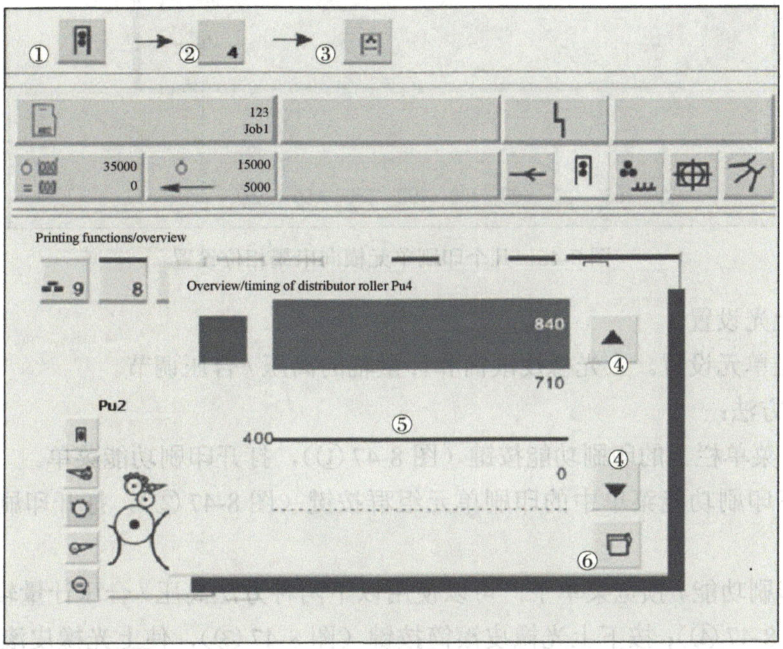

图 8-45　串墨辊横向串动相位设置

3）几个印刷单元横向串墨相位设置。

① 按下菜单栏上的印刷功能按键（图 8-46 ①），打开印刷功能菜单，按下预览按键（图 8-46 ②），打开预览菜单。

② 在预览菜单下，按下串墨辊时间按键（图 8-46 ③），打开串墨辊时间菜单。

③ 使用印刷单元按键（图 8-46 ④）选择一个或者几个印刷单元，然后使用“+”或“-”按键（图 8-46 ⑤）设置纸张上的横向串墨相位。

④ 按下返回按键（图 8-46 ⑥）退出本菜单。

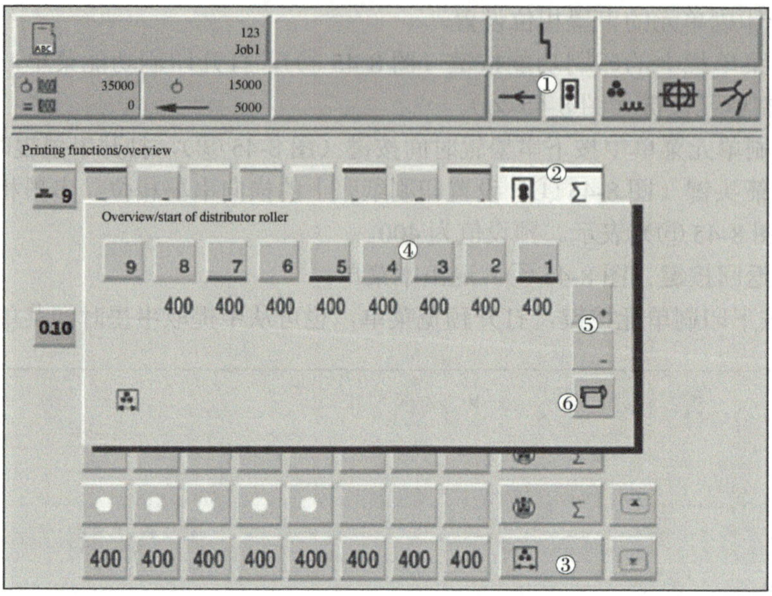

图 8-46　几个印刷单元横向串墨相位设置

（14）上光设置

1）上光单元设置。上光橡皮滚筒和计量辊的离压 / 合压调节。

第一种方法：

① 按下菜单栏上的印刷功能按键（图 8-47 ①），打开印刷功能菜单。

② 按下印刷功能菜单中的印刷单元组群按键（图 8-47 ②），打开印刷功能 / 预览菜单。

③ 在印刷功能 / 预览菜单下，可以使用以下两种方法离压 / 合压计量辊：按下计量辊按键（图 8-47 ④）；按下上光橡皮滚筒按键（图 8-47 ③），使上光橡皮滚筒与压印滚筒离压 / 合压。

第二种方法：

① 按下菜单栏上的印刷功能菜单（图 8-48 ①），打开印刷功能菜单。

② 按下印刷功能菜单中的上光单元按键（图 8-48 ②），打开上光单元菜单。

③ 在上光单元菜单中，有下列两种方法使计量辊离压 / 合压：按下计量辊按键（图 8-48 ④），可使计量辊离压 / 合压；滚筒离压 / 合压。按下上光橡皮滚筒离压 / 合压按键（图 8-48 ③），使上光橡皮滚筒与压印滚筒离压 / 合压，此时计量辊随之离压 / 合压。

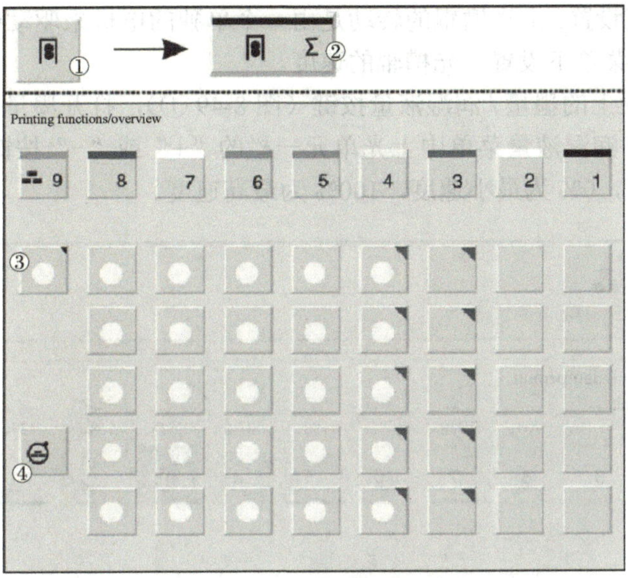

图 8-47 上光单元设置

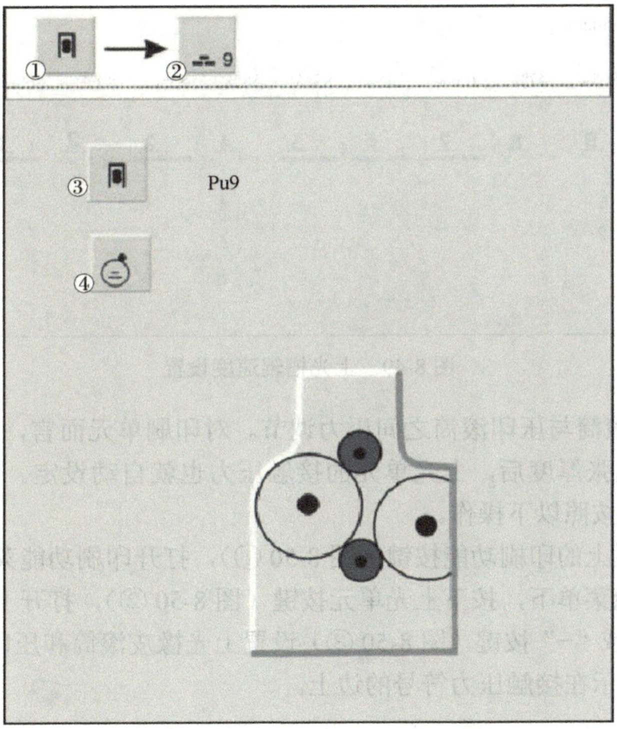

图 8-48 上光橡皮滚筒和计量辊离压 / 合压调节

上光槽辊速度设置：上光槽辊的转动是由一个单独的电机来驱动的，操作人员可以在墨量 / 润湿液量菜单下设置上光槽辊的速度。

① 按下菜单栏上的墨量 / 润湿液量按键（图 8-49 ①），打开墨量 / 润湿液量菜单。

② 使用墨量 / 润湿液量菜单中上光单元一栏的“+”或“−”按键（图 8-49 ②）设置上光槽辊的速度，0% 为最小速度，100% 为最高速度。

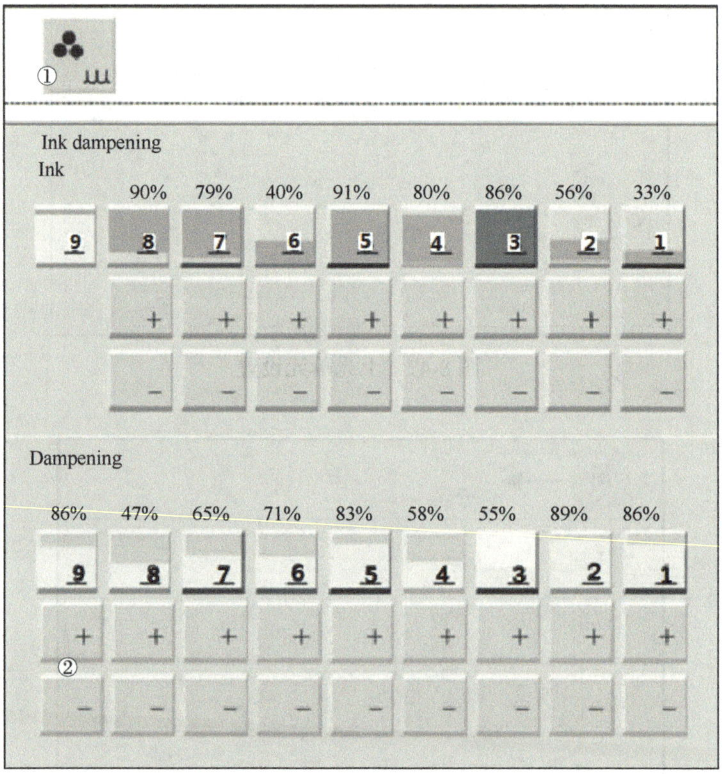

图 8-49　上光槽辊速度设置

2）上光橡皮滚筒与压印滚筒之间压力调节。对印刷单元而言，当操作人员在印刷材料菜单中输入纸张厚度后，上光单元的接触压力也就自动设定。若须改变上光单元的接触压力，则可按照以下操作。

① 按下菜单栏上的印刷功能按键（图 8-50 ①），打开印刷功能菜单。

② 在印刷功能菜单下，按下上光单元按键（图 8-50 ②），打开上光单元菜单。

③ 使用“+”或“−”按键（图 8-50 ③）设置上光橡皮滚筒和压印滚筒之间的压力，设置好的数值会显示在接触压力符号的边上。

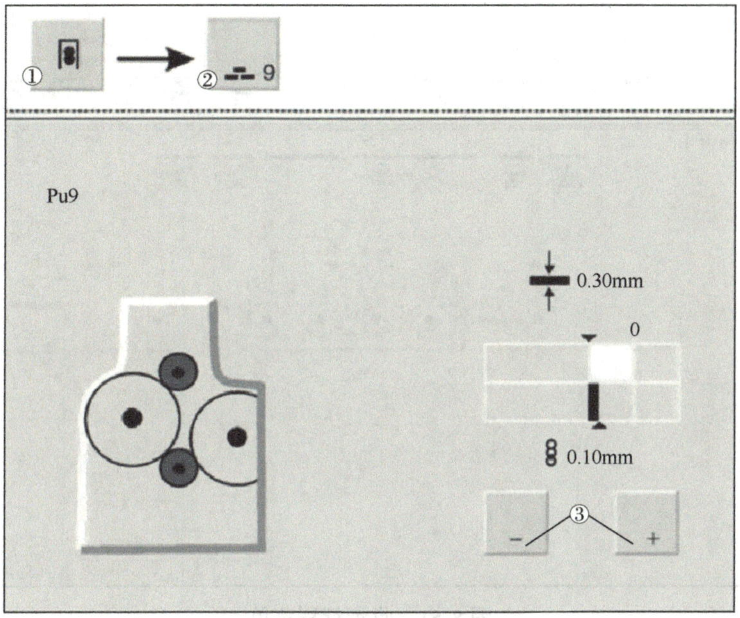

图 8-50　上光单元接触压力

（15）收纸功能使用

1）纸张平整器、干燥装置、喷粉装置。收纸的一些功能被编辑在收纸行程 / 收纸菜单下。收纸行程菜单功能选择的操作步骤如下：

① 按下菜单栏上的走纸行程按键（图 8-51 ①），打开收纸行程菜单。

② 使用吸风按键（图 8-51 ④）打开或关闭纸张平整器上的吸风。

③ 使用干燥装置按键（图 8-51 ③）打开或关闭红外干燥装置。

④ 使用喷粉装置按键（图 8-51 ②）打开或关闭喷粉装置。

如果打开某一功能，则其相应的标符（图 8-51 ⑤）会出现在胶印机轮廓图下方。

2）收纸菜单功能。

① 用导纸吸风按键（图 8-52 ①）打开或关闭收纸上的吸风。在此菜单下，操作人员还可调节喷粉量、纸张制动器的吸风辊 / 吸纸带的速度。

② 使用“+”或“-”按键（图 8-52 ②）设置吸风辊 / 吸纸带（纸张制动器）的速度，其数值以条形图 8-52 表示，并以数字形式标识于图形上方（关闭 =0%）。

③ 使用“+”或“-”按键（图 8-52 ③）设置喷粉量，其数值以条形图表示，并以数字形式标识于图形上方。

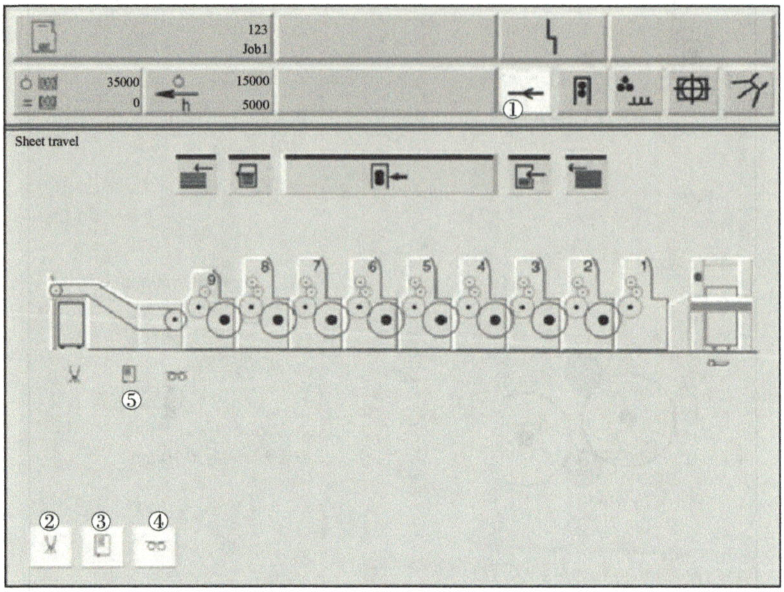

图 8-51　收纸行程菜单

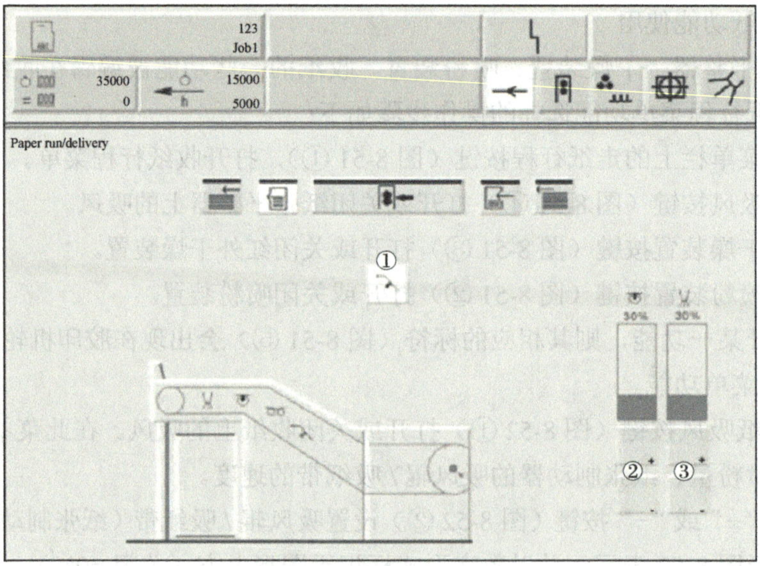

图 8-52　收纸菜单的功能

3）收纸功能的直接操作控制。

在胶印机不进行生产的状态下打开吸风滚筒上吹风单元和吸风功能：按下导纸吸风按键：（图 8-53 ①），按下吸风辊吹风按键（图 8-53 ②）。

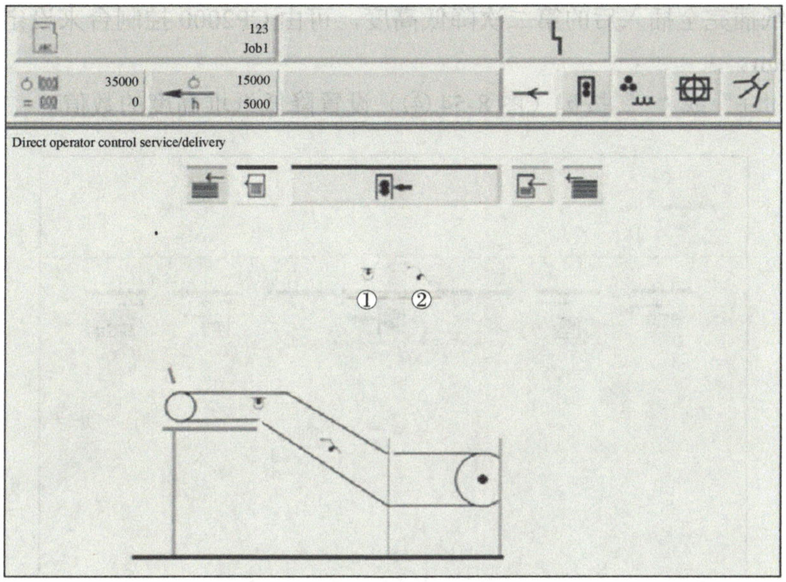

图 8-53 收纸功能的直接操作控制

（16）取纸器速度和纸堆高度设置

1）取纸器减速。CP2000 控制台可以控制取纸器的开关，取纸器上的纸张很容易滑落，所以建议放置在取纸器上的纸张越少越好。

① 按下菜单栏上的走纸按键（图 8-54 ①），打开走纸菜单，再按下收纸堆按键（图 8-54 ②）。

② 使用“+”或“-”按键（图 8-54 ③）设置插入取纸插和取纸之间的胶印机转数。

只有当纸堆经过电眼后，取纸器才可插入纸堆。在不停机操作的开始至取纸器插入的时间内，滚筒的转数可由控制台来设置。

最短的停滞时间为 1 转，最长的停滞时间为 9 转，标准设置为 1 转。如果停滞的时间过长，则纸张很容易从挡纸器的前边缘下方滑落（主纸堆会继续下降）。

2）预设降低纸堆高度。预设第一次降低纸堆高度主要是便于插入纸台取纸插，这个数值可以设置为 10 ～ 300mm。如果此数值的输入值小于 10mm，则收纸电眼（图 8-55 ①）会自行设定降低高度。降低高度的标符会显示在纸堆符号上（图 8-54 ⑤），主纸堆会自动降低至电眼高度。

① 按下菜单栏上的走纸按键（图 8-54 ①），打开走纸菜单，再按下收纸堆按键（图 8-49 ②），打开收纸堆菜单。

② 使用“+”或“-”按键（图 8-54 ⑥）设置降低纸堆高度的数值。

提示：电眼高度是可调整的。

纸台取纸插完全插入后的第二次降低高度，可由 CP2000 控制台来设定，数值范围为 0 ～ 300mm。

③ 使用“+”或“-”按键（图 8-54 ④）设置降低纸堆高度的数值。

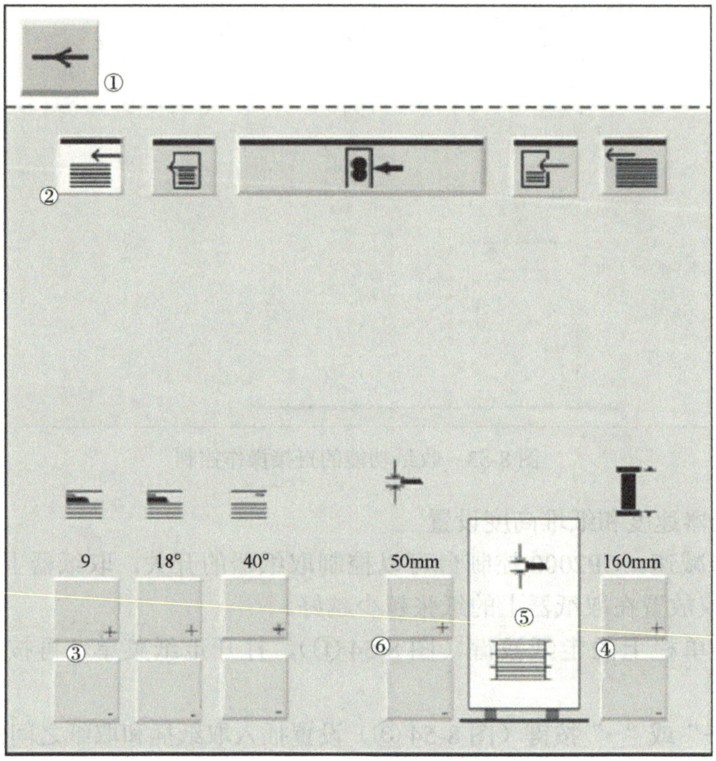

图 8-54　取纸器减速设置

图 8-55　收纸电眼

知识链接

一、智能系统的组成

胶印机的智能控制技术最早可以追溯到20世纪70年代。1972年，德国罗兰公司成功地研制出了多色胶印机遥控装置，几年后又研制出了印刷品质量计算机控制系统。几乎同时，海德堡公司推出了CPC印刷遥控系统。经过几十年的发展，印刷机智能控制技术经历了由起初的仅仅对油墨及套准的控制，发展到全数字化的对整个胶印机工作状态的全面控制，以及通过网络技术的应用，实现了对印前、印刷和印后全部工作过程乃至印刷厂的全部工作，如物流、计价、印件跟踪、发票、采购等环节的整体控制。

目前印刷设备市场中，主要有海德堡公司的CPC系统及CP2000型控制系统，其他还有罗兰公司的RCI系统、CCI系统和PECOM系统；高宝公司的Colortronic系统、Scantronic系统和Opera系统；日本三菱公司的APIS2系统和Maxnet系统；日本小森公司的PAI系统、DoNet系统等。

二、CPC系统

1. CPC系统的定义和组成

（1）CPC系统的定义

海德堡公司的CPC系统是海德堡应用于平版胶印机上，用来预调给墨量、遥控给墨、遥控套准及监控印刷质量的一种可扩展式的系统。

（2）CPC系统的组成

CPC系统由墨量和套准控制装置CPC1、印刷质量控制装置CPC2、印版图像阅读装置CPC3、套准控制装置CPC4、数据管理系统CPC5和自动检测与控制系统CP窗等组成，如图8-56所示。

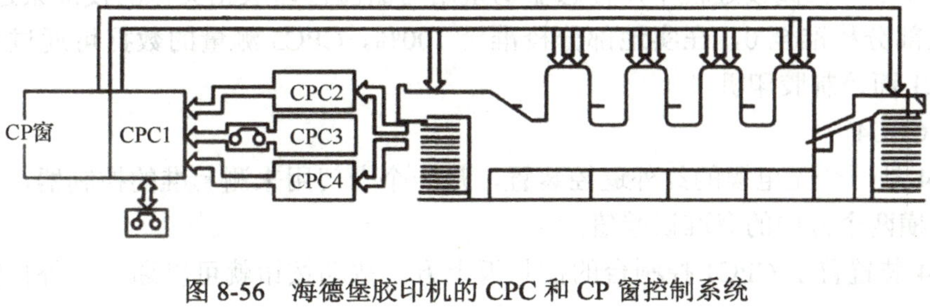

图8-56　海德堡胶印机的CPC和CP窗控制系统

2. CPC 系统的功能

（1）CPC1

CPC1 由遥控给墨装置和遥控套准装置组成，具有几种不同的型号（CPC1-01、CPC1-02、CPC1-03、CPC1-04），代表几个不同的扩散级数。

1）CPC1-01。这是基本的给墨和套准装置。该装置通过控制台上的按键对墨斗微电机进行控制实现墨量整体和局部调节；对套准电机进行控制实现多色印刷套准。

2）CPC1-02。它除了具有 CPC1-01 所有功能，还增加了盒式磁带装置、光笔、墨膜厚度分布存储器和处理机等。使用光笔在墨量显示器上划过，就可以把当前的墨膜厚度分布情况以数据形式记录并存储到存储器中，需要时只要调出就可直接使用。盒式磁带装置可以调出由 CPC3 印版阅读装置提供的预调数据。

3）CPC1-03。它在 CPC1-02 功能的基础上，可以通过数据线与 CPC2 印刷质量控制装置相连，以便达到更准确的预调。

4）CPC1-04。它为海德堡胶印机的另一种新型墨量及套准遥控系统，兼容了 CPC1-01 ～ 03 的所有功能，功能强大，控制方便。

（2）CPC2

CPC2 是一种利用印刷质量控制条来确定印刷品质量标准的测量装置。印刷质量控制条可以放置在印刷品的咬口或拖梢处，也可以放置在两侧。该装置的同步测量头可在几秒内对印刷质量控制条的全部色阶进行扫描。在一张印刷品上可以测量 6 种不同的颜色（实地色阶和加网色阶），然后确定诸如色密度、容限偏差、网点增大、相对印刷反差、模糊和重影、叠印率、色调偏差和灰色度等特性参数值，并将这些数据与预调参考值相比较。再手动调节，或通过数据线与 CPC1 连接达到自动调节。它有 CPC21、CPC22、CPC23、CPC24 等几种。

（3）CPC3

CPC3 是一种通过测量印版上网点区域所占的百分比确定给墨量的装置。与 CPC1 对应，CPC3 也是将图像分为若干个区域，测量时单独计算每个墨区的墨量。

CPC3 通常放置在制版室内，在印版曝光和涂胶以后，可以立即只用几秒的时间阅读一个印版。在阅读过程中，传感器均采用与欲阅读印版相类似的校准条进行校正。在非图像部分校准至 0，在实地部分校准至 100%。CPC3 测量的数据可通过盒式磁带读入 CPC1 而控制胶印机。

（4）CPC4

CPC4 是一个无电缆的红外遥控装置，是一个专门用来测套准的控制器，可以用来测量纵、横两个方向的套准误差值。

CPC4 装置置于 CPC1 控制台的控制板上方，按动按钮就可以通过红外传输方式将数据传送给 CPC1，而通过 CPC1 的遥控装置驱动步进电机调整印版位置，完成必要的校正。常用的有 CPC42。

（5）CPC5

CPC5 与管理、印前、印刷和印后运作联系在一起。这个复杂的印刷厂管理系统是以数据网络为基础的。它对高效生产计划、自动机器预置及有效生产数据获取等信息的变化进行最佳化和自动化处理。

（6）CP 窗

CP 窗是在海德堡胶印机在 CPC 系统的基础上，配备了全面控制、检测和诊断印刷机的全数字化电子显示系统，是一个模块化的集中控制、监测和诊断系统。例如，在 CP 窗中可以用数字输入预选值和实际值，并能重新存储或重新显示。CP 窗是除 CPC 系统功能以外的机器本身的一些控制，它包括 CP 窗的控制功能（CP 窗中央控制台、控制台一般操作程序、操作台故障操作程序、中央润滑系统操作程序）和 CP 窗的自动调整功能（自动更换印版装置、CPC 与 CP 窗的连接）。

三、CP2000 型控制系统

CP2000 新一代胶印机以 CP2000 型控制系统为核心，以海德堡公司传统的速霸胶印机为基础，形成完美的机电组合。它具有现代化设计的控制台，控制台上方有一个彩色显示大屏幕触摸屏，任何操作都能在触摸屏上轻易完成，所有重要的功能都能在触摸屏上预设和调整，所有的作业信息和机器设定数据都能从屏幕上存储和读取。就其控制系统而言，CP2000 型控制系统秉承了 CP 窗和油墨遥控系统 CPC1-04、CPC24 的所有功能，并增加了如色彩实时控制、触摸屏操作等一些加强功能，使得整套中央控制系统日趋完善。此外，还有自动化纸张控制、清洗、维修等功能，可根据客户的需要选择模块。

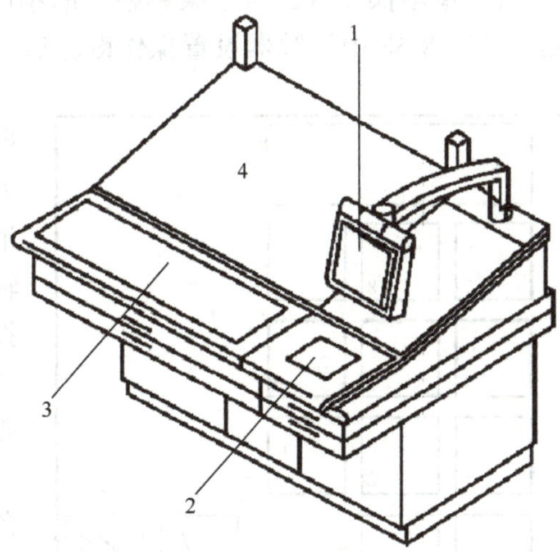

1—触摸屏；2—启动面板；3—墨区调节及套准调节面板；4—放置样张平台。

图 8-57　CP2000 控制台简图

1. CP2000 控制台介绍

如图 8-57 所示为 CP2000 控制台简图。

（1）触摸屏显示操作界面

开启电源后，CP2000 显示屏操作界面如图 8-58 所示。其中，①为菜单栏，②为单项操作区。

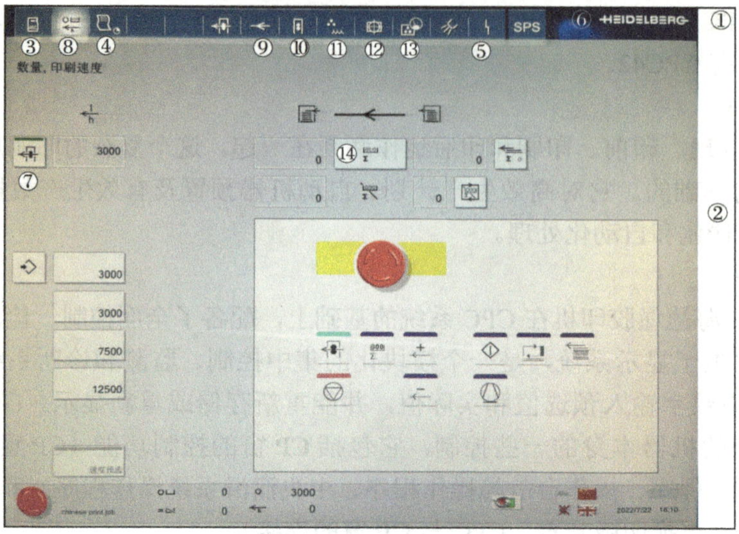

图 8-58　CP2000 显示屏操作界面

1）菜单栏。按键③为印刷工作任务文件操作键；按键④为印刷机状态显示键；按键⑤为印刷机错误信息显示键；按键⑥为操作、帮助功能选择键；按键⑦为计数器设置操作键；按键⑧为速度设置操作键；按键⑨为走纸设置操作键；按键⑩为印刷功能设置操作键；按键⑪为上墨 / 润版设置操作键；按键⑫为套准设置操作键；按键⑬为清洗设置操作键。

2）单项操作区。按下菜单栏上的不同按键，会弹出不同的界面。如图 8-59 所示界面为按图 8-58 中计数器设置操作键⑦后弹出的界面。

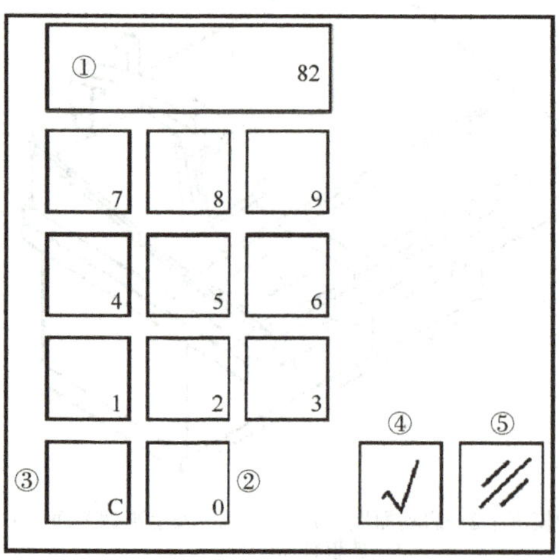

图 8-59　数字输入界面

数字的输入方法。当设置印数时，如图 8-59 所示，依次按数字 8、2 时，显示屏上将在①处显示数值 82。若要删除输入内容，则按下取消键（图 8-59 ③），显示屏上数值变为 0，可输入新数值。当操作人员认为输入数值正确，按下确认键（图 8-59 ④）时，视窗关闭，输入的数值传送至 CP2000。若要放弃整个操作过程，则可按下删除键（图 8-59 ⑤），视窗关闭。

显示屏有 3 种不同的背景颜色：灰色、紫色、绿色。灰色表示和现在工作有关的所有指令和设置，按下某一按键，胶印机会立即执行指令或为现在的工作设置数值；紫色表示在预设下一工作状态，印刷中可进行这一工作；绿色表示通过使用 Heidelberg 按键可打开“帮助”功能。

菜单栏上的其他按键功能在这里就不一一介绍了。

（2）启动面板按键

如图 8-60 所示，按键 1 为印刷键，具有输纸和合压等系列功能（按键呈绿色）；按键 2 为停车键（按键呈红色）；按键 3 为废纸计数器开 / 关键（开启时，按键灯亮）；按键 4 为印刷增速键；按键 5 为印刷减速键；按键 6 为启动运行键；按键 7 为飞达打开 / 关闭键（打开时，按键灯亮）；按键 8 为走纸键（打开时，按键灯亮）；按键 9 为紧急停车键；按键 10 为锁死控制面键（锁死后，按键灯亮），锁死后，按键功能不能使用。

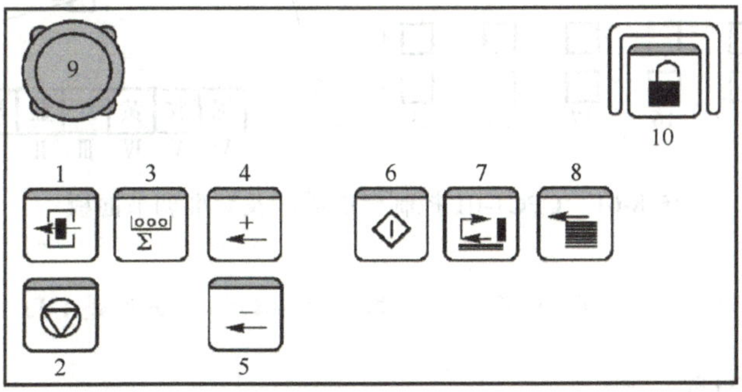

图 8-60　CP2000 控制台上的启动面板按键

（3）墨区及套准调节面板

1）局部出墨量调节。如图 8-61 所示，对开机设有控制微电机的 32 组调节按键 7，分别对应于 32 个墨区。每组有两个按键，上面的按键为加墨按键，下面的按键为减墨按键。按键的上方为墨量显示器 8，与调节按键一样也有 32 组，分别对应着 32 个墨区，并且每组显示器都由 16 个发光二极管组成，用于显示该区域墨膜的厚度，调节的范围为 0 ～ 0.52mm，每小格代表 0.01mm。

2）整体出墨量调节。如图 8-61 所示，操作按键 3 通过改变墨斗辊的间歇回转角度的大小来实现。墨斗辊回转角度的调节也是通过微电机控制的，回转角度的大小可以在按键 3 上方的显示器 2 上显示，这时显示的数值为实际回转角度与最大回转角度的百分数。例如，显示“45”表示墨斗辊的实际回转角度为最大转角的 45%，调节精度为最大回转角度的 1%。

3）机组选择。如图 8-61 所示，按键 5 为机组选择键，在多色印刷时用于选择参与印刷的机组。1 为总开关，操作时需要首先打开机器的总开关 1，然后按下机组选择键 5，方能进行控制工作。

4）套准控制。如图 8-61 所示，按键 4、6 通过控制印版滚筒轴向和周向位置微调机构来实现套准。同样，控制调整的数值可以在各自按键的上方显示出来，调节精度为 0.01mm。

目前有些机器，其整体出墨量、套准控制及机组选择均在触摸屏上进行。

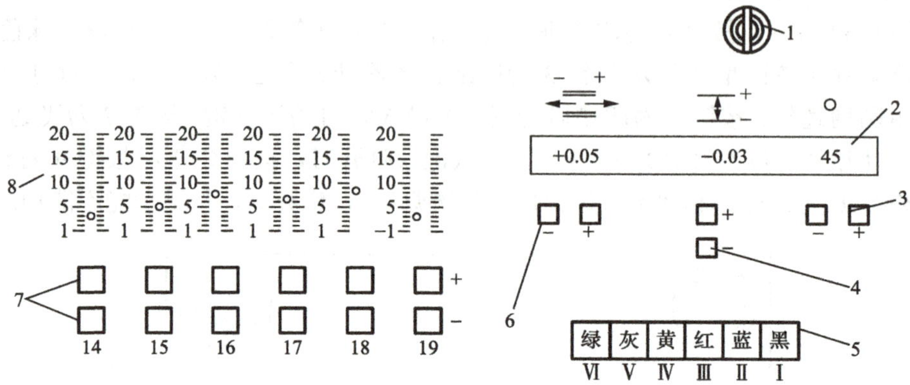

图 8-61　CPC1-01 控制台的墨区及套准调节面板

2. 安装于胶印机上的控制面板及按钮功能介绍（以海德堡 CD102 印刷机为例）

（1）纸堆控制面板

如图 8-62 所示，按键 1 控制副纸堆上升；按键 2 控制副纸堆下降；按键 3 控制副纸堆开 / 关；按键 4 控制主纸堆上升；按键 5 控制主纸堆下降；按键 6 控制主纸堆停止；按键 7 调节吹风速度补偿；按键 8 调节吸气头高度，即可根据纸堆情况调节吸气头高低；按键 9 调节纸堆左右位置，以适应侧拉规拉纸。

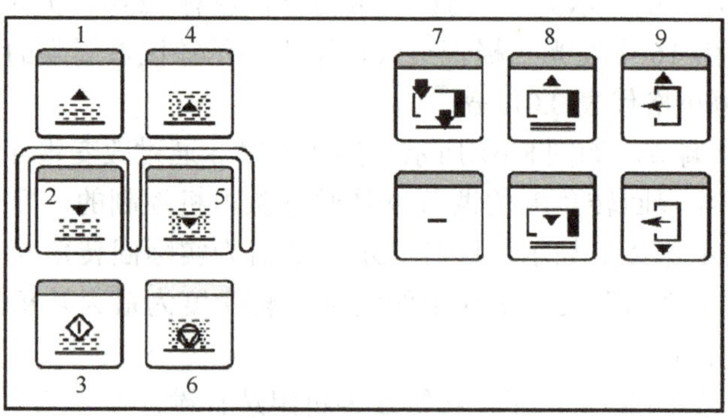

图 8-62　纸堆控制面板

（2）输纸装置飞达控制台

如图 8-63 所示，1 为机器信息显示器。在机器运转过程中，显示胶印机数据（印数、机速、进纸监测等，并显示一般输纸错误信息)；按键 2 为生产控制键，当机器处于运转状态时，按下此键飞达输纸，生产开始，当机器停止时，按下此键先报警，然后机器启动，再按此键，机器自动进入印刷生产状态；按键 3 为停止键，按下此键，关闭与机器生产有关的所有功能；按键 4 为增速键；按键 5 为减速键；按键 6 为正转点动机器；按键 7 为安全开关键，按下此键机器才能点动操作，再按此键，功能解除；按钮 8 为紧急停机按钮，并有锁定功能；按键 9 为运转控制键；按键 10 为飞达开关键；按键 11 为控制走纸开关键；按键 12 为风泵开关键；按键 13 为靠版水辊离 / 合控制键；按键 14 为解除故障纸张键，按下此键可从输纸台板上抽出纸张；15 为红灯错误显示，表示机器出现故障，不能操作；16 为蓝灯错误显示，表示飞达出现故障；17 为扩音器；18 为麦克风；19 为音量调节；20 为内部通话系统（如收纸处与飞达处对话）。

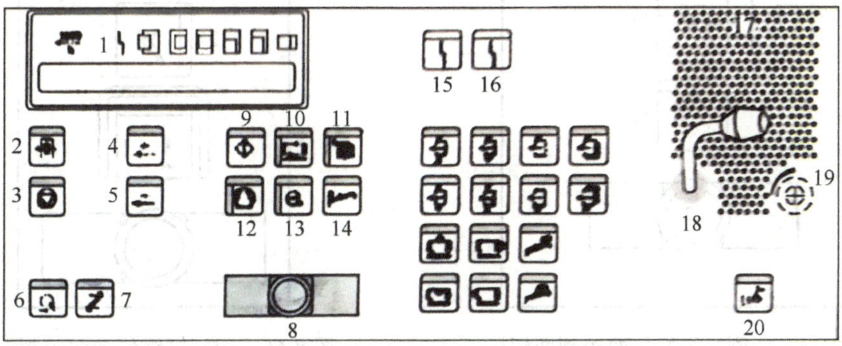

图 8-63　输纸装置飞达控制台

（3）印刷机组操作面控制面板

如图 8-64 所示，按键 1 为正转点动键；按键 2 为安全开关键，按下此键才能点动机器；按键 3 为反转点动键；按键 4 为爬行速度开关键，机器以 5r/h 的速度运行；按键 5 为靠版墨辊离 / 合开关键；按键 6 为错误显示键，表示本单元有故障；按键 7 为传墨离 / 合开关键；按键 8 为定位开关键，按下此键，机器爬行至拆版位置后停止；按键 9 为装版 / 拆版开关键；按键 10 为生产键；按键 11 为停止键；按钮 12 为紧急停机按钮。

（4）印刷机组传动面控制面板

如图 8-65 所示，按键 1 为正转点动键；按键 2 为安全开关键，按下此键才能点动机器；按键 3 为反转点动键；按钮 4 为紧急停机按钮。

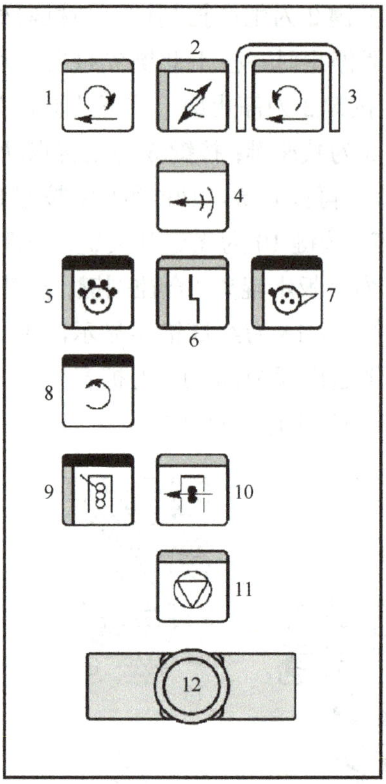

图 8-64　印刷机组操作面控制面板

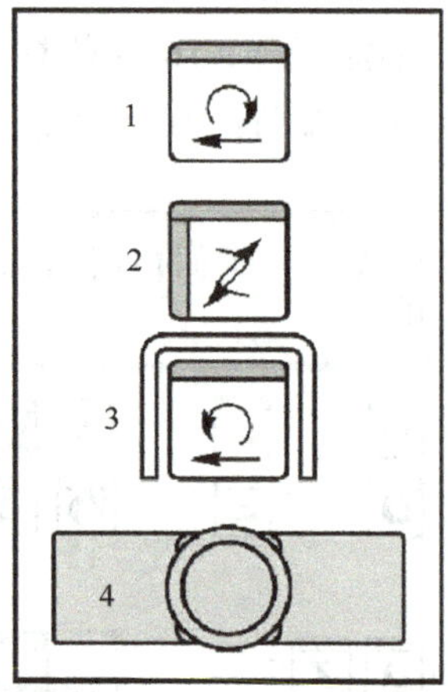

图 8-65　印刷机组传动面控制面板

（5）上光面板上部分按键

如图 8-66 所示，按键 1 为上光辊离 / 合控制键；按键 2 为错误显示键；按键 3 为合压键；按键 4 为上光槽辊停止键。

（6）润版系统控制面板

如图 8-67 所示，按键 1 为清洗润版辊开关键；按键 2 为靠上润版辊控制键，此时润版辊和计量辊靠上，水斗辊不转动（用于润版辊调整）。

图 8-66　上光面板上部分按键

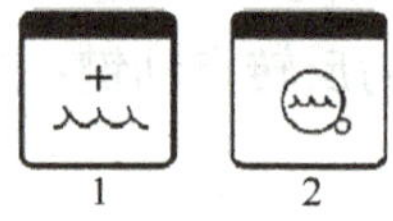

图 8-67　润版系统控制面板

（7）收纸控制台面板

1）收纸控制面板。如图 8-68 所示，旋钮 1 为风扇速度控制旋钮；按钮 2 为加长收纸吹风控制旋钮；旋钮 3 为烘干器热风量输出旋钮；旋钮 4 为烘干器红外线热量输出旋钮；按键 5 为烘干器开 / 关键；按键 6 为故障显示键。

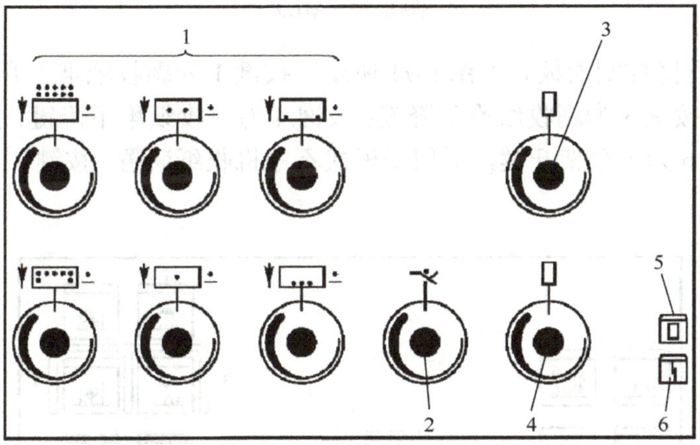

图 8-68　收纸控制面板

2）输水控制面板。如图 8-69 所示，按键①为增加润版液（可按印刷单元选择）键，按键③为减少润版液（可按印刷单元选择）键，以上两键增减量在 MID 上显示。按键②为抽取样张控制键，可使收纸板插入收纸装置，或用于更换纸台。

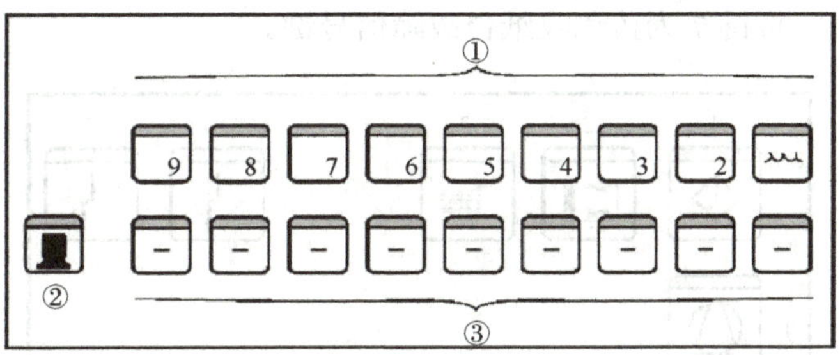

图 8-69　输水控制面板

3）MID。如图 8-70 所示，MID 可显示当前胶印机数据（印数、机速等）、进纸监测和一般错误信息等。

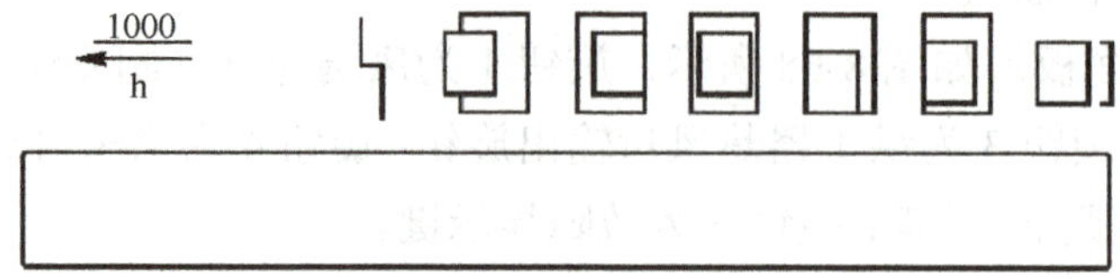

图 8-70　MID

4）收纸台升降控制面板。如图 8-71 所示，按键 1 为副收纸堆上升键；按键 2 为主收纸堆上升键；按键 3 为副收纸堆下降键；按键 4 为主收纸堆下降键；按键 5 为抽取样张控制键；按键 6 为纸台架开键，适用于板式不停机收纸装置；按键 7 为纸堆停止运动控制键。

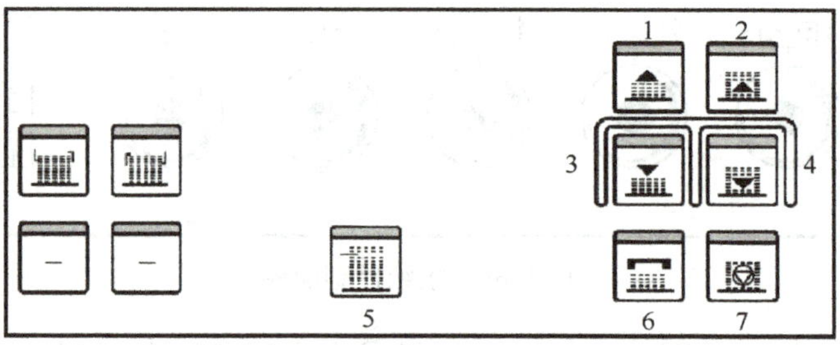

图 8-71　收纸台升降控制面板

5）机器运行控制面板。如图 8-72 所示，按键 1 为运行键；按键 2 为飞达开 / 关键；按键 3 为走纸控制键；按键 4 为空压机开 / 关控制键；按钮 5 为紧急停机按钮；按键 6 为红色故障信号键；按键 7 为蓝色收纸台故障信号键。

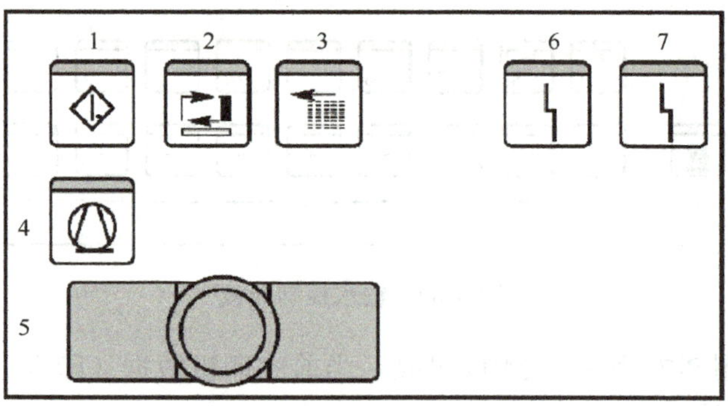

图 8-72　机器运行控制面板

如图 8-73 所示，按键 1 为生产键；按键 2 为计数器开 / 关；按键 3 为增速键；按键 4 为停止键，按下此键，与印刷生产有关的功能停，机器仍可运转；按键 5 为减速键；

按键 6 为正转点动键；按键 7 为安全开关键；按键 8 为反转点动键。

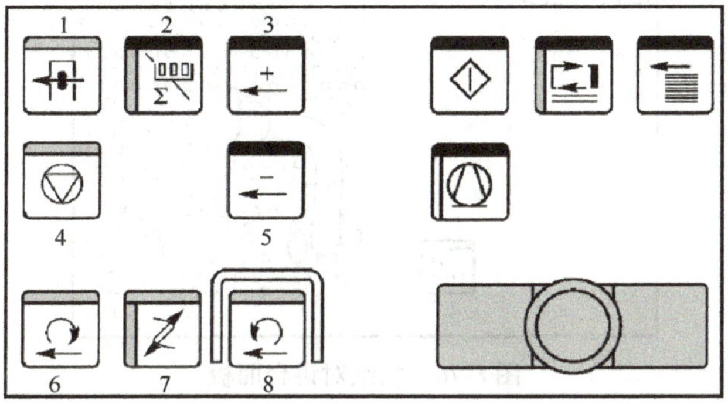

图 8-73　机器运行控制面板

6）预设置控制面板。如图 8-74 所示，按键 1 为纸张制动器控制幅面大小的设定键；按键 2 为纸张制动器速度控制键；按键 3、4 为侧齐纸机构移动控制键。以上 4 个键均可作正负方向移动控制。

7）收纸吹风设定面板。如图 8-75 所示，旋钮 1 为操作面横向挡纸板吹风量调节旋钮；旋钮 2 为传动面横向挡纸板吹风量调节旋钮；旋钮 3 为纵向吹气管的吹风量调节旋钮；4 为压力表，显示纸张制动器吸风量；旋钮 5 为所有进气管的吸风量调节旋钮；旋钮 6 为各进气管的吸风量调节旋钮；旋钮 7 为纸张平整器的吸风量调节旋钮。

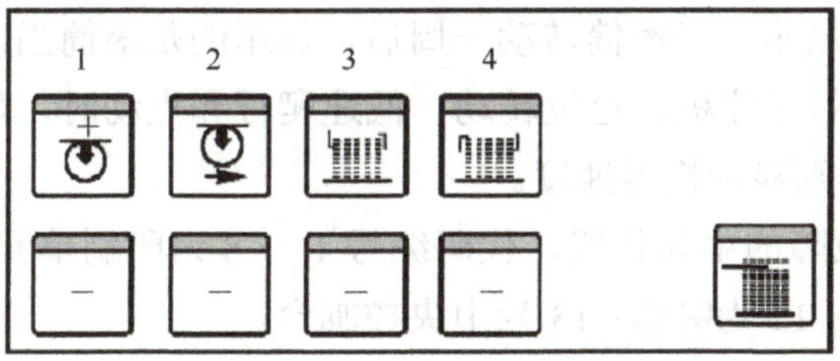

图 8-74　预设置控制面板

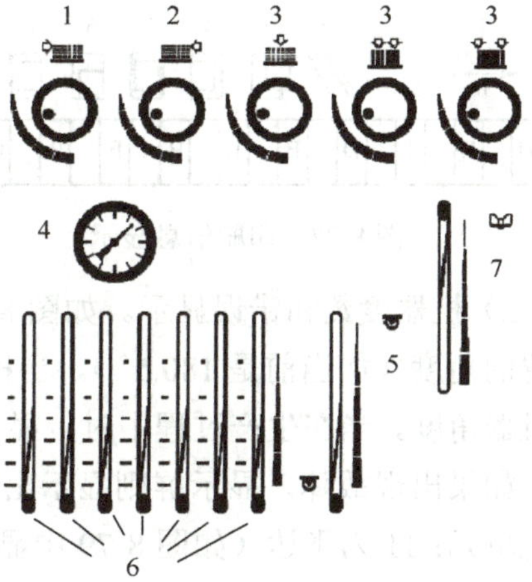

图 8-75　收纸吹风设定面板

8）收纸对讲台面板。如图 8-76 所示，1 为扩音器；2 为内部通话系统；3 为麦克风；4 为音量调节。

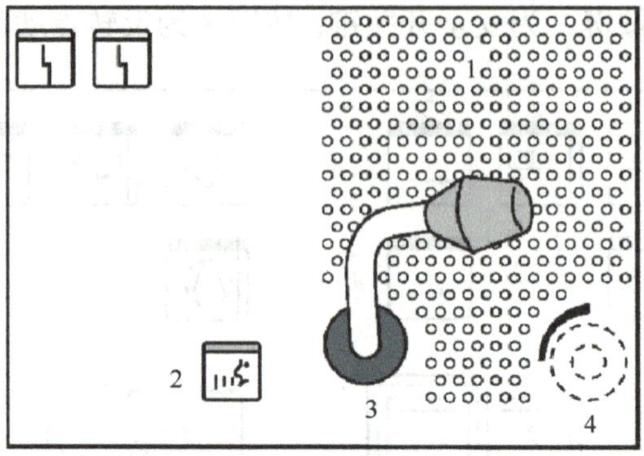

图 8-76　收纸对讲台面板

（8）印刷信息显示

如图 8-77 所示，1 为机器印数 / 机器角度显示；2 为错误信息；3 为纸张早到或过头；4 为纸张晚到；5 为纸张倾斜；6 为拉纸过头；7 为拉纸拉不到位；8 为双张。下方的 HEIDELBERG 处为功能显示，其显示功能与控制面板上的相关按键配合使用。

1）开机后的功能显示。如图 8-78 所示，当合上电源后，机器进行初始化自检，显示屏上出现 HEIDELBERG 的海德堡标记。自检通过后，“-----”符号出现在机器印刷 / 机器角度显示屏上，滚筒转动一周后，符号消失。这时，预先选定的印数（如“0”）出现在右边第二格位置上。

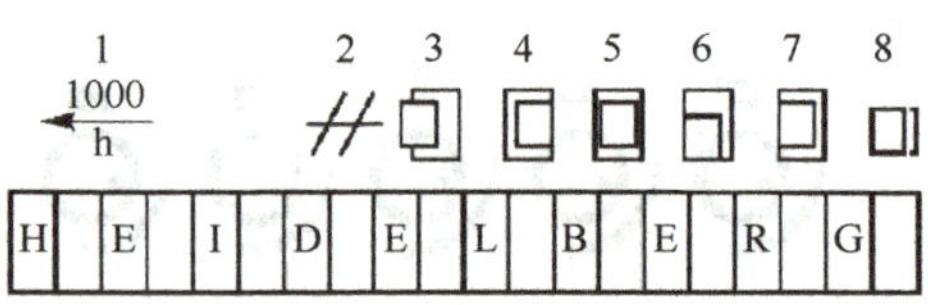

图 8-77　印刷信息显示

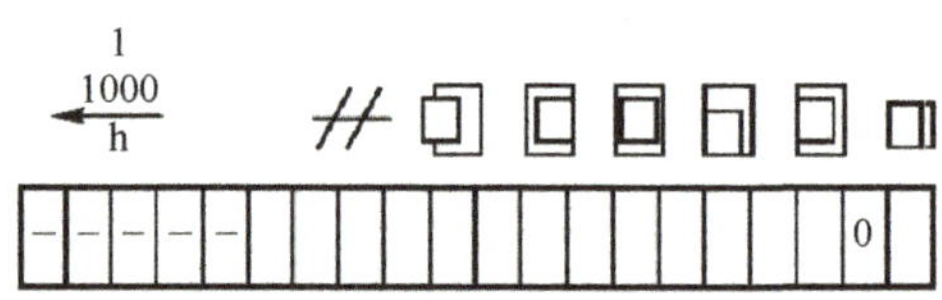

图 8-78　开机后的功能显示

2）机器度数和错误显示。如图 8-79 所示，当滚筒转动一周后，显示的是滚筒当前位置的角度（如当前是 180.5°）。当机器处于停机、定位转动、低速爬行和点动时，显示机器角度。当在生产过程中时，显示屏则显示机器速度。

如果出现故障，显示屏则显示出现故障的单元代码。代码编号 1 ～ 8 为印刷单元 / 上光单元；11 为飞达（如图 8-79 中显示）；12 为吸纸；13 为中央控制台。

3）机速及纸张检测显示。如图 8-80 所示，当在印刷状态时，显示每小时印刷速度（显示数值 ×1000）。如果纸张传递或给纸发生故障，则在相应的标符下面有一个“#”字符显示。根据故障的类型，机器除发出报警信号外，或使飞达停止工作，或使机器停止运转。

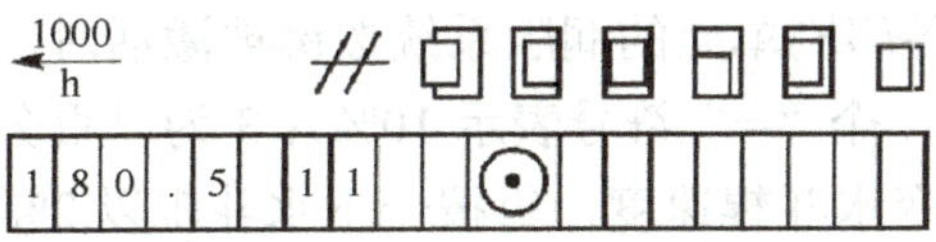

图 8-79　机器度数和错误显示

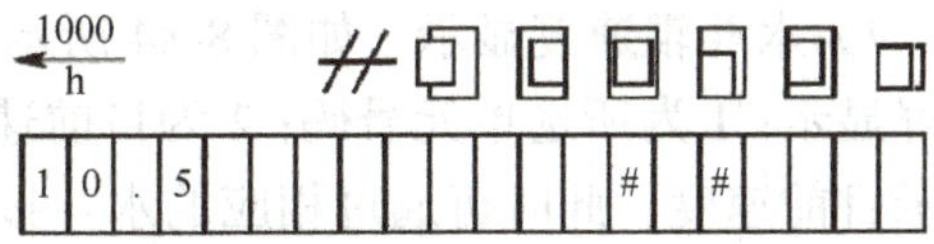

图 8-80　极速及纸张检测显示

4）纸张倾斜显示。如图 8-81 所示，在走纸或生产运行过程中，纸张校正控制系统通过传感器确认在前规处出现的歪斜纸张的位置，并通过线条标识符号显示在显示屏上。

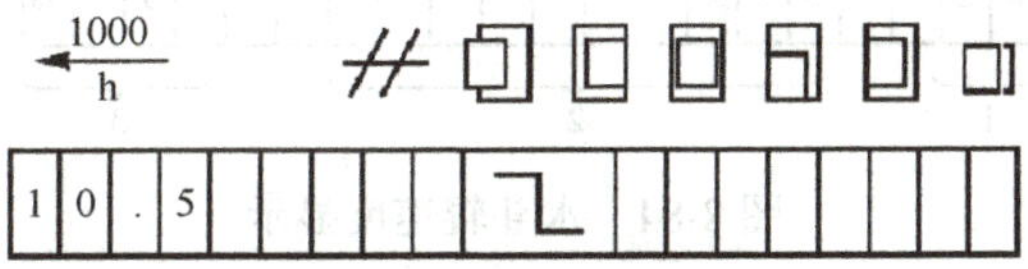

图 8-81　纸张倾斜显示

5）计数器显示。

① 印数显示。如图 8-82（a）所示，当没有来自纸张检测系统发现的错误信息、没有纸张制动速度和水斗辊速度改变、没有故障显示时，飞达处 MID 显示还有多少印数才能完成工作（反向计数），收纸处 MID 显示已印完的印数（正向计数）。

② 机内纸张数量显示。如图 8-82（b）所示，当到达印量时，飞达处 MID 显示一个总数标志和胶印机中的纸张数量∑ =10，此时，飞达处的吹风和吸气关闭，待胶印机中的纸张印完后，飞达停，印刷滚筒离压。

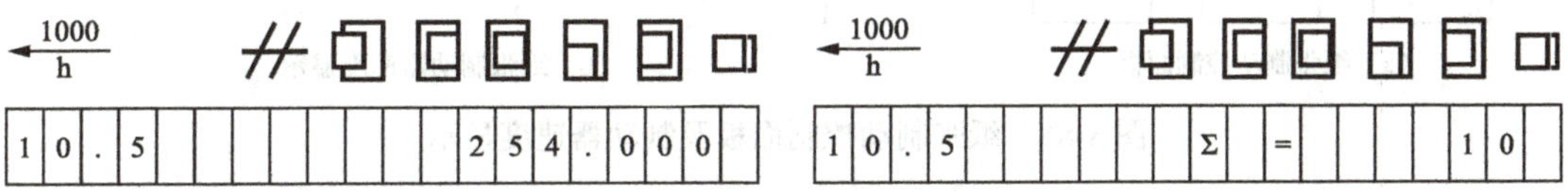

（a）印数显示　　（b）机内纸张数量显示

图 8-82　印数及机内纸张数量显示

6）纸张监测显示。如图 8-83 所示，当飞达控制台的安全开关处于安全位置时，显示屏 1 为纸张早到和过头安全控制装置；2 为纸张定位控制装置；3 为拉规监测控制装置；4 为歪张监测控制装置。

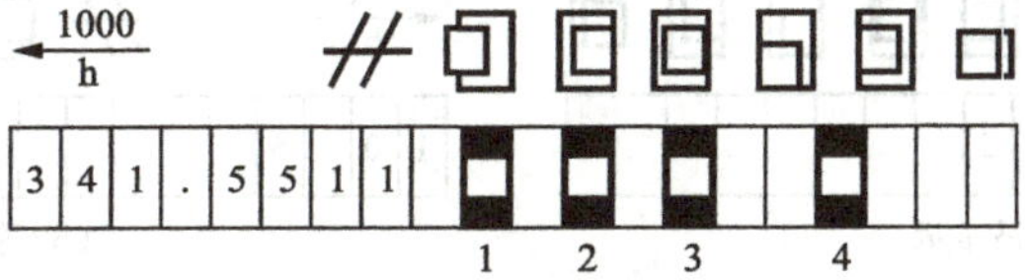

图 8-83　纸张监测显示

7）水斗辊速度显示。如图 8-84 所示，当各印刷单元的润版系统按键被激活时，显示屏显示：1 为所选单元号码；2 为目前速度（一个“=”符号表示 10%）；3 为以百分数显示目前速度。此时可通过相应的水斗按键改变水斗辊速度，每按一下水斗辊以 2% 的速度变化。

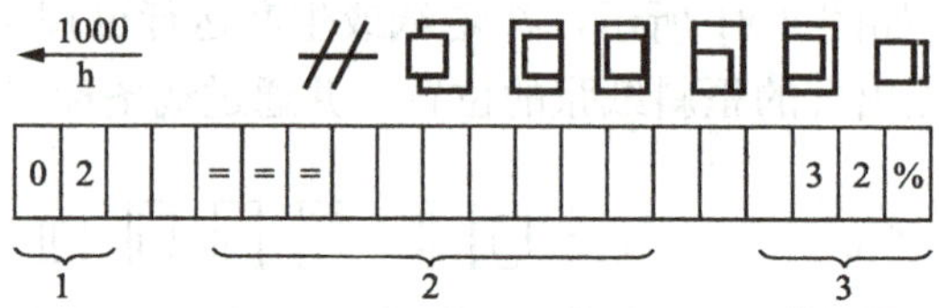

图 8-84　水斗辊速度显示

8）纸张制动器速度显示。当按下纸张制动加快或减慢按键［图 8-85（a）中 1］时，收纸［图 8-85（b）中 1］显示：12= = =32%，每按一下按键，百分表变化 2%，图式变化在 10% 内的增量，5 秒后，显示器转换到目前印刷制动数据显示。

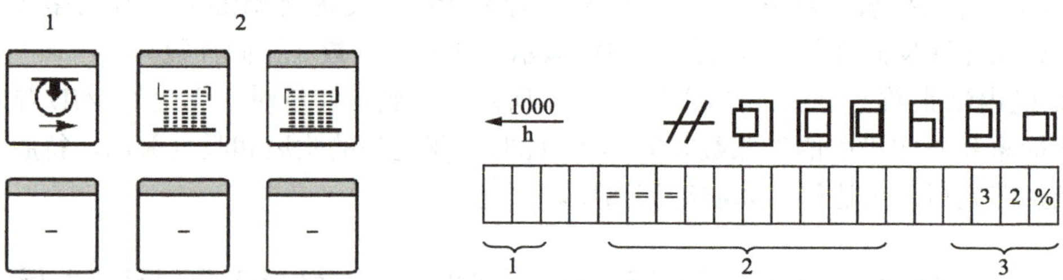

（a）纸张制动控制面板　　（b）纸张制动器速度显示

图 8-85　纸张制动控制面板及制动器速度显示

9）维修代码与预设置调节显示。当机器自检发生故障时，显示错误信息代码［图 8-86（a）］。5 表示错误代码，维修工可根据代码查找故障。

带有预调节装置的胶印机，在飞达处的 MID 上可以看到吸纸头高度、吸纸头大小范围、压纸轮位置等信息。在收纸处 MID 上可显示纸张制动器范围大小、传动面和操作面上横向挡纸板位置等，如图 8-86（b）所示。

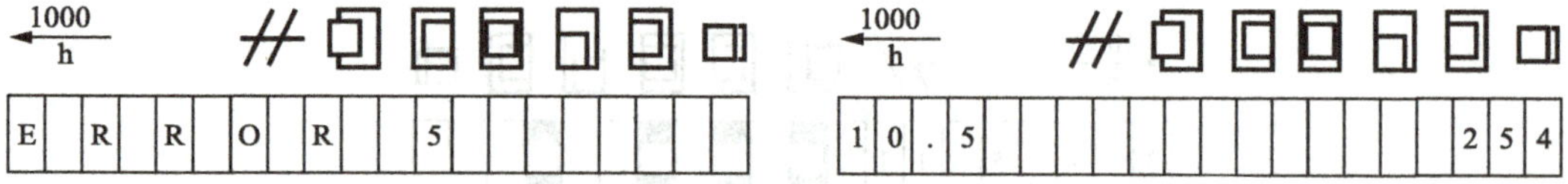

（a）故障代码显示　　（b）输纸位置显示

图 8-86　故障代码及输纸位置显示

练习与测试

简答题

1. 海德堡平版胶印机的 CPC 系统由哪几个部分组成？它们相互之间的关系是怎样的？

2. 海德堡平版胶印机的 CP 窗与 CPC 系统有何区别？

3. 海德堡平版胶印机的 CP2000 型控制系统有何特点？

学习情境二　单张纸胶印机绿色操作技术

项目九

绿色包装印刷概论

随着人类生存环境不断恶化，资源越来越匮乏，环境保护成为全球面临的共同问题。作为印刷行业的从业人员，应了解绿色印刷的基本概念，掌握绿色印刷的生产技术，牢固树立绿色印刷自觉性和责任感，扎实推进印刷行业的绿色化改革。

实训任务　认识绿色生产

1. 任务解读

绿色生产是在整个生产过程中，承印材料和印刷材料符合“3R+1D”[减量化（reduce）、再利用（reuse）、再循环（recycle）、可降解（degradable）] 的原则，有毒有害成分和对外排放的废弃物控制在规定的范围内，即产品选用绿色化印刷材料；进行产品设计时，遵循绿色环保、利于回收的原则；制版工艺绿色化；印刷工艺绿色化；印后加工工艺绿色化；印刷设备采用绿色环保型；印刷过程中的废品、废液和废气等处理可回收或再利用等。本任务为选择的典型印刷企业撰写一篇有关绿色生产的实训报告，字数约 3000 字，可根据该企业是否获得绿色印刷企业资质来确定报告内容，如果获得资质，则依据绿色印刷相关标准等文件对企业绿色生产过程进行阐述；如果没有获得资质，则依据绿色印刷相关标准等文件提出企业绿色生产改革建议。

2. 设备、材料及工具准备

1）设备：计算机。

2）材料：校企合作企业的生产宣传册。

3）工具：纸、笔。

每人领取 1 份实训报告，分小组讨论和收集企业绿色生产信息，撰写相应实训报告。教师根据学生撰写报告的情况进行点评；按评分标准进行评分。

知识链接

一、绿色印刷生产的概念、意义与现状

如今，地球环境恶化引起人们的广泛关注，环境保护成为世界各国普遍关注的问题。环境保护不仅影响工业体系、零售行业、服务行业，每个人的生活、消费习惯也受其影响，人们更愿意选择绿色产品。绿色印刷成为印刷行业发展的重要主题，其要求印刷品从生产到废弃后都能做到绿色化，以实现节能减排与低碳经济，推动印刷行业持续健康发展。

1. 绿色印刷生产的概念

绿色印刷是指印刷生产前选用环保材料和绿色工艺，印刷生产过程中产生污染少、节约资源和能源，印刷品废弃后能易于回收再利用和再循环，能够保护生态环境的印刷方式。绿色印刷要求印刷品整个生命周期与环境协调，其内涵是指选用环保印刷材料、印刷过程清洁污染少、消费者使用的印刷品绿色安全，以及印刷品回收利用方便及可循环利用。

绿色印刷是指在包装制品的生产、使用、废弃后处理等生命周期过程中，承印和印刷材料符合“3R+1D”原则，有毒有害成分和对外排放的废弃物控制在规定的范围内。发展绿色印刷需要在印刷材料的选择，印前、印刷、印后加工，以及印刷品的使用、回收等生命周期全过程中做到绿色环保。

绿色印刷生产还可以是指利用新技术、新设备、新材料、新工艺、新方法及新型的管理方式和手段，达到既能较好地利用和节约原材料，降低生产材料与能源消耗，促进生产效率和产品质量的同步提高，又能利于保护生态环境和减少环境污染，并较好地保障人体的健康。实施绿色印刷生产，首先要改变管理理念，用科学的方法和管理手段，对传统的生产工艺和技术方法进行改造，达到降低能耗、提高生产效益和产品质量的目的。其次要对生产环境进行改造，如设备、厂房及相关配套设施的技术创新和合理设计。提高包括承印材料、油墨、润版液、上光油、洗车水、橡皮布、胶辊、助剂等印刷耗材性能及适应性。

绿色印刷生产是一个系统化的工程，覆盖内容及涉及面相当广。如果对厂房、设备、工艺及材料改进难度大，那么信息化办公也是印刷企业实现绿色生产的重要手段。例如，绿色办公系统、企业协同系统、企业集成系统等信息系统，都能够显著地为企

业节省成本、降低排放，从而实现“绿色”目标。

2. 实施绿色印刷生产的意义

（1）实施绿色生产是实现绿色印刷的重要途径

在印刷生命周期中，其生产过程是污染最重、最集中的阶段，其主要污染源包括VOCs（volatile organic compounds，挥发性有机物）排放，废液排放，噪声排放，固体废弃物，资源、能源消耗等。VOCs主要存在于印刷原辅材料中，包括油墨、清洗剂、润湿液、溶剂型上光油、溶剂型黏合剂等。废液是指胶片、传统PS（presensitized plate，预涂感光版）版材、CTP（computer to plate，计算机直接制版）版材的化学显影液和定影液，其中含有大量对人体和环境有害的化学物质。噪声也是印刷生产中比较常见的一种污染形式，噪声污染不仅对设备操作人员的健康产生极大的影响，还会影响印刷厂区周围居民的工作与生活，是一种非常典型的污染。固体废弃物包括废纸、废塑料、废墨、废墨罐、废抹布、废印版、废化学溶液等。在印刷生产中，将不可避免地对资源、能源进行消耗，也需要重点控制。

（2）实施绿色生产是推动印刷行业技术创新的重要手段

实施绿色生产的关键在于采用绿色环保的印刷材料和采用先进的印刷工艺。印刷企业为了使生产过程绿色化，对油墨的选择尤为严苛。例如，对油墨原材料进行重金属检测，以及对油墨干燥后的残留物质、迁移物质的控制能力要求也有所提高。油墨行业为了适应印刷企业降低能源消耗、减少碳排放的需求，纷纷投入绿色油墨技术的研发，让油墨对环境的亲和性进一步提高。目前使用较多的绿色油墨有米糠油墨、UV-LED油墨、UV-LES油墨、无水胶印油墨。在承印材料方面，已采用高强度埋纱绿色印刷纸袋、用废纸或成品纸浆制成的纸膜、转移金属卡、全纸纸桶等材料。随着绿色生产的观念深入人心，会有更多的绿色环保材料进入人们的视线，推动着印刷行业的发展。

（3）实施绿色生产是促进印刷企业转型升级的重要契机

我国是一个印刷大国，从《2020中国印刷业发展现状及趋势分析》报告中获悉，当前印刷企业有9.7万余家，从业人员有258万，年产值接近13 000亿元人民币，规模以上企业（年营业收入2000万元以上）工业总产值占比为61.8%，利润总额占比为75.2%。在绿色环保要求政策法规的引导下，有能力的企业通过实施绿色印刷，进行绿色生产改造，从而迅速跻身强企之列；条件一般的企业通过技术升级，达到绿色生产的合格标准，争取不被淘汰。目前，部分企业已开始建立环境管理体系，积极投入ISO 14001认证，使企业取得国际认可。这不仅可以增强企业的市场竞争力，给企业带来直接经济效益，还可以进一步加强环境保护。

3. 绿色印刷生产的现状

2010 年 9 月，新闻出版总署与环境保护部（现为生态环境部）共同签署《实施绿色印刷战略合作协议》，这标志着我国绿色印刷发展正式拉开序幕。2011 年 3 月 2 日，环境保护部批准正式实施国家环境标准《环境标志产品技术要求 印刷 第一部分：平版印刷》（HJ 2503—2011），绿色印刷有了明确的实施标准。

2011 年 5 月发布的《印刷业“十二五”时期发展规划》中明确了印刷业发展的主要任务，其中特别指出要引导产业绿色转型，组织好“绿色环保印刷体系建设工程”，协调有关部门开展多层次、多方位合作，制定和完善绿色环保印刷标准，开展绿色环保印刷企业和印刷品的认证，推进我国绿色环保印刷的发展。具体保障措施体现为制定和完善绿色印刷标准，开展绿色印刷认证，实施“绿色环保印刷体系建设工程”，以中小学教科书、政府采购产品和食品药品包装为重点，积极协调环境保护、教育等有关行政部门开展多层次、多方位合作，大力推进绿色印刷的实施。推动包装装潢印刷向减量化、重复使用、再循环和可降解（3R+1D）方向发展。指导“绿色环保印刷示范园区”建设，推动低耗能绿色印刷设备和材料的研发，完善低端落后产能淘汰退出机制。到“十二五”期末，基本建立我国的绿色印刷体系。

2011 年 10 月 8 日，新闻出版总署与环境保护部联合发出《新闻出版总署、环境保护部关于实施绿色印刷的公告》，明确了实施绿色印刷的指导思想、范围目标、组织管理、绿色印刷标准、绿色印刷认证、工作安排及配套保障措施等，对推进绿色印刷实施做出了全面部署。

2011 年 10 月 17 日，国务院印发了《国务院关于加强环境保护重点工作的意见》，对新时期环境保护工作进行了部署。其中强调指出，“鼓励使用环境标志、环保认证和绿色印刷产品”。

2012 年 8 月 21 日，国务院办公厅印发了《国务院办公厅关于印发国家环境保护“十二五”规划重点工作部门分工方案的通知》，确定了工业和信息化部、财政部、生态环境部、新闻出版总署等部门分别承担相关工作。这是国家对绿色印刷工作的高度重视和肯定，为绿色印刷发展指明了方向，也是大力推进绿色印刷实施的重要依据。

2012 年 4 月 6 日，新闻出版总署与教育部、环境保护部联合发出《新闻出版总署、教育部、环境保护部关于中小学教科书实施绿色印刷的通知》，按照通知要求，从 2012 年秋季学期开始，全国将有近 30% 的中小学教科书实现绿色印刷，我国绿色印刷已进入具体实施阶段。

绿色印刷是指对生态环境影响小、污染少、节约资源和能源的印刷方式。截至 2016 年，我国已有 1031 家企业获得绿色印刷认证，210 家企业通过清洁生产审核；绿色印刷出版物涉及全国 40% 出版社。绿色印刷标准、检测、认证体系基本形成，在节能减排、惠及民生和产业结构调整等方面取得重要成果。据不完全统计，2012 年中小学秋季教科书共 1000 多种、2 亿册采用了绿色印刷。截至 2016 年 12 月，全国超过一半印刷企业采取了环保节能措施；12 亿册中小学教科书、1 亿册青少年读物、60% 的票据均实现绿色印刷。

在新闻出版总署和生态环境部在北京联合召开的 2018 年绿色印刷推进会上，中央宣传部印刷发行局局长刘晓凯，通过艰辛的技术改良、管理创新和深度治理，使绿色印刷战略实施从被动到自觉、从“一刀切”到精准化，助推产业实现了深度改变和结构的持续优化。全行业对绿色化发展的认知水平和重视程度在经验和教训中不断地攀升，绿色化发展战略已经成为产业高质量发展的重中之重和必由之路。同时，在会上还发布了《北京市出版物印刷服务首都核心功能建设升级指南》，聚焦高水平保障和高质量发展。

绿色印刷认证企业数量只占全国总数的 0.15%，产值却占全行业的 4.5%。通过环保型印刷材料、数字印刷、数字工作流程等绿色印刷技术的推广应用，印刷企业节能降耗水平大大提升。抽样企业统计数据显示，在绿色印刷过程中，每亿元产值节电约 35.5 万 kW· h，节约纸张消耗约 21.7t、油墨约 1t。此外，通过改进工艺装备、降低环境噪声、减少粉尘排放，近百万名印刷从业人员的工作环境得到了改善。

实施绿色印刷认证前，全国绝大多数印刷企业基本采用未经认证的纸张、油墨等材料及传统的印刷工艺。2017 年，绿色认证印刷企业所用纸张 60% 以上通过森林管理委员会认证，环保型油墨使用量达 80%。

二、绿色印刷生产的组织与实施

1. 清洁生产的定义

从本质上来说，清洁生产就是对生产过程与产品采取整体预防的环境策略，减少或者消除它们对人类及环境的可能危害，同时充分满足人类需要，使社会经济效益最大化的一种生产模式。

清洁生产的观念主要强调以下 3 个重点。

1）清洁能源，包括开发节能技术，尽可能开发利用再生能源，以及合理利用常规能源。

2）清洁生产过程，包括尽可能不用或少用有毒有害原料和中间产品。对原材料和中间产品进行回收，改善管理、提高效率。

3）清洁产品，包括以不危害人体健康和生态环境为主导因素来考虑产品的制造过程甚至使用之后的回收利用，减少原材料和能源使用。

2. 清洁生产的过程

清洁生产的定义包含了两个清洁过程的控制：生产全过程和产品周期全过程。

对生产全过程而言：清洁生产包括节约原材料和能源，淘汰有毒有害的原材料，并在全部排放物和废物离开生产过程以前，最大限度地减少它们的排放量和毒性。

对产品周期全过程而言：清洁生产旨在减少产品整个生命周期过程中从原料的提取到产品的最终处置对人类和环境的影响。

清洁生产的思考方法与之前的不同之处在于：过去考虑对环境的影响时，把注意力集中在污染物产生之后如何处理，以减小对环境的危害，而清洁生产则是要求把污染物消除在它们产生之前。

3. 微观措施

（1）实施产品绿色设计

在产品设计之初就注意未来的可修改性，易于升级及多品种生产的基础设计，提供减少固体废物污染的机会。产品设计要达到只需要重新设计一些零件就可更新产品的目的，从而减少固体废物。在产品设计时还应考虑在生产中使用更少的材料或更多的节能成分，优先选择无毒、低毒、少污染的原辅材料替代原有毒性较大的原辅材料，防止原料及产品对人类和环境的危害。

（2）实施生产全过程控制

清洁的生产过程要求企业采用少废、无废的生产工艺技术和高效生产设备；尽量少用、不用有毒有害的原料；减少生产过程中的各种危险因素和有毒有害的中间产品；使用简便、可靠的操作和控制；建立良好的卫生作业规范（good manufacturing practice，GMP）、卫生标准操作程序（sanitation standard operating procedure，SSOP）和危害分析与关键控制点（hazard analysis critical control point，HACCP）；组织物料的再循环；建立全面质量管理系统（total quality management system，TQMS）；优化生产组织；进行必要的污染治理，实现清洁、高效的利用和生产。

（3）实施材料优化管理

材料优化管理是企业实施清洁生产的重要环节。选择材料，评估化学使用，估计生命周期是提高材料管理的重要方面。企业实施清洁生产，在选择材料时要关心其再使用与可循环性，具有再使用与再循环性的材料可以通过提高环境质量及减少成本获得经济与环境收益。实行合理的材料闭环流动，主要包括原材料加工至成品材料过程的材料流动、产品制造过程的材料流动、产品使用过程的材料流动和产品的回收处理过程的材料流动。

原材料加工至成品材料过程的材料流动是自然资源到成品材料的流动过程，以及开采、加工过程中产生的废弃物的回收利用所组成的一个封闭过程。产品制造过程的材料流动是材料在整个制造系统中的流动过程，以及在此过程中产生的废弃物的回收处理形成的循环过程。产品使用过程的材料流动是在产品的生命周期内，产品的使用、维修、保养及服务等过程和在这些过程中产生的废弃物的回收利用过程。产品的回收处理过程的材料流动是产品使用后的处理过程，其组成主要包括可重用的零部件、可再生的零部件、不可再生的废弃物。制造过程的各环节都直接或间接地影响着材料的消耗。在材料消耗的 4 个环节里，要将废弃物减量化、资源化和无害化，或消灭在生产过程中，不仅要实现生产过程的无污染或不污染，生产出来的产品也必须无污染。

三、印刷生产过程的环境污染与治理

1. 印前过程的环境污染

在印前处理中，主要是制版环节存在环境污染。制版所用的材料、产生的废液及制版设备都会给环境带来污染。

（1）印前过程的污染源

1）胶片及感光材料。在传统印前工艺流程中，使用激光照片机输出胶片用于晒制印版，后续还要经过显影、定影等工序。胶片是银盐感光材料，里面含有重金属银离子，它与显影液和定影液中的银离子都会污染水环境而造成环境污染。胶片本身是高分子化合物，在自然环境中难以降解，若直接废弃在土壤中，则定会造成土壤污染，破坏土壤结构。

在制版过程中使用的感光材料也会造成环境污染。例如，在 PS 版上涂布的感光材料，经晒版冲洗后，一部分形成胶片图像或印版图像，另一部分则随显影液、定影液和冲洗液而形成大量废液，如果这些废液得不到安全有效处理，则不仅会损失大量可回收重金属，造成资源浪费，而且废液中的贵金属银离子及还原性物质、有机物和酸性物质等会到处迁移、扩散而污染环境，损害人体健康。

2）印版材料。虽然无须印版的数字印刷技术越来越普及，但是在印刷行业，印版仍然是印刷过程中重要的信息载体，在大批量印刷生产中还在普遍使用。在胶印过程中，CTP 技术已经无须胶片成像，减少了胶片的使用量，但仍须使用显影液和定影液成像，给环境造成污染，而且 CTP 技术仅在胶印印刷方式中普及率高，其他印刷方式使用量少。

3）化学溶液。在印刷制版过程中，除了使用显影液、定影液，还要使用腐蚀液和电镀液等，这些化学溶液使用后大多形成废液对人体及环境造成危害。例如，在凹版制版过程中使用腐蚀液及含重金属的电镀液，其废液含有镉、铜、镍、锌、酸等物质，如果这些废液不经过有效处理而直接排放，则必然会造成水体及土壤的污染，间接损害人体健康。

（2）印前过程污染的治理

印前过程环境污染治理，除了考虑印前材料的改进，也可借助科学技术的发展，进而改变印前制作工艺。CTP 技术和数字化印刷技术，不仅改变了落后的传统制版工艺，而且推动了印刷向绿色化发展。

1）印前材料。由于感光胶片会给环境造成污染，感光胶片将会使用得越来越少，新型的喷墨胶片已投入生产使用，利用喷墨成像；胶印中将使用免化学药液冲洗的 CTP 版材，不再使用有污染的显影液和定影液。低污染橡皮版或者树脂 CTP 版也将在柔印中普及，并且将采用激光切割方式制版，用水显影。丝网印版采用低污染的环保丝网和感光胶膜，用水显影。凹印印版采用电子雕刻方式制版，不再选用腐蚀铜版方式。

2）CTP 技术。CTP 技术是指图文信息技术处理完成后，由计算机直接输出到印版上的技术。印版成像，不再需要晒制胶片，没有胶片的曝光和冲洗，也就不会产生废液，大大减少了银、对苯二酚等对人体和环境的危害。普通 CTP 版材成像仍需使用大量的显影液和冲版液，产生相应的废液，CTP 技术只有不断更新，才能真正做到对环保有利，成为绿色成像技术。

3）数字化印刷技术。在印前制作方面，桌面出版系统的使用让图文排版更加直观、方便；CTP 技术的出现，使得计算机上的信息可以直接输出到印版上，印前图像处理及制版技术都实现了数字化，数字化印前技术正式拉开序幕。

在印刷方面，印前图文信息可以通过 CIP3/CIP4 等流程传递到印刷机上，数字化信息可以从印前传递到印刷，这标志着印刷机也可以全数字化控制。

在印后加工方面，从实现数字化折手开始，自动配页、折页、订书、上胶、附页粘贴、三面裁切、自动爬移，到销售、运输，也基本实现了计算机数字化管理。

随着数字化工作方式在印前、印刷、印后整个过程中的普及和使用，实物流传介质减少，甚至消失，生产控制信息流的数字化也逐步实现。整个印刷生产过程实现了“一体化”。

数字化的印刷过程，提高了信息的传递效率，提高了生产效率，减少了时间、空间等资源浪费，从节能、减排方面考虑，也是企业实现绿色生产的有效途径。

4）绿色设计。绿色设计是指在产品整个生命周期内，要充分考虑对资源和环境的影响，在充分考虑产品的功能、质量、开发周期和成本的同时，要优化各种相关因素，使产品及其制造过程中对环境的总体负影响减到最小，使产品的各项指标符合绿色环保的要求。绿色设计的基本思想是：在设计阶段就将环境因素和预防污染的措施纳入产品设计中，将环境性能作为产品的设计目标和出发点，力求使产品对环境的影响为最小。

绿色产品设计包括绿色材料选择设计、绿色制造过程设计、产品可回收性设计、产品的可拆卸性设计、绿色包装设计、绿色物流设计、绿色服务设计、绿色回收利用设计等。在绿色设计中要从产品材料的选择、生产和加工流程的确定、产品包装材料的选定，直到运输等都要考虑资源的消耗和对环境的影响。以寻找和采用尽可能合理与优化的结构及方案，使得资源消耗和环境负影响降到最低。

2. 印刷过程的环境污染

（1）印刷过程的污染源

1）油墨材料。在印刷中，油墨材料是重要的污染源，对环境影响非常大。常用的有机溶剂型油墨主要由有机溶剂、颜料、连接料、填充剂和辅助剂组成。有机溶剂中含有二甲苯、甲苯、醚等，不仅会导致印刷车间 VOCs 超标、污染空气，溶剂还会透过皮肤渗入血液中，损害生产人员的身体。印刷品上残留的油墨溶剂还会迁移到食品中，对人群造成危害。目前，我国各地已相继出台了 VOCs 排放计算方法、排放标准限值等文件，指导油墨生产企业、印刷企业控制 VOCs 排放。例如，福建省《印刷行业挥发性有机物排放标准》（DB 35/1784—2018）中要求，非甲烷总烃在排气筒中的最高允许排放浓度为 50mg/m^3，最高允许排放速率为 1.5kg/h；在厂区监控点的浓度限值为 8.0mg/m^3，企业边界监控点的浓度限值为 2.0mg/m^3。油墨中颜料的颗粒小，吸附能力强。有机颜料中含有联苯胺，含有致癌成分；无机颜料中含有铅、铬、汞等重金属元素，均有一定毒性，大气中重要的污染源之一就是含有重金属颜料的粉尘微粒。

2）润版液。润版液是保证印版空白部分形成亲水盐层的必要条件，目前胶印机上普遍采用的是乙醇润版系统，异丙醇（isopropyl alcohol，IPA）是润版溶液的添加剂之一。相对于传统的水润版系统来说，这种润版方式可大大减少水的用量，又避免了因水过量引起的纸张变形和油墨的过量乳化，从而大大提高印刷效果。由于 IPA 挥发后产生的醇蒸气有毒，有不良的气味，会对人体健康造成危害，许多发达国家规定 IPA 在工作场地的阈限值为 200 ～ 400mL/m^3；而且 IPA 是一种光化学氧化剂，它与存在地面附近的其他痕量气体一样，受阳光照射会形成臭氧，从而导致“夏季烟雾”现象，光化学烟雾会刺激人的眼睛和呼吸系统，危害人们的身体健康和植物的生长。因此，IPA 是一种对环境、人体均有害的化学品，在印刷中减少其用量是一种必然的趋势。

3）噪声。印刷中产生的噪声，也是一种比较常见的污染源。产生噪声的设备有胶印机、印后折页机、气泵、空气压缩机等。噪声污染不仅对于设备操作人员的健康产生极大的影响，还会影响印刷厂区周围居民的工作与生活。目前，许多国家已把噪声治理列入劳动保护的重要内容，印刷企业应对印刷设备进行降噪改造，加强车间的密封程度，为操作工人配备耳塞，工厂远离居民区等。

4）固体废弃物。印刷包装中的固体废弃物主要包括废纸、废塑料、废墨、废墨罐、废抹布、废印版、废化学溶液等。与废液一样，这种废弃物也需要经过专业的处理，切忌随意丢弃，否则会对环境造成二次污染。

5）其他污染。印刷过程中的纸张、塑料薄膜等因摩擦会产生静电，而形成较高的电压。对容易产生静电的区域，应进行静电消除处理，工作人员应穿戴防静电的工作服或手套，提高安全意识，做好预防措施。

印刷过程中的喷粉因采用碳酸钙类颗粒，也会对人体产生伤害。

部分胶印墨辊会使用NBR（nitrile butadiene rubber，丁腈橡胶）硫化处理的方式。但对于许多禁止含磷超标的印刷品，在印刷时使用此类墨辊会析出磷化物，并通过油墨转移到纸张上，从而对人体产生伤害。随着时代的进步，印刷业内推出了相应的环保墨辊。

部分胶印机使用循环机油（特别是含有特殊添加剂的循环机油）来润滑和冷却，但其都会产生VOCs，影响操作人员的健康。此外，一般印刷企业除了会将一部分废循环机油回收外，还会将相当一部分的废循环机油排入下水道，从而严重污染环境。

（2）印刷过程污染的治理

1）研制符合环保要求的油墨。印刷过程的环境污染，主要是印刷油墨含有的大量有机溶剂和重金属。大力发展水性油墨、UV油墨、节能减排油墨，降低包装印刷行业的能源消耗、碳排放，可使整个产业更趋于绿色环保。

水性油墨是世界公认的环保型印刷材料，由于水是极性物质，根据极性物质与极性物质相溶的特性，水性油墨中就不含或含有极少量的有机溶剂。它可以完全消除溶剂油墨中某些有毒有害物质对人体的危害和对包装产品的污染，特别适用于食品、饮料、药品等卫生条件要求严格的印刷品。此外，它不仅可以降低由静电和易燃溶剂引起的火灾隐患，还可以减少印刷品表面残留的溶剂气味。

UV油墨具有固化速度快、绿色环保、印刷质量好等特点。UV油墨不含有溶剂，不存在溶剂挥发，不会对环境造成污染；印后纸张可回收再利用，减少了资源浪费，是污染物排放几乎为零的环保产品。

节能减排油墨主要通过改进油墨配方，在保证印刷质量的前提下，减少油墨对印刷设备和环境的依赖，实现节能、减排的目的，其中最具代表性的是UV-LED油墨、UV-LES油墨及无水胶印油墨。

2）推广环保柔印技术。柔印采用水性油墨印刷，由于水性油墨不含有或极少量含有机溶剂，减少了VOCs的排放量，避免了大气污染，改善了印刷作业环境，有利于工人的身体健康。柔印被认为是绿色印刷方式，水性油墨则被认为是环保油墨。由于柔印具有承印材料广泛、经济效益好、环境性能好等优势，欧美等发达国家已广泛采用柔印作为印刷行业的主流印刷方式。在我国，柔印技术率先在瓦楞纸箱印刷、纸张和纸板印刷中得到应用。随着柔印本身的技术进步，柔印技术会得到更多的应用。

3）提倡清洁生产。清洁生产是实施可持续发展的重要手段。实施清洁生产的具体措施包括：不断改进设计；使用清洁的能源和原料；采用先进的工艺技术与设备；改善管理；综合利用；从源头减少污染，提高资源利用效率；减少或者避免生产、服务和产品使用过程中污染物的产生和排放。

随着绿色环保理念逐渐深入人心，控制污染、保护环境已逐渐成为整个社会信守的承诺。相对于末端治理的高投入成本和局限性，“防患于未然”的清洁生产可以从根本上解决主要污染问题，而其本身就能起到节能降耗作用，是一条值得提倡的管理思路。

3. 印后过程的环境污染

（1）印后过程的污染源

1）覆膜。覆膜是指将黏合剂涂布在薄膜上，薄膜与印刷品经加热、加压后黏合在一起，形成纸塑合一的产品。覆膜后的产品耐折、耐磨且光泽度增加，所以覆膜是一种常用的印刷品整饰工艺。但是塑料覆膜无法降解而成为白色污染，覆膜后的纸张无法回收而造成资源浪费，同时，覆膜过程中使用了甲苯、二甲苯等有毒的挥发性溶剂，会危害工作人员的身体健康和污染环境。

2）油性上光材料及吸塑油。上光是印刷品印后表面整饰工艺的一种，在印刷品表面涂布一层光油，不仅可以提高印刷品表面光泽度、光洁度，增加美观，还可以对印刷品起保护作用。但是油性上光材料使用甲苯作为稀释剂，甲苯有毒且是挥发物质，会损害人的身体健康，所以油性上光工艺不符合绿色环保要求，食品、药品、儿童玩具和书籍等产品，不能采用油性上光工艺。

吸塑油通常由酯类/酮类溶剂、热塑性聚氨酯树脂配制成，用于纸板与PP（polypropylene，聚丙烯）、PET（polyethylene terephthalate，聚对苯二甲酸乙二醇酯）、PVC（polyvinyl chloride，聚氯乙烯）等塑料膜间的黏合。环保吸塑油多为水性吸塑油。

3）胶粘剂材料。胶粘剂材料是印刷行业的主要污染源之一。印刷中的胶粘剂主要用于装订、裱纸、糊盒、覆膜和裱瓦楞纸。胶粘剂中的溶剂排放造成严重环境污染的问题越来越引起人们的关注。随着《环境标志产品技术要求 胶粘剂》（HJ 2541—2016）的实施，人们会更加注意胶粘剂的使用，减少空气污染。

4）塑料印刷废品。随着印刷包装业的快速发展，塑料等有机高分子材料的印刷越来越普遍，印刷厂产生的塑料印刷废品是一种不可忽视的固体污染物，由于它们的水不溶性和在自然界中极难降解，若直接进入环境，则必然造成危害。如果将废弃物就近烧毁，就会产生大量的二噁英等毒性很强的气体，在极低浓度下二噁英能使人和动物发生畸变，严重污染周围的空气。因此，塑料印刷废品必须经过合理的处理。

5）骑钉/打钉用铁丝。在书册装订及纸箱钉合方面，人们开始关注铁丝所含的铅或其他重金属对人体特别是婴幼儿所产生的危害。

6）烫金箔。目前，烫金箔主要有热烫箔与冷烫箔两种材料。金箔类材料必须有金属光泽，因而多半含有电化铝、背胶、离型剂、发色剂等成分，人们较关注其是否含福尔马林、甲醛等有害物质。

（2）印后过程污染的治理

1）研制和发展水性上光工艺。塑料覆膜和油性上光都会给环境造成较大的危害，而水性上光使用的稀释剂是无毒、无味、无污染的水，从对环境保护和对人类健康方面来看，水性上光工艺更加有利于环境保护。

2）利用环保技术处理废弃、废物。对印刷过程中产生的各种废弃物进行专门收集，对其中的纸张等有价的物品进行回收利用，对胶片、塑料薄膜等难降解危害环境的物质，由垃圾回收站统一回收进行资源化处理或卫生填埋。在现阶段由于工艺等原因，还不得不使用各种带有污染性的印刷材料，如油性油墨、油性覆膜、油性上光等，它们在使用过程中产生的有害、有毒气体，可以通过抽风吸附、吸收、催化燃烧等方法进行处理，降低工作环境中有害气体的浓度，减轻对工人的伤害，同时也减轻有害气体对环境的污染。

四、绿色印刷标准

绿色印刷是一个系统工程，绿色印刷标准体系建设是我国推进和实施绿色印刷产业发展战略的重要组成部分，是实施绿色印刷的重要技术依据。

1.《环境标志产品技术要求》与印刷相关系列标准

《环境标志产品技术要求 再生纸制品》（HJ/T 205—2005）规定了再生纸制品类环境标志产品的基本要求、技术内容和检验方法。该标准适用于以废纸生产的再生纸和以废纸为主要原料生产的装饰及建筑材料。

《环境标志产品技术要求 胶粘剂》（HJ 2541—2016）规定了胶粘剂类环境标志产品的基本要求、技术内容及检测方法。该标准适用于包装用水性胶粘剂、建筑用胶粘剂、木材加工用胶粘剂、鞋和箱包用胶粘剂和地毯胶粘剂产品。

《环境标志产品技术要求 印刷 第一部分：平版印刷》（HJ 2503—2011）规定了环境标志产品平版印刷的术语和定义、基本要求、技术内容和检验方法。该标准适用于采用平版印刷方式的印刷过程及其产品。

《环境标志产品技术要求 印刷 第二部分：商业票据印刷》（HJ 2530—2012）对商业票据印刷原辅材料、印刷过程的环境控制和印刷产品的有害物质限量做出了规定。

《环境标志产品技术要求 印刷 第三部分：凹版印刷》（HJ 2539—2014）规定了环境标志产品凹版印刷的术语和定义、基本要求、技术内容和检验方法。该标准适用于以纸质、塑料及其复合材料为承印物的凹版印刷过程及其产品。

《环境标志产品技术要求 凹印油墨和柔印油墨》（HJ 371—2018）对凹印油墨和柔印油墨中重金属、VOCs、苯类溶剂、卤代烃类溶剂、甲醇、氨及其化合物等提出了控制要求，同时对产品的安全使用做出了规定。

《环境标志产品技术要求 胶印油墨》（HJ 2542—2016）对胶印油墨中的苯类溶剂、重金属、VOCs、芳香烃化合物、植物油提出了控制要求，同时对产品的安全使用做出了规定。

2. 绿色印刷标准

绿色印刷标准包括：《绿色印刷 术语》（CY/T 129—2015）；《绿色印刷 通用技术要求与评价方法 第 1 部分：平版印刷》（CY/T 130.1—2015）；《绿色印刷 产品抽样方法及测试部位确定原则》（CY/T 131—2015）；《绿色印刷 第 1 部分：阅读类印刷品》（CY/T 132.1—2015）；《绿色印刷 通用技术要求与评价方法 第 2 部分：凹版印刷》（CY/T 130.2—2017）；《绿色印刷 产品合格判定准则 第 2 部分：包装类印刷品》（CY/T 132.2—2017）；《绿色印刷标准体系表》（CY/Z 26—2017）。

3. 各省份颁布的 VOCs 排放控制标准

广东省《印刷行业挥发性有机化合物排放标准》（DB 44/815—2010）规定了广东省辖区内印刷企业工艺过程使用的油墨（处于即用状态）挥发性有机化合物 VOCs 含量限值，规定了 VOCs 的排放控制要求。该标准适用于现有印刷企业 VOCs 排放控制，以及新建、改建、扩建项目的环境影响评价、设计、竣工验收及其建成后的污染源的 VOCs 排放控制，并适用于采用平版、凸版、凹版、柔性版和丝网版（孔版）印刷方式，以报纸、书籍、杂志、广告、海报、包装（纸质、塑料）、金属、玻璃和陶瓷及其他材料为承印物的印刷生产活动。

天津市《工业企业挥发性有机物排放控制标准》（DB 12/524—2019）规定了石油炼制与石油化学、医药制造、橡胶制品制造、涂料、油墨及胶粘剂制造、塑料制品制造、电子工业、汽车整车制造、印刷工业、家具制造、表面涂装、黑色金属冶炼及其他行业 VOCs 排放的控制要求。该标准适用于现有和新建排污单位废气中 VOCs 的排放管理，以及建设项目的环境影响评价、环境保护设施设计、竣工环境保护验收、排污许可证核发及其投产后 VOCs 的排放管理。

上海市《印刷业大气污染物排放标准》（DB 31/872—2015）规定了印刷生产过程中即用状态印刷油墨的 VOCs 含量限值，规定了印刷生产过程中大气污染物排放限值、监测和监控要求，以及标准的实施与监督等相关规定。

北京市《印刷业挥发性有机物排放标准》（DB 11/1201—2015）规定了印刷生产活

动中 VOCs 排放的控制要求，以及标准的实施与监督等相关规定。该标准适用于现有印刷企业的 VOCs 排放管理，以及新建、改建、扩建印刷生产线建设项目的环境影响评价、环境保护设施设计、竣工环境保护验收及其投产后 VOCs 的排放管理。

重庆市《包装印刷业大气污染物排放标准》（DB 50/758—2017）对包装印刷业大气污染物排放特别是 VOCs 排放做了详细的规定。

4．其他与绿色印刷相关标准

《中小学教科书用纸、印制质量要求和检验方法》（GB/T 18359—2009）规定了中小学教科书用纸、印制质量要求和检验方法。该标准适用于普通中小学使用的各种教科书。中小学生用教学辅助用书和其他类别的教科书可参照采用该标准。

《油墨工业水污染物排放标准》（GB 25463—2010）规定了油墨工业企业水污染物排放限值、监测和监控要求，以及标准的实施与监督等相关规定。

练习与测试

一、判断题（正确的打“√”，错误的打“×”，并将错误的部分改成正确的）

（　　）1．在印前处理中，主要是制版环节存在环境污染。

（　　）2．在印刷过程中，飞溅的油墨也算一种环境污染。

（　　）3．在印后加工生产中，常用的吸塑油是水性吸塑油。

（　　）4．《中小学教科书用纸、印制质量要求和检验方法》规定了中小学教科书用纸、印制质量要求和检验方法。

（　　）5．信息化办公也是印刷企业实现绿色生产的一种重要手段。

二、选择题

1．在绿色印刷中，承印和印刷材料需要符合“3R+1D”原则，“3R+1D”是指（　　）。

A．减量化　　B．再利用　　C．再循环　　D．可降解

2．清洁生产的观念包含（　　）。

A．清洁能源　　B．清洁生产过程

C．清洁产品　　D．以上三者都是

3．《环境标志产品技术要求 印刷 第一部分：平版印刷》规定了（　　）。

A．环境标志产品凹版印刷的术语和定义、基本要求、技术内容和检验方法

B．环境标志产品平版印刷的术语和定义、基本要求、技术内容和检验方法

C．环境标志产品孔版印刷的术语和定义、基本要求、技术内容和检验方法

D．环境标志产品凸版印刷的术语和定义、基本要求、技术内容和检验方法

4．绿色产品设计不包括（　　）。

A．绿色材料选择设计　　　　B．绿色包装设计

C．绿色颜色设计　　　　　　D．绿色物流设计

三、简答题

印刷生产全过程中的环境污染源有哪些？

项目十

单张纸胶印机绿色操作技术与方法

目前，胶版印刷工艺是我国印刷行业普遍采用的印刷工艺，在《环境标志产品技术要求 印刷》中，针对印刷行业的标准，首先瞄准的目标就是平版印刷。纵览胶印工艺的流程细节，开展技术创新是推动绿色胶印的主要途径。绿色胶印的实现，设备、器材、耗材、先进技术、先进工艺是关键环节。只有充分发挥现代技术的作用，才能帮助印刷企业减少有害物质排放，让企业朝着绿色环保的方向全速前进，加快数字化、智能化、信息化发展，全面提升企业的核心竞争力。

实训任务　认识单张纸胶印机操作过程中的污染源和处理方法

1. 任务解读

在胶印过程中，印版、油墨、润版液、上光液和印机洗涤液等构成了印刷工艺过程的组成部分，是印刷的重要因素。它们有的组成了印刷成品的一部分，有的作用完成后变成固体的、液体的、气体的废弃物留在了印刷车间或进入环境。我们需要对这些原材料以及操作过程进行分析，有效控制各种元素对环境的污染。首先要选用安全原材料，若不能找到安全原材料替代，则应通过工艺的改进减少有害废气固体的排放；其次要利用回收技术，回收废物、废料。

2. 设备、材料及工具准备

1）设备：计算机、四色胶印机和环保设施。
2）材料：纸、笔和黑板。
3）工具：声级计。

每人领取 1 份实训报告，分小组讨论四色胶印机绿色操作方案，撰写相应实训报告。教师根据学生撰写报告的情况进行点评；按评分标准进行评分。

知识链接

一、单张纸胶印机在操作过程中的主要污染源

1. 油墨

目前印刷行业中广泛使用的是传统的溶剂型油墨。溶剂型油墨由颜料、连接料、溶剂、填充剂和辅助剂组成，所用的溶剂主要是芳香烃类、酯类、酮类、醚类等有机溶剂，这些溶剂大都具有毒性，会污染所包装的食品、药物和化妆品等物品；且具有挥发性，有较浓的刺激性气味，会污染环境并影响工人的身体健康；有机溶剂易燃易爆，存在着生产安全隐患。

2. 润版液

润版液也称润湿液，是胶印印刷过程中不可缺少的一种化学助剂，主要原料为水，再加以甲醇、乙醇、IPA 等添加剂调配而成。乙醇能改善润版液在印版上的铺展性能，减少或避免了油墨的乳化和纸张吸水膨胀，因此在润版液中被广泛使用。润版液是印刷生产过程中的一种主要材料，如果图书印刷过程中使用了含有大量的有机溶剂的润版液，这些有机溶剂在产品中残留量过大，则将对人体的健康有严重的危害，长期接触会使皮肤干裂，甚至渗入皮肤或血管，危及人的血球及造血机能；有机溶剂排放物还会污染环境。因此，润版液中的溶剂残留对环境、人体、产品质量都是不利的，在印刷中减少其使用频率或者完全不用是一种必然趋势。

3. 印机清洗剂

印刷中经常用到的印机清洗剂主要是氟氯烷溶剂（又称氟利昂），这种溶剂具有良好的溶解性、不燃性、干燥性，被广泛应用于印机清洗。但氟利昂是破坏臭氧层的主要物质，一氯分子能破坏 1 万～ 10 万个臭氧分子，国际法规已规定禁止使用。

4. 印刷胶辊

印刷胶辊主要是指油墨辊、水辊、压印辊、擦拭辊和静电凹版辊，为了提高胶辊的抗磨性、耐老化性、耐热性、耐油性和耐酸碱性，常对胶辊进行硫化罐硫化处理。在印刷生产中，须采用专门的胶辊清洗装置对胶辊进行清洗，产生大量污水，如果不妥善处理，则会给环境带来污染。

5. 印刷废弃物

印刷废弃物是指在印刷过程中产生的废弃的物质，其中分为固体废弃物和液体废弃物。在印刷生产过程中，不可避免地会产生大量的废弃物，其中很多废弃物都具有一定的毒性。例如，油墨中含有超标有毒金属化合物，清洗设备所用的溶剂由于其高挥发性会造成空气污染。这些废弃物如果不能得到合理的处理，就会严重地危害人类健康及环境。胶印印刷过程中的废弃物主要分为以下几大类：溶剂和橡皮布清洗剂废弃物；浸有油墨、矿物油或溶剂的抹布；油墨及其储存罐废弃物；润版液废弃物；油脂废弃物；感光化学品废弃物；胶粘剂及上光油废弃物。

6. 印刷噪声

印刷噪声会给环境带来极大的危害。印刷行业是产生噪声较多的行业之一。印刷厂配置有较多的胶印机、大型送风机、空气压缩机、各种成型机等，均被《中华人民共和国噪声污染防治法》列为受限的噪声发生设备。除了这些规定设备，装订机、折页机、切纸机等设备的动作声响也可能引起人们的关注。噪声对人体的不良作用是多方面的，主要是听觉系统的损害，其次是中枢神经系统和心血管系统、消化系统的损害。噪声已是当今世界第三大公害，许多国家已把噪声治理列入劳动保护的重要内容。

7. 印刷静电及粉尘

静电、粉尘也会给环境带来极大危害。静电产生的主要原因是摩擦的存在。产生静电的因素主要有材料性质、环境因素和机械作用情况。在印刷过程中纸、塑料薄膜等承印材料会产生静电而形成较高的电压，因而印刷生产时要有预防措施，提高安全意识。对于容易产生静电的地方，可以通过改变环境或接地等处理办法，进行静电消除处理。此外，工作人员最好穿戴防静电的工作服或手套等。

印刷车间里，印刷过程中产生的纸毛及其他物质形成的颗粒进入人体呼吸道后，根据其物理性状，在呼吸道各部位通过截留、撞击、沉降、弥散等方式沉积、潴留，大部分进入呼吸道的可被清除，小部分经长期积累，会对人体产生不同程度的影响。

二、单张纸胶印机绿色操作实施

新工艺、新技术使绿色印刷成为可能，发展绿色胶印工艺应积极推广应用无醇印刷、无水胶印、CTP 技术等新技术；单张纸胶印机绿色操作技术与方法，则应该侧重绿色工艺的选择、绿色材料的选用、胶印机节能减排的调节及回收利用技术的新建。

1. 选用无醇印刷和无水胶印技术

选用无醇印刷和无水胶印技术，减少醇类挥发，甚至去除润版液中含有的10% ～ 15% 的 IPA（或乙醇）已成为印刷界的共识。一些发达国家明确禁止或严格限制使用 IPA，大多数欧洲国家，还有日本，IPA 在工作场地的阈限值为 400mL/m^3，美国及其他一些欧洲国家 IPA 的阈限值为 200mL/m^3，德国规定空气中 IPA 的极限允许阈限值为 150mL/m^3，瑞士新颁布的有关洁净空气法例规定印刷公司必须大幅度降低 VOCs 的排放量。当前，显著减少胶印过程中 VOCs 使用量最有效的方法就是发展无醇印刷和无水胶印技术。目前胶印要完全“戒掉”IPA 是很困难的，但是在用量方面，从 20% 比例减到 5% ～ 6% 是能做到的，而 IPA 用量只要减少 3%，就能使得空气中的 VOCs 水平降低 30% 左右。无醇印刷是将乙醇润版液中的 IPA 用乙醚类、乙二醇及其他添加剂的混合物来代替，这种乙醇替代品挥发性小，燃点高，无刺激性，是一种环保型的润版液，具有较好的环保性能。

2. 胶印环保新材料

（1）胶印环保油墨

目前，胶印油墨产品以胶印亮光快干油墨、非热固型胶印轮转油墨、新闻轮转油墨等为主导产品，其次是紫外线干燥型油墨、红外线干燥型油墨、合成纸胶印油墨、印铁油墨、无水油墨及各种胶印用特种油墨。胶印油墨发展的目标是多色、高速、快干、无污染、低消耗，并且要考虑处理 VOCs、多环芳香族溶剂（polycyclic aromatics，PCA）、重金属、产业废弃物等环境污染问题。

在胶印油墨中，大豆油油墨具有较强的环保性能。大豆油油墨不含污染大气的 VOCs，无臭、无毒，并且透明度高，很少掉墨，呈色性好，用量少，这种油墨正在逐步取代矿物油油墨，是胶印油墨市场的一大亮点，它具有减少印刷油墨 VOCs、使用可再生资源等优势，可满足印刷包装业的绿色环保要求。目前在胶版印刷中的单张纸印刷、热固轮转印刷、冷固型轮转印刷和商用表格印刷等都可以使用大豆油油墨。水性胶印墨和 UV 油墨也是胶印工艺中应推广应用的环保油墨。水性胶印墨是含有丙烯酸盐连接料的水性油墨，不含矿物油，没有易挥发的有机溶剂，通过水分蒸发和连结料成分结膜而干燥，适合在传统的胶印机上印刷使用，特别适用于小尺寸的单张纸胶印机和短版印件。UV 油墨在胶版印刷中的应用，使得许多非吸收性材料可作为承印材料完成印刷，填补了胶印不能在 BOPP（biaxially oriend polypropylene，双向拉伸聚丙烯薄膜）、PE（polyethylene，聚乙烯）、PVC 等非吸收性印刷材料上印刷的空白。使用 UV 油墨印刷的产品光泽度高，耐摩擦性、耐溶剂性、耐热性方面都高于普通胶印油墨印刷的产品，而且普通胶印机经适当改造就可以运用环保的 UV 油墨。

应当指出，降低润版液中的有机化合物，进一步提高印刷速度，获得高精细的印刷品，以及采用脱烃矿物油溶剂和更多的植物油（如大豆油）制造油墨等技术是当今胶印墨主要的绿色化发展方向。

（2）环保油墨清洗剂

关于环保油墨清洗剂，目前对于挥发性的清洁剂的改进是用高黏度、低挥发性、高沸点的矿物油或精炼的植物油代替易挥发的清洗剂。CS-Y13 印刷油墨清洗剂是由表面活性剂、乳化剂、渗透剂、橡胶防老化剂和其他助剂等精制而成，具有无毒、无味、不易燃、存放安全、价廉、洗涤去墨能力强等特点，是目前同类产品中唯一获得中国绿色环保标志认证的产品。与传统的溶剂和其他清洗剂相比，Ink Wash 不仅对环境友好，不含任何刺激物或腐蚀剂，不会产生难闻的气味，自身还可以生物降解，不会产生有害的废弃物。

3. 胶印机节能减排调节

1）改进烘干装置的控制系统。现在许多新型烘干装置可直接测量承印物表面的温度，而不像以前的烘干装置测量的是烘箱内的空气温度，这样可以对承印物表面的温度变化及时做出反应，调整风速和热量，进而节省能源。

2）循环使用热风。在热风出口处安装热交换器，对抽入的冷空气进行预热，这样可以达到节能的目的。

3）使用低温烘干系统。使用低温烘干系统可使 UV 固化系统的使用效率大大提高，可使印张表面温度降至 40℃以下，干燥气体用量减少一半，不仅减少了烘干能量的消耗，还降低了成本，而且避免了高温干燥引起的印刷质量问题。

4）采用印刷品在线质量检测系统。及时发现废品及时调整；采用色彩管理系统，可提高印刷品质量，减少废品。

5）各种预置和自动调整。例如，油墨预置与快速调整和自动控制，纸张规格预置和相关机构联动调整，纸张运动风量预置和优化，滚筒压力预置和遥控调整，同步自动换版、印版位置自动识别和预套准系统等各种预置同步进行。

4. 回收利用技术

1）减少和回收废液、废气。胶印系统产生的废液、废液里的废渣都必须按有毒废料来处理。

2）回收处理其他废液、废料。空的油墨罐可以当作普通废料回收利用，但是还有残留油墨的废罐应当作为有害废品进行处理。为了减少残墨的存留量，可以使用较大的墨箱、吸墨泵和油墨回流系统等装置。拆卷的卷筒纸边角料和卷轴也可以送到回收部进行回收利用。通过某些自动装置，如油墨预置套准装置或色彩管理系统，可以把过版纸减少到最低限度，节省纸张和油墨。裁切工序裁切下来的边角料可以作为废纸进行回收再利用。上胶过程中，为了消除有毒气体可以使用抽气机，胶渣可作为普通废品进行处理。

5. 绿色印刷实践和经验

（1）节能

上海世光印务有限公司选用 T5 节能灯管取代市场上普遍使用的 T8 灯管。照明用电测试的结果显示，在相似的照明度下每支灯管的用电能耗降低了 6W，此类 T5 灯管的节能效用达到 30% 以上。此外，在生产厂房内用 95W 的 T5 节能球型灯代替常用的 250W 卤素灯，轮转胶印车间采用发光二极管灯管代替 T8 灯管。这些措施使公司节约了大量电费。

（2）降耗减排

上海世光印务有限公司安装使用卷筒纸分切设备，按各类印刷品幅面需要在生产前分切上机，避免市场上采购的常规纸张产生大小不一的边角料，不仅为公司减少了物料成本，而且支持了森林环保事业。公司在生产过程中，轮转及单张纸胶印机均使用低挥发性环保油墨。从 2006 年起，公司用环保清洗剂代替汽油、煤油清洗墨辊；采用中央真空泵系统，减少了单机使用的独立真空泵。

（3）润版液的改进

为减少表面张力，确保印版表面水膜的质量，目前胶印机普遍采用醇类润版液。上海世光印务有限公司在已安装的 4 台海德堡和 3 台轮转机组上全部采用免醇润版液印刷工艺。采用这一工艺后，每年 IPA 的使用量大幅度减少，达到了环保和节约的效果，但是这种代替品也带来了一些新的问题。

1）免醇润版液在水路系统传递过程中，对水路的稳定性和辊间压力、胶辊表面状况都有一定要求。这些要求主要是基于免醇润版液的黏度比醇类润版液的低，因此，在橡胶辊上传递的水膜相对比较薄，在辊间压力不平、胶辊表面破损或胶辊同心度不够的情况下，免醇润版液的传递就会出现不足或版面起脏。

2）免醇润版液挥发太慢，不利于机器降温。

3）免醇润版液的消毒效果比醇类润版液的差，印刷品干燥慢。

（4）印刷飞墨环节的设备改造

为了减少印刷过程中的飞墨现象及印刷车间的空气污染，在废气产生部位安装排风罩，将产生的废气用排风系统排到专门的处理系统中，收集印刷过程中的 VOCs，应用活性炭纤维吸附有机废气回收净化装置，进行废气的回收与治理。据华测环境检测站统计，该设备的改进使印刷车间废气的去除率达 80% 以上，甲苯去除率达 95% 以上，机器设备整洁、美观。

（5）晒版车间的设备改造

针对印前制片过程中的主要污染物，制定相应的降耗减排措施：化学废料、废纸回收统一由供应商或合格的承包商定期回收；使用CTP技术可减少软片输出、显影、定影和晒版等步骤，大大减少含银、苯等的废液排放。

（6）胶印车间的废水排放

选用环保油墨、免醇润版液，但是胶印车间在清洗印版和橡皮布时，还会产生极少量的润版液和清洗剂废液，如果和生活污水一起排放，则达不到绿色环保的要求。考虑到生活污水可生化性好的特点，重新改造污水处理池，采用低能耗、低运行费用、低基础建设费用、占地面积小、操作管理稳定方便的处理工艺——接触氧化污水排放工艺。该工艺的原理如下：

1）通过预处理沉淀的生产废水与调节池内的生活污水一起进入水解酸化池。在池内的反应分为两个阶段：第一阶段为水解酸化阶段，通过水解池中的细菌将复杂的大分子、不溶性有机物在细胞外酶的作用下分解为小分子和溶解性有机物，然后渗入细胞体内，分解产生挥发性有机酸、醇、醛等，经过这一阶段的反应，废水的可生化性大大提高，以利于后续的生化处理；第二阶段为产氢产乙酸阶段，该阶段在产氢产乙酸细菌的作用下，将第一阶段产生的各种有机酸分解转化成乙酸和氢气，有时还会形成二氧化碳。

2）从水解酸化池进入接触氧化池，利用罗茨风机提供好氧微生物赖以生存的溶解氧，以保证池内的好氧微生物正常生长。

3）接触氧化池的生物膜生长到一定厚度时，内层的微生物吸收不到氧分，厌氧微生物大量繁殖，逐渐转变优势菌群，这些厌氧微生物将废水中的有机物分解，产生气体，使生物膜脱落。这些脱落的生物膜随着水流一同排至竖流沉淀池进行泥水分离，沉至泥斗的生化污泥的一部分作为回流污泥经污泥泵回流至水解酸化池和接触氧化池，以补充接触氧化池和水解酸化池的微生物浓度；另一部分则作为剩余污泥排至污泥池。污泥池里的污泥定期由环卫部门处理。

4）竖流沉淀池的清水达标后排放流入下水管网。经环保部门检测，处理后的废水达到上海市《污水综合排放标准》（DB 31/199—2018）要求。

6. 高宝利必达单张纸胶印机绿色印刷技术案例

胶印机的开机情况关系着企业的生存和盈利，假如一台胶印机从到企业就开始不停运转，一天24h，一周7天，在给企业带来收入的同时，也会引起成本支出。设备的运转需要消耗能量，也是一种成本支出。

（1）1台单张纸胶印机1个月的能量消耗

这是一组来自德国高宝公司的数据，记录了一台利必达106-8 SW2 LTTL八色加双上光胶印机的能量损耗数据。高宝公司在这台胶印机上安装了120多个传感器测量点，用来测量胶印机的能量损耗。这台胶印机在每天24h、每周5天的情况下运转了1个月（528h），得出以下真实的能力损耗数据。

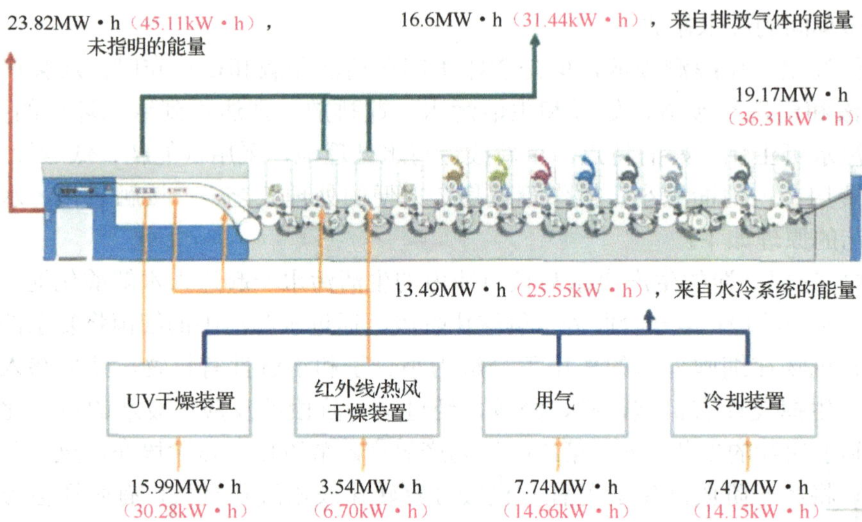

图 10-1　胶印机能量损耗

如图10-1所示，一台胶印机的能耗主要有几个部分：胶印机本身运转的能耗（19.17MW• h）、干燥冷却能耗（34.74MW• h）、排放气体能耗（16.6MW• h）及其他能耗（23.82MW• h，如喷粉等收纸部分的能耗）。按照1MW在其额定电压下，1h消耗1000kW• h的电能来计算，在测试1个月中，胶印机运转耗能19 170kW• h，UV干燥耗能15 990kW• h，水冷系统耗能13 490kW• h，收纸部分耗能23 820kW• h，中国工业电为0.8元/（kW•h)，则1个月，1台UV干燥的胶印机消耗的基本电费就超过6万元。

（2）高宝公司绿色印刷技术策略

1）绿色印刷部件引领新技术变革。用新的工艺提高生产效率、降低成本，是节约能耗和时间的一种有效方式，高宝公司利必达单张纸胶印机让印刷企业感受到新技术带来的效率变革。

DriveTronic无轴飞达：以多个单独控制的伺服电机驱动吸气头、吸气传送带台板和纸堆的升降；采用具有较高系统效率的节能扭矩电动机，将更多的电动机制动能量返回给输电网。

DriveTronic SIS无侧拉规技术：叼纸牙杆安装在传统的滚筒上，可以进行左右摆动，并通过这种摆动来控制纸张的套准。因使用无侧拉规技术，在实际生产中减少了纸张的停断次数，提高了生产力。

DriveTronic SPC 同步换版装置：不仅设备本身可以在不足 1min 的时间内将所有印版更换完毕，更重要的是换版工作可以与其他的胶印机处理同时进行，大大节省了停机时间。

AirTronic 收纸装置：采用空气动力新叼纸牙拖，让纸张的传送更加平稳；有效防止背面蹭脏，减少喷粉的使用量，新型的多文丘里管导纸系统降低了收纸部分的用气量，使吹风杆的数量从 8 个减少到 5 个，而所有装置可预先设置的功能大大简化了因耗材变化而引起的收纸装置调整，增加了设备的灵活性。

QualiTronic 带密度测量和控制的联机监测系统：安装在收纸部位，通过照相，系统将生产的印张和参照信息进行对比，以达到记录不合格印张的目的。QualiTronic 是对印刷过程中的质量控制。

DensiTronic PDF：以 330dpi 的分辨率对印张进行扫描并把它们与原始的 PDF 进行比较，精密的软件使其能够探测出非常小的偏差并能自动记录。DensiTronic PDF 是一款高度自动化的质量监视控制系统。

Drive Tronic 系列 +QualiTronic+ DensiTronic PDF：构成了高宝印刷设备自动化驱动、过程控制和检测三大技术领域，通过这些先进的技术，高宝印刷设备可以更好地改善废品率，减少因废品而导致的成本支出。

2）采用新工艺降低排放物。2000 年，高宝推出了第一台低排放胶印机，并获得德国身体健康同业委员会的认证。新技术带来的是效率的提升。新工艺则直接降低了整台设备的排放量。目前一台正常使用的胶印机的排放物包含以下几个部分。

① 由乙醇等挥发性物质排放的 VOC-IPA。

② 由油墨排放的墨雾。

③ 由清洗剂及溶剂排放的 VOC-HC。

④ 由紫外灯干燥而排放出来的臭氧。

⑤ 由喷粉装置排放的粉尘。

如何降低设备的排放？高宝公司的理念是：降低设备排放要从整台设备入手，要降低机器每个部件的排放。

VOC-IPA：解决方案——低醇或无乙醇印刷。

在传统胶版印刷中为了使水膜顺利形成，需要在润版液中加入乙醇（IPA），乙醇的作用是降低水的表面张力，更容易在高速的生产环境中形成合格的水膜。

但据实际测量，在印刷中使用的乙醇（IPA）仅有 2% 真正到达了印版。使用无乙醇印刷新工艺，减少乙醇的使用不仅可以降低排放，也为企业减少了乙醇的成本支出。

使用无乙醇印刷的关键是替换乙醇润版液，这个工艺最关键的因素就是确保稳定的油墨乳化。为了确保稳定的油墨乳化，胶辊和润版液的制作工艺都需要进行相应的调整。胶辊需要采用专用材料进行包覆，以增加粗糙度，保证墨辊上的润湿和黏度。

润版液的制作则需要配备特殊的处理仪器，以保证润版液的硬度、洁净度、pH 值，导电值、添加剂的控制、冷却、过滤、清洁度达到合格要求。所以，无乙醇印刷并不是简单地更换润版液添加剂，而是需要日常的检测、定期的清洁和适当的技术。

图 10-2 墨路控制示意图

墨雾：解决方案——大尺寸墨辊设计。

在所有高宝公司利必达设备上，墨辊一贯采用了大尺寸直径设计，并且增加了串墨辊的遥控、传墨辊摆动频率的遥控、输墨装置离合的控制、输墨装置独立停用的控制及水辊差速驱动的控制，如图 10-2 所示。在传墨速度相同的情况下，大尺寸的传墨辊转速更慢，产生的墨更雾更小，溅墨情况更少。

VOC-HC 排放：解决方案—— Clean Tronic 布清洗装置。

清洗剂等溶剂属于挥发液体，为了减少溶剂的挥发和排放，高宝公司采用了一种新型的 Clean Tronic 布清洗装置。所谓“布清洗”，顾名思义，就是将传统的墨辊、橡皮布、版滚筒所普遍使用的介质毛刷更换成清洁布。

布清洗的最大好处就是系统封闭，大大减少了 VOC 的排放。布清洗的每个布卷可进行多达 200 个清洗循环，属于即插即用型装置，更换简单，其成本支出仅为更换布卷一项，节省了毛刷系统中的毛刷保养维护成本及特殊废料处理成本。同时，布清洗无须为清洁剂提供收集容器和供给返回管线，设备维护成本也相应降低。

干燥装置：解决方案——高宝 VariDry^{blue} 技术。

高宝 VariDry^{blue} 技术是针对干燥系统减少排放的综合解决方案，VariDry^{blue} 不仅在机组间增加了吸收装置（臭氧、废热气），在干燥系统的设置上也进行了相应的改进。

在普通的 VariDry（UV）的设计中，高宝缩短了干燥装置和基材的距离。由于距离的缩短，干燥所使用的能耗也相应减少。

新型的 VariDry^{blue} 干燥装置最大的亮点则是热能循环再利用。VariDry^{blue} 的一个必要条件就是 3 倍加长型收纸，在高宝传统的热风干燥装置中，所有的干燥模块都是单独进行热量供给，而在新的 VariDry^{blue} 中，模块 3 的热量供给则是来自从模块 1 和模块 2 中回收再循环利用的余热，这种设计减少了加热和抽吸的气量，也降低了无谓的热能浪费，如图 10-3 所示。VariDry^{blue} 干燥装置和普通干燥装置在同等条件下的一组数据对比，如表 10-1 所示。

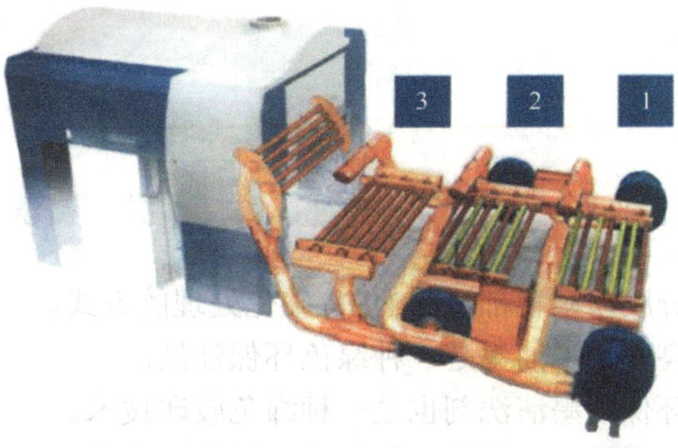

图 10-3　VariDry^{blue} 热能循环再利用干燥装置

表 10-1 VariDry^{blue} 干燥装置和普通干燥装置在同等条件下的一组数据对比

项目		VariDry^{Blue} 干燥装置	普通干燥装置
计划的生产能力	每年的工作天数	251	251
	每天的班次	3	3
	每班的工作小时数	7.4	7.4
	每年的生产小时数	5.015	5.015
测量结果	测量出的能量消耗 /（kW・h）	33	70
	能量消耗 /（kW・h/a）	165.495	351.050
	能量成本 /[欧元 /（kW・h）]	0.10	0.10
	每年的能量成本 / 欧元	16 550	35 105
	二氧化碳排放 /（t/a）	102.10	216.6
可实现节省	节能 /（kW・h/a）	188 555	—
	节能 /%	53	—
	成本节省 /（欧元 /a）	18 555	—
	二氧化碳减少 /（t/a）	114.5	—

从表 10-1 中可以看出，仅仅 1 年，VariDry^{blue} 干燥装置便可以为企业节省近 20 万欧元的成本支出。

喷粉装置：解决方案——AirTronic 收纸装置。

通过 AirTronic 收纸装置来减少喷粉装置的使用量，从而降低粉尘的排放量。

练习与测试

一、判断题（正确的打“√”，错误的打“×”，并将错误的部分改成正确的）

(　　) 1. 大部分胶印墨辊都使用 NBR 硫化处理的方式。
(　　) 2. 胶印亮光快干油墨是一种绿色环保油墨。
(　　) 3. 使用环保油墨清洗剂也是一种绿色胶印技术。
(　　) 4. 残留一半的旧油墨罐，不用当作固体废弃物回收。
(　　) 5. IPA 是润版溶液的添加剂之一。

二、选择题

1. (　　) 是绿色环保油墨。
   A. 非热固型胶印轮转油墨　　B. 胶印亮光快干油墨
   C. 新闻轮转油墨　　D. 大豆油油墨
2. 高宝利必达单张纸胶印机的 DriveTronic SPC 是 (　　)。
   A. 同步换版装置　　B. 无侧拉规技术
   C. 无轴飞达　　D. 收纸装置
3. 高宝利必达单张纸胶印机的 DriveTronic SIS 是 (　　)。
   A. 同步换版装置　　B. 无侧拉规技术
   C. 无轴飞达　　D. 收纸装置
4. 高宝利必达单张纸胶印机的 AirTronic 是 (　　)。
   A. 同步换版装置　　B. 无侧拉规技术
   C. 无轴飞达　　D. 收纸装置

三、简答题

在降低排放物方面，高宝利必达单张纸胶印机在工艺方面做了哪些改进？

参考文献

陈虹，赵志强，2016．印刷装备技术与清洁生产 [M]．北京：文化发展出版社．

金银河，2007．印刷工艺 [M]．北京：中国轻工业出版社．

潘光华，刘渝，2007．印刷设备 [M]．北京：中国轻工业出版社．

潘杰，2010．现代印刷机原理与结构 [M]．2 版．北京：化学工业出版社．

潘杰，2014．平版印刷机实用技术 [M]．北京：化学工业出版社．

唐耀存，2019．平版印刷实训教程 [M]．北京：印刷工业出版社．

魏庆葆，2007．印刷专业技能基础 [M]．北京：印刷工业出版社．

杨中元，2002．现代多色单张纸胶印机操作必读 [M]．北京：印刷工业出版社．

杨祖彬，戴宏民，2009．绿色包装印刷工艺及材料 [M]．北京：印刷工业出版社．

张海燕，2004．印刷机与印后加工设备 [M]．北京：中国轻工业出版社．

周玉松，2008．印刷包装专业实训指导书 [M]．北京：中国轻工业出版社．

周玉松，2009．现代胶印机的使用与调节 [M]．北京：中国轻工业出版社．